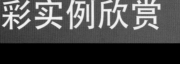

参见 第 3 章

参见 第 3 章

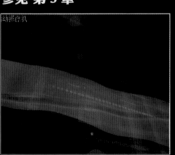
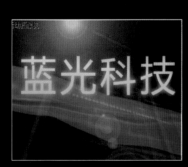

参见 第 3 章

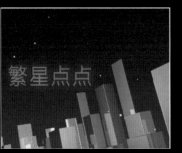

参见 第 3 章

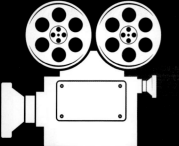

本书精彩实例欣赏

参见 第 4 章

参见 第 4 章

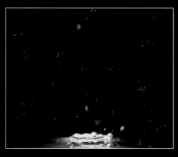 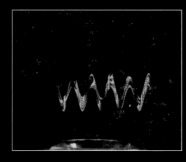 

参见 第 4 章

 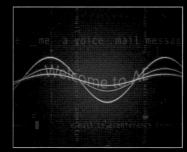 

参见 第 4 章

本书精彩实例欣赏

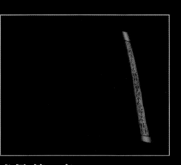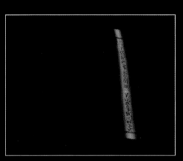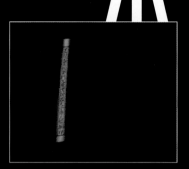

参见 第 7 章

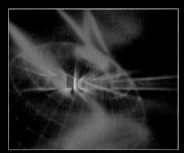

参见 第 8 章

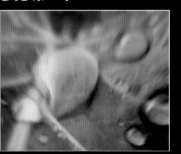

参见 第 9 章

参见 第 9 章

本书精彩实例欣赏

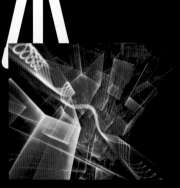  

参见 第 12 章

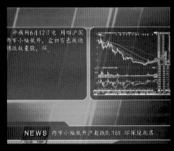  

参见 第 13 章

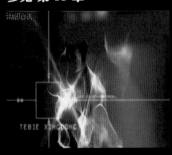  

参见 第 14 章

参见 第 15 章

完全学习手册

After Effects CC

完全学习手册

李红萍　编著

清华大学出版社

北　京

内 容 简 介

　　本书是一本After Effects CC完全学习手册，以通俗易懂的语言文字＋循序渐进的内容讲解＋全面、细致的知识构造＋经典实用的实战案例，深入讲解了After Effects CC软件的基本操作与应用，以及影视后期特效的制作技巧。本书附带一张DVD教学光盘，内容包括本书实例的源文件、素材，以及约11小时的高清语音视频教程，方便读者循序渐进地进行练习，并在学习过程中随时调用。

　　本书适合After Effects初中级读者使用，也可作为相关专业学生的教材及辅导用书。

图书在版编目（CIP）数据

After Effects CC 完全学习手册 / 李红萍编著 . -- 北京：清华大学出版社，2015（2021.1重印）
（完全学习手册）
ISBN 978-7-302-39022-0

Ⅰ．①A… Ⅱ．①李… Ⅲ．①图像处理软件－手册 Ⅳ．① TP391.41-62

中国版本图书馆 CIP 数据核字（2015）第 017123 号

责任编辑：陈绿春
封面设计：潘国文
责任校对：徐俊伟
责任印制：沈　露

出版发行：清华大学出版社
　　　　　网　　　址：http://www.tup.com.cn，http://www.wqbook.com
　　　　　地　　　址：北京清华大学学研大厦 A 座　　　　邮　　编：100084
　　　　　社 总 机：010-62770175　　　　　　　　　　　邮　　购：010-83470235
　　　　　投稿与读者服务：010-62776969，c-service@tup.tsinghua.edu.cn
　　　　　质量反馈：010-62772015，zhiliang@tup.tsinghua.edu.cn

印 装 者：三河市龙大印装有限公司
经　　销：全国新华书店
开　　本：188mm×260mm　　　印　　张：27.5　　插　　页：2　　字　　数：687 千字
　　　　　（附 DVD 1 张）
版　　次：2015 年 6 月第 1 版　　　　　　　　　　　　印　　次：2021 年 1 月第 6 次印刷
定　　价：59.80 元

产品编号：055421-01

软件介绍

After Effects 简称"AE"，是 Adobe 公司推出的一款图形视频处理软件，也是目前主流的影视后期合成软件之一。它主要应用于影视后期特效、影视动画、企业宣传片、产品宣传、电视栏目及频道包装、建筑动画与城市宣传片等领域，能够与多种 2D 和 3D 软件兼容互通。在众多的影视后期制作软件中，After Effects 以其丰富的特效、强大的影视后期处理能力和良好的兼容性占据着影视后期软件的主导地位。

本书内容安排

本书是一本 After Effects CC 完全学习手册，以通俗易懂的语言文字、循序渐进的内容讲解、全面细致的知识结构、经典实用的实战案例，帮助读者轻松掌握软件的使用技巧和具体应用，带领读者由浅入深、由理论到实战、一步一步地领略 After Effects CC 的强大功能。

本书主要讲解了 After Effects CC 的各项功能，全书共分为 16 章。第 1 章阐述了影视后期特效的基本概念和应用领域、软件的运行环境和新增特性；第 2 章介绍了 After Effects CC 的界面、素材及操作流程；第 3 章主要讲解了图层的创建与编辑技巧；第 4 章主要讲解了 After Effects CC 文字特效技术；第 5 章和第 6 章讲解了 After Effects CC 的调色技法和抠像特效应用；第 7 章和第 8 章讲解了蒙版动画技术和光效技术应用；第 9 章主要讲解了效果的编辑与应用；第 10 ～ 12 章讲解了 After Effects CC 中的三维空间效果、声音特效的导入与编辑，以及第三方插件应用；第 13 ～ 16 章详细讲解了新闻频道栏目包装、法制在线栏目片头制作、颁奖晚会栏目片头制作和体育频道栏目包装，四个实战案例的制作流程。

本书编写特色

总体来讲，本书具有以下特色：

实用性强　针对面广	本书采用"理论知识讲解"+"实例应用讲解"的形式进行教学，内容包括基础型和实战型，有浅有深，方便不同层次的读者进行有选择性的学习，不论初学者，还是中级读者，本书内容都有可学之处
知识全面　融会贯通	本书从软件操作基础、视频特效制作、音频编辑添加到影片渲染输出，全面地讲解了视频特效制作的全部过程。通过 40 多个具体应用实例和四大经典实战案例，让读者事半功倍地学习，并掌握 After Effects CC 的应用方法和项目制作思路

由易到难 由浅入深	本书在内容安排上采用循序渐进的方式，由易到难、由浅入深，所有实例的操作步骤清晰、简明、通俗易懂
视频教学 轻松学习	本书配套光盘中提供了长约 11 小时的高清语音教学视频，读者可以在家享受专家课堂式的讲解
在线解疑 互动交流	本书提供免费在线 QQ 答疑群，读者在学习中碰到的任何问题随时可以在群里提问，以得到最及时、最准确的解答，并可以与同行进行亲密的交流，以了解到更多关于影视后期处理的知识，学习毫无后顾之忧

本书光盘内容

本书附赠 DVD 多媒体学习光盘，配备了将近 11 个小时的高清语音教学视频，细心讲解每个实例的制作方法和过程，生动、详细的讲解，可以成倍提高读者的学习兴趣和学习效率，真正的物超所值。

本书创作团队

本书由李红萍主笔，参加内容编写的还有：陈志民、陈运炳、李红艺、李红术、陈云香、陈文香、陈军云、彭斌全、林小群、刘清平、钟睦、江凡、张洁、刘里锋、朱海涛、廖博、喻文明、易盛、陈晶、黄柯、黄华、陈文轶、杨少波、杨芳、刘有良、张小雪、李雨旦、何辉、梅文等。

由于作者水平有限，书中错误、疏漏之处在所难免。在感谢你选择本书的同时，也希望你能够把对本书的意见和建议告诉我们。

作者邮箱 :lushanbook@qq.com

读者群：327209040

编者

目录
CONTENTS

第 1 章 走进影视特效的世界

影视特效是一门艺术，也是一门学科。随着影视业的迅速发展，影视特效不仅在电影中被广泛应用，在电视广告中也越来越多地出现。现在，影视特效已经融入到人们生活中的各个角落，无论是在公交车、超市、商城、广场，还是在电影院，只要有显示屏幕的地方都能看到影视特效的应用。它常常被应用到广告、宣传片、电视节目中，给人们带来了丰富的视觉享受，提高了人们的生活质量。

1.1 影视后期特效行业简介

影视后期制作经历了线性编辑向非线性编辑的跨越之后，数字技术全面应用在影视后期制作的全过程中，并且广泛地应用于影视片头制作、影视特技制作和影视包装领域。

1.1.1 影视后期特效的基本概念

影视后期特效简称"影视特技"，是对现实生活中不可能完成的拍摄，以及难以完成或花费大量资金而得不偿失的拍摄，用计算机或工作站对其进行数字化处理，从而达到预期的视觉效果。

1.1.2 影视后期特效行业的应用领域

影视后期特效的应用领域主要包括以下几个方面。

1. 电影特效

所谓的"电影特效"是指在电影拍摄及后期处理中，为了实现难以实拍的画面，而采用的特殊处理手段。目前，电影特效在计算机科学的发展下有了很大的发展空间。利用计算机强大的制作能力，实现了我们曾经不敢想象的画面，从《星球大战》到《哈利•波特》，再到《阿凡达》等，特效的应用极为广泛，如图 1-1 和图 1-2 所示。

图 1-1   图 1-2

2. 影视动画

影视后期特效在影视动画领域中的应用比较普遍，目前的一些三维动画或二维动画的制作都要加入一些影视后期特效，这些特效的加入可以起到渲染动画场景或气氛、增强动画的表现力度、提高动画品质的作用，如图 1-3 和图 1-4 所示。

图 1-3

图 1-4

3. 企业宣传片

企业宣传片作为传递商品信息、促进商品流通的重要手段，已经广泛地应用于商业活动中。企业宣传片也是在前期拍摄好的视频上加入一定的影视后期特效，使企业宣传片看起来更为精彩、厚重，更能吸引客户眼球。影视后期特效在企业宣传片中的应用，如图 1-5 和图 1-6 所示。

图 1-5

图 1-6

4. 产品宣传片

产品宣传片是企业自主投资制作，主观介绍自有企业主营产品的专题片。很多产品宣传片都需要大量的影视特效包装，以使产品绚丽夺目，提高用户的购买欲望，如图 1-7 和图 1-8 所示。

5. 电视栏目及频道包装

电视栏目及频道包装目前已成为电视台和各电视节目公司、广告公司最常用的概念之一。"包装"是电视媒体自身发展的需要，是电视节目、栏目、频道成熟、稳定的一个标志，影视特效在电视栏目及频道包装中起着至关重要的作用，影视特效运用得越精彩，节目或频道越具可视性，收视率也就越高。影视特效在电视栏目及频道包装中的应用效果，如图 1-9 和图 1-10 所示。

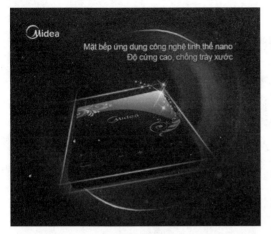

图 1-7

图 1-8

图 1-9

图 1-10

6. 建筑动画与城市宣传片

　　建筑动画与城市宣传片主要用来宣传楼盘或城市建筑，一般以三维动画的形式展示给观众，通过 3D 建模、材质、灯光、动画和渲染等一系列的三维特效制作，然后再输出为影视后期特效素材，并进行后期合成。影视后期特效已经成为建筑动画与城市宣传片制作中不可或缺的一部分，对于提升建筑或城市形象，增强动画宣传的力度起着至关重要的作用，如图 1-11 和图 1-12 所示。

图 1-11

图 1-12

1.1.3　影视后期特效合成的常用软件

影视后期制作常用的特效软件大致包括三类：剪辑软件、合成软件和三维软件。

1. 剪 辑 软 件：Adobe Premiere Pro、Final Cut Pro、EDIUS、Sony Vegas、Autodesk&reg、Smoke&reg 等，目前比较主流的软件是 Final Cut Pro 和 EDIUS 两款。

2. 合成软件：After Effects、Combustion、DFsion、Shake 等，其中 After Effects 和 Combustion 两款软件是目前最受欢迎的。

3. 三维软件：3ds Max、Maya、Softimage、ZBrush 等。

本书所要讲解的软件就是 After Effects CC 这款合成软件。

1.2　初识 After Effects CC

After Effects 是 Adobe 公司推出的一款图形视频处理软件，它以其强大的影视后期特效制作功能而著称，经过不断的软件更新与升级，使 After Effects CC 这个最新版本的合成软件得以问世。

1.2.1　After Effects CC 软件的运行环境

1. After Effects CC 对计算机硬件的要求

Adobe After Effects CC 是一款用于制作影视特效的专业合成软件，在整个行业里已经得到了广泛的应用。经过不断地发展，After Effects 在众多影视后期合成软件中占有了很重要的地位，现在 Adobe 公司已将 After Effects 升级到 CC 版本，其功能也变得更加强大。因此 After Effects CC 软件对计算机硬件有一定的要求，一般要使用双核以上的处理器、高清独立显卡（2G）、4G 内存、500G 左右的硬盘空间以便于有更大的存储空间。

2. 对 Windows 系统的要求

- 需要支持 64 位的 Intel(R) Core(TM) 2 Duo 或 AMD Phenom(R) II 处理器。
- Microsoft(R) Windows(R)7 Service Pack 1（64 位）。
- 4GB 的 RAM（建议分配 8GB）。
- 3GB 可用硬盘空间，安装过程中需要其他可用空间（不能安装在移动闪存存储设备上）。
- 用于磁盘缓存的其他磁盘空间（建议分配 10GB）。
- 1280×900 分辨率的显示器。
- 支持 OpenGL 2.0 的系统。
- 用于软件安装的 DVD-ROM 驱动器。
- QuickTime 功能需要的 QuickTime 7.6.6 软件。
- 可选：Adobe 认证的 GPU 显示卡，用于 GPU 加速的光线跟踪 3D 渲染器。
- 支持 64 位多核 Intel 处理器。

3. 对 Mac OS 系统的要求

- Mac OS X v10.6.8 或 v10.7。
- 4GB 的 RAM（建议分配 8GB）。
- 用于安装的 4GB 可用硬盘空间，安装过程中需要其他可用空间（不能安装在使用区分大小写的文件系统卷或移动闪存存储设备上）。

- 用于磁盘缓存的其他磁盘空间（建议分配 10GB）。
- 1280×900 分辨率的显示器。
- 支持 OpenGL 2.0 的系统。
- 用于软件安装的 DVD-ROM 驱动器。
- QuickTime 功能需要的 QuickTime 7.6.6 软件。
- 可选：Adobe 认证的 GPU 显示卡，用于 GPU 加速的光线跟踪 3D 渲染器。

1.2.2　After Effects CC 软件的新增特性

Adobe After Effects CC 的主要新增功能与特性如下。

- CINEMA 4D 整合：可在 After Effects 中创建 CINEMA 4D 文件，对其进行修改和保存，并将结果实时显示在 AfterEffects 中。
- 增强型动态抠像工具集：新版软件提供多个改进功能和新功能，使动态抠像更容易、更有效，更方便地使前景对象与背景分开。
- 图层的双立方采样：After Effects CC 引入了素材图层的双立方采样功能。现在，用户可以为缩放之类的变换选择双立方或双线性采样。在某些情况下，双立方采样可获得更好的结果，但速度会变慢。指定的采样算法可应用于质量设置为"最佳品质"的图层。
- 像素运动模糊效果：计算机生成的运动或加速素材通常看起来很虚假，这是因为没有进行运动模糊。After Effects CC 提供了新的"像素运动模糊"效果，它会分析视频素材，并根据运动矢量人工合成运动模糊。添加运动模糊可使运动更加真实，因为其中包含了通常由摄像机在拍摄时引入的模糊。
- 3D 摄像机跟踪器：用户现在可以在 After Effects CC 的 3D 摄像机追踪器效果中，定义地平面或参考面及原点。
- 变形稳定器 VFX 效果：After Effects CC 新的变形稳定器 VFX 效果，取代了 After Effects 早期版本中提供的变形稳定器效果。它现在提供更强的控制能力，并且提供类似于更新的 3D 摄像机跟踪器的控件。相应效果属性的下面提供了额外选项，以保持缩放、目标和跨时间自动删除点。目标的选项（如可逆稳定、反向稳定和向目标应用运动）在稳定或应用效果至抖动素材时非常有用。
- 梯度渐变效果：早期的渐变效果在 After Effects CC 中已重命名为"梯度渐变效果"，使寻求渐变方式的用户更容易发现它。
- 发送到 Adobe Media Encoder 队列：现在可使用两个新命令和关联的键盘快捷键，将活动的或选定的合成发送到 Adobe Media Encoder 队列。
- 同时渲染多个帧的多重处理：同时渲染多个帧的多重处理功能中有多项增强，有助于在同时渲染多个帧时加快处理速度。
- 可用性增强："合成"面板中的对齐图层、父级行为变化、自动重新加载素材、查找缺失的素材与效果或字体、依赖项子菜单、图层打开首选项、清理 RAM 和磁盘缓存。
- 导入和导出增强：DPX 导入器、OpenEXR 导入器和 ProEXR 增效工具、ARRIRAW 增强、DNxHD 导入。

1.3 本章小结

通过对本章的学习，可以深入了解 After Effects CC 的应用领域、运行环境和部分新增特性，对全书的学习起到了引导的作用。

- After Effects 主要是用于影视后期的制作，可以应用于电影特效、影视动画、企业宣传、产品宣传、电视栏目及频道包装、建筑动画与城市宣传片等领域。
- After Effects CC 新增特性中的 CINEMA 4D 整合功能，可在 After Effects 中创建 CINEMA 4D 文件，对其进行修改和保存，并将结果实时显示在 After Effects 中。

◇◇◇◇◇◇◇◇◇◇◇◇◇◇◇◇◇◇ 读书笔记 ◇◇◇◇◇◇◇◇◇◇◇◇◇◇◇◇◇◇◇◇

第2章　After Effects CC 界面、素材及操作流程

本章主要介绍 After Effects CC 软件的工作界面、素材及基本的操作流程，熟悉了解这些内容可以提升我们的工作效率，也能避免在工作中出现很多不必要的错误和麻烦。

2.1　工作界面

第一次启动 Adobe After Effects CC 时，显示的是标准工作界面，这个工作界面包括菜单栏及集成的窗口和面板，如图 2-1 所示。

图 2-1

2.1.1　"项目"窗口

"项目"窗口主要用来管理素材与合成，在"项目"窗口中可以查看到每个合成或素材的尺寸、持续时间和帧速率等信息。After Effects CC 的"项目"窗口和"选项"面板，如图 2-2 所示。

下面对"项目"窗口的菜单命令进行详细介绍。

- 浮动面板：将面板的一体状态解除，使其变成浮动面板。

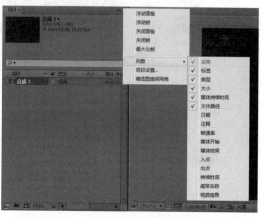

图 2-2

- 浮动帧：将一组面板中的各个面板解除一体状态，使其变成浮动面板。
- 关闭面板：将当前的面板关闭。
- 关闭帧：将当前的一组面板关闭。
- 最大化帧：将当前的面板最大化显示。
- 列数：在"项目"窗口中显示素材信息栏队列的内容，在其下级菜单中勾选的内容，也会显示在"项目"窗口中。
- 项目设置：打开"项目设置"窗口，在其中进行相关项目的设置。
- 缩览图透明网格：当素材具有透明背景时，勾选此选项能以透明网格的方式，显示缩略图的透明背景部分。
  - 搜索栏：用于在"项目"窗口中搜索素材，当"项目"窗口中的素材或合成比较多时，可以使用该功能进行快速查找。
  - 解释素材按钮：用于设置选中素材的透明通道、帧速率、上下场、像素，以及循环次数。
  - 新建文件夹按钮：单击该按钮可以在"项目"窗口中新建一个文件夹。
  - 新建合成按钮：单击该按钮可以在"项目"窗口中新建一个合成。
  - 删除所选项目按钮：单击该按钮可以将"项目"窗口中选中的素材或合成删除。

2.1.2 "合成"窗口

"合成"窗口是用来预览当前效果或最终效果的窗口，可以调节画面的显示质量，同时合成效果还可以分通道显示各种标尺、栅格线和辅助线。After Effects CC 的"合成"窗口，如图 2-3 所示。

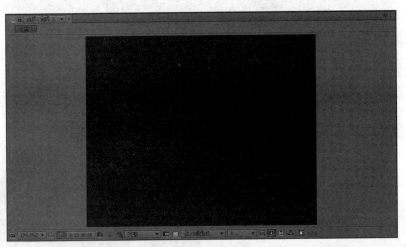

图 2-3

在左上方的菜单中可以选择要显示的合成，如图 2-4 所示。单击右上方的 ▇ 按钮可以弹出菜单，如图 2-5 所示。

- ▇ 按钮：单击该按钮将弹出菜单，在弹出的菜单中可以对"合成"窗口进行分离、最大化、视图选项设置及关闭等相关操作。
- 合成设置：当前合成的设置，与执行"合成 > 合成设置"命令所打开的对话框相同。
- 启用帧混合：开启合成中视频的帧混合开关。

图 2-4　　　　　图 2-5

- 启用运动模糊：开启合成中运动动画的运动模糊开关。
- 草图 3D：以草稿的形式显示 3D 图层，这样可以忽略灯光和阴影，从而加速合成预览时的渲染和显示速度。
- 显示 3D 视图标签：用于显示 3D 视图标签。
- 透明网格：以透明网格的方式显示背景，用于查看有透明背景的图像。
  - ■ 始终预览此视图：在多视图情况下预览内存视图时，无论当前窗口中激活的是哪个视图，总是以激活的视图作为默认内存的动画预览视图。
  - ■ (74.1%) ▼ 放大率下拉列表：用于设置显示区域的缩放比例，如果选择其中的"适合"选项，无论怎么调整窗口大小，窗口内的视图都将自动适配画面的大小。
  - ■ 选择网格和参考线选项：用于设置是否在"合成"窗口中显示安全框和标尺等。
  - ■ 切换蒙版和形状路径可见性：控制是否显示蒙版和形状路径的

边缘，在编辑蒙版时必须激活该按钮。

- ■ 0:00:00:00 当前时间：设置当前预览视频所处的时间位置。
- ■ 拍摄快照：单击该按钮可以拍摄当前画面，并且将拍摄好的画面转存到内存中。
- ■ 显示快照：单击该按钮显示最后拍摄的快照。
- ■ 显示通道及色彩管理设置：选择相应的颜色可以分别查看红、绿、蓝和 Alpha 通道。
- ■ 完整 ▼ 分辨率 / 向下采样系数下拉列表：设置预览分辨率，用户可以通过自定义命令来设置预览分辨率。
- ■ 目标区域：仅渲染选定的某部分区域。
- ■ 切换透明网格：使用这种方式可以很方便地查看具有 Alpha 通道的图像边缘。
- ■ 活动摄像机 ▼ 3D 视图下拉列表：用于选择摄像机角度视图，主要是针对三维视图。
- ■ 1... ▼ 选择视图布局：用于选择视图的布局。
- ■ 切换像素长宽比校正：启用该功能，将自动调节像素的宽高比。
- ■ 快速预览：可以设置多种不同的渲染引擎。
- ■ 时间轴：快速从当前的"合成"窗口，激活对应的"时间线"窗口。
- ■ 合成流程图：切换到对应的"流程图"窗口。
- ■ 重置曝光度：重新设置曝光度。
- ■ 调整曝光度：用于调节曝光度。

2.1.3　"时间线"窗口

　　"时间线"窗口是进行后期特效处理和制作动画的主要窗口，窗口中的素材是以图层的形式进行排列的，如图 2-6 所示。单击右上方的 ■ 按钮可以调出菜单，如图 2-7 所示。

图 2-6

图 2-7

- 浮动面板：将面板的一体状态解除，变成浮动面板。
- 浮动帧：将一组面板中的各个面板全部解除一体状态，变成浮动面板。
- 关闭面板：将当前的一个面板关闭。
- 关闭其他时间轴面板：将当前的一组面板关闭。
- 最大化帧：将当前面板最大化显示。
- 合成设置：打开"合成设置"对话框。

2.1.4 "素材"窗口

"素材"窗口与"合成"窗口比较类似，通过它可以设置素材图层的出入点，同时也可以查看图层的蒙版、路径等信息。

在左边"项目"窗口的素材文件上双击，即可进入"素材"窗口，如图 2-8 所示。

单击右上方的■按钮可以调出菜单，如图 2-9 所示。

- 浮动面板：将面板的一体状态解除，变成浮动面板。
- 浮动帧：将一组面板中的各个面板全部解除一体状态，变成浮动面板。

- 列数：其中包括 A/V 功能、标签、#（图层序号）、源名称、注释、开关、模式、父级、键、入、出、持续时间、伸缩。
  - 0:00:00:00 当前时间：显示时间指示滑块所在的时间。
  - 合成微型流程图：合成微型流程图开关。
  - 草图 3D：草图 3D 场景画面的显示。
  - 隐藏设置了"消隐"开关的所有图层：使用这个开关，可以暂时隐藏设置了"消隐"开关的图层。
  - 为设置了"帧混合"开关的所有图层启用帧混合：用帧混合设置开关打开或关闭全部对应图层中的帧混合。
  - 运动模糊启用开关：用运动模糊开关打开或关闭全部对应图层中的运动模糊。
  - 变化：对所设置的参数同时展示多种效果可能性，从中选择最佳的效果。
  - 修改时的"自动关键帧"属性：修改属性数值时自动生成关键帧。
  - 图表编辑器：可以打开或关闭对关键帧进行图表编辑的窗口。

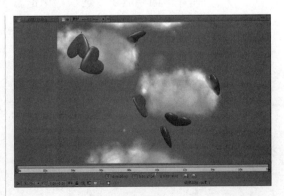

图 2-8

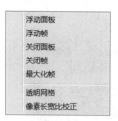

图 2-9

- 关闭面板：将当前的一个面板关闭。
- 关闭帧：将当前的一组面板关闭。
- 最大化帧：将当前面板最大化显示。
- 透明网格：当素材具有透明背景时，勾选此选项能以透明网格的方式显示

透明背景部分。
- 像素长宽比校正：勾选此选项可以还原实际素材的真正像素比。
  - 0:00:00:00 将入点设置为当前时间设置：用于设置当前素材的入点。
  - 0:00:17:24 将出点设置为当前时间设置：用于设置当前素材的出点。
  - 波纹插入编辑：波纹式插入编辑，将素材插入到"时间线"窗口中。
  - 叠加编辑：叠加编辑方式将素材插入到"时间线"窗口中。

2.1.5 "图层"窗口

After Effects CC 的"图层"窗口与"合成"窗口较为相似，"合成"窗口是当前合成中所有图层素材的最终效果，而"图层"窗口只是合成中单独一个图层的原始效果，如图 2-10 所示。"图层"窗口，如图 2-11 所示。

图 2-10

图 2-11

2.1.6 "效果控件"面板

"效果控件"面板主要用来显示图层应用的效果，可以在"效果控件"面板中调节各个效果的参数，也可以结合"时间线"窗口为效果参数制作关键帧动画。After Effects CC 的"效果控件"面板，如图 2-12 所示。单击右上方的 ■ 按钮可以调出菜单，如图 2-13 所示。

图 2-12

图 2-13

2.1.7 "渲染队列"窗口

创建完合成后进行渲染输出时，就需要使用到"渲染队列"窗口，执行菜单栏中的"合成 > 添加到渲染队列"命令，或者按快捷键 Ctrl+M 即可进入"渲染队列"窗口，如图 2-14 所示。

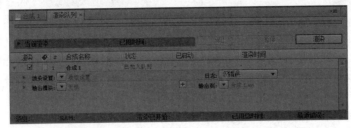

图 2-14

- 当前渲染：显示渲染的进度。
- 已用时间：已经使用的时间。
- 渲染：单击该按钮开始渲染影片。
- 合成名称：当前渲染合成的名称。
- 状态：查看是否已加入到队列。
- 已启动：开始的时间。
- 渲染时间：渲染的时间。
- 渲染设置：单击该按钮弹出渲染设置面板，可以设置渲染的模板等。
- 输出模块：单击该按钮弹出输出窗口，可以设置输出的格式等。
- 日志：渲染时生成的文本记录文件，记录渲染中的错误和其他信息。在

渲染信息窗口中可以看到文件的保存路径。

- 输出到：用于设置输出文件的存储名称及路径。
- 消息：在渲染时所处的状态。
- RAM（RAM渲染）：渲染的存储进度。
- 渲染已开始：渲染开始的时间。
- 已用总时间：渲染所用的时间。
- 最近错误：最近渲染时出现的错误。

单击"输出模块"后面的文字，弹出"输出模块设置"窗口，其中包括"主要选项"选项卡，如图 2-15 所示，以及"色彩管理"选项卡，如图 2-16 所示。

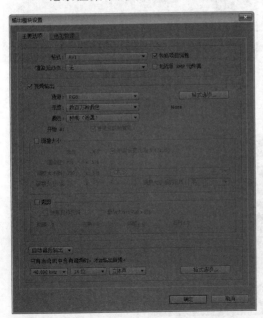

图 2-15

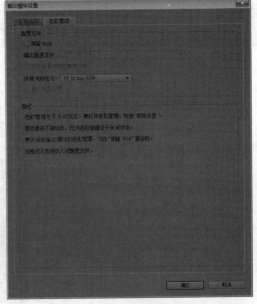

图 2-16

- 格式：用于设置输出文件的格式。
- 包括项目链接：勾选该选项包含项目链接。
- 渲染后动作：渲染后的动作，包括"无"、"导入"、"导入和替换用法"、"设置代理"四个选项。
- 包括源 XMP 元数据：设置是否包含素材源的 XMP 元数据。
- 视频输出：设置输出视频的通道和开始帧等。
  - 通道：用于设置输出视频的通道，包括 RGB、Alpha、RGB+Alpha 三种通道模式。
  - 深度：默认为数百万种颜色。
  - 颜色：默认为预乘（遮罩）。
  - 开始：在渲染序列文件时会激活，并可以设置开始帧。
  - 格式选项：单击进入，可以设置视频编解码器和视频品质等参数。
- 调整大小：勾选该选项，可以重新设置输出的视频或图片的尺寸。
- 裁剪：对输出区域进行裁剪。
- 自动音频输出：可以开启或关闭音频输出，默认为自动音频输出。

2.2　素材

在影视特效制作中，素材是不可缺少的，有些素材可以直接通过软件制作出来，而有些素材就需要从外界导入和获取，例如，一些视频素材就需要预先拍摄好真实的视频，然后再导入到 After Effects 软件中作为素材。

2.2.1　图片素材

图片素材是指各类摄影、设计图片，是影视特效制作中运用得最为普遍的素材，After Effects CC 所支持的比较常用的图片素材格式有 JPEG、TGA、PNG、BMP、PSD 等。

2.2.2　视频素材

视频素材是由一系列单独的图像组成的素材形式，一幅单独的图像称为"一帧"。After Effects CC 所支持的比较常用的视频素材格式主要有 AVI、WMV、MOV、MPG 等。

2.2.3　音频素材

音频素材主要是指一些特效声音、字幕配音、背景音乐等。After Effects CC 所支持的最常用的音频素材格式主要有 WAV 和 MP3。

2.3　操作流程

本节主要介绍 After Effects CC 的基本操作流程，遵循 After Effects CC 的操作流程有助于我们提升工作效率，也能避免在工作中出现不必要的错误和麻烦。

2.3.1　新建项目

一般在启动 After Effects 时，软件本身会自动建立一个空的项目，如图 2-17 所示。此时可以对这个空项目进行设置，执行"文件 > 项目设置"命令，或者单击"项目"窗口右上角的按钮，都可以打开"项目设置"窗口，如图 2-18 所示，在"项目设置"窗口中可以根据需要进行设置。

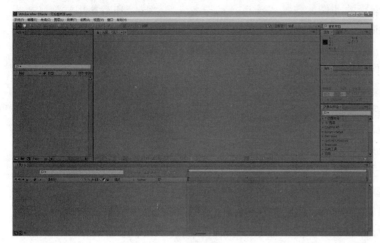 

图 2-17   图 2-18

保存项目：对项目进行设置后，可以执行"文件 > 保存"命令，或按快捷键 Ctrl+S。在弹出的"另存为"对话框中设置存储路径和文件名称，最后单击"保存"按钮即可将该项目保存到指定的路径中，如图 2-19 所示。

图 2-19

2.3.2 新建合成

在 After Effects CC 中一个工程项目可以创建多个合成，并且每个合成都能作为一段素材应用到其他合成中，下面将详细讲解创建合成的基本方法。

创建合成的方法主要有以下 3 种：

（1）在"项目"窗口中的空白处单击鼠标右键，然后在弹出的菜单中执行"新建合成"命令，如图 2-20 所示。

（2）执行"合成 > 新建合成"命令，如图 2-21 所示。

图 2-20

（3）单击"项目"窗口中的新建合成按钮，可以直接在弹出的"合成设置"窗口中创建合成，如图 2-22 和图 2-23 所示。

图 2-21   图 2-22   图 2-23

2.3.3　导入素材

导入素材的方法有很多，可以一次性导入全部素材，也可以多次导入素材。下面具体介绍几种常用的导入素材的方法。

（1）通过菜单导入。执行"文件 > 导入 > 文件"命令，或按快捷键 Ctrl+I，可以打开"导入文件"窗口，如图 2-24 所示。

（2）在"项目"窗口的空白处单击鼠标右键，然后在弹出的菜单栏中执行"导入 > 文件"命令，也可以打开"导入文件"窗口，如图 2-25 所示。

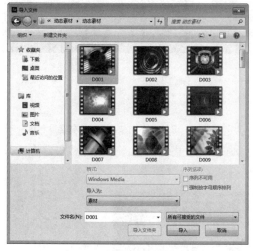

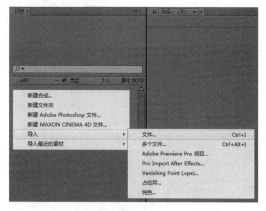

图 2-24   图 2-25

（3）在"项目"窗口的空白处双击鼠标，直接打开"导入文件"窗口。如果要导入最近导入的素材，可执行"文件 > 导入最近的素材"命令，然后从最近导入过的素材中选择素材并导入，如图 2-26 所示。

导入序列素材：如果需要导入序列素材，可以在"导入文件"对话框中勾选"序列"选项，在"解释素材"对话框中的 Alpha 选项区域中选择"直接 - 无遮罩"选项，如图 2-27 所示，单击"确定"按钮即可将序列素材导入到"项目"窗口。

图 2-26

导入 PSD 素材：在导入含有图层的素材文件时，可以在"导入"对话框中选择"导入种类"为"合成"，"图层选项"为"可编辑的图层样式"，单击"确定"按钮即可将 PSD 素材导入到"项目"窗口，如图 2-28 所示。

图 2-27

图 2-28

2.3.4 在"时间线"窗口中整合素材

在进行影视特效制作的过程中，最核心的操作就是在"时间线"窗口中对所有素材进行整合，可以对素材进行编辑调色、设置关键帧动画及添加各种效果等操作，直到完成最终合成效果，如图 2-29 所示。

图 2-29

2.3.5　渲染输出

渲染是制作影片的最后一个步骤，渲染方式影响着影片的最终效果，在 After Effects 中可以将合成项目渲染输出为视频文件、音频文件或者序列图片等。而且 Mac 版、Windows 版均支持网络联机渲染。

在影片渲染输出时，如果只需要渲染出其中的一部分，这就需要设置渲染工作区。

工作区在"时间线"窗口中，由"工作区域开头"和"工作区域结尾"两点控制渲染区域。将鼠标指针放在"工作区域开头"或"工作区域结尾"的位置时，光标会变成方向箭头，此时按住鼠标左键向左或向右拖曳，即可修改工作区的位置。"工作区域开头"快捷键为 B，"工作区域结尾"快捷键为 N，如图 2-30 所示。

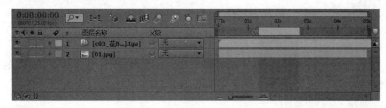

图 2-30

2.4　本章小结

本章主要学习了 After Effects CC 的工作界面、素材形式，以及操作流程，让读者对 After Effects CC 有了更进一步的了解。

熟悉 After Effects CC 的工作界面有助于我们以后更方便地操作这个软件，在以后实际项目的制作中有着不可忽视的作用。

影视特效制作中主要用到的素材形式就是：图片素材、视频素材、音频素材。需要了解 After Effects CC 所支持的各类素材形式，以便于导入素材时更得心应手。

After Effects CC 的操作流程主要是以下几点。

（1）新建项目

（2）新建合成

（3）导入素材

（4）在"时间线"窗口中整合素材

（5）渲染输出

本章属于比较基础的章节，但又是比较重要的章节，俗话说"磨刀不误砍柴工"，打好基础对以后制作项目是很有帮助的。

第 **3** 章　图层的创建与编辑

Adobe After Effects CC 与 Photoshop、Flash 等软件一样都有图层，After Effects 中的图层是后续动画制作的平台，一切的特效、动画都是在图层的基础上完成和实现的，在 After Effects CC 中如何创建、编辑和使用图层是本章要学习的内容。

3.1　图层的定义

图层的原理就像在一张张透明的玻璃纸上作画，透过上面的玻璃纸可以看见下面纸上的内容，但是无论在上一层上如何涂画都不会影响到下层的玻璃纸，上面一层会遮挡住下面一层的图像。最后将玻璃纸叠加起来，通过移动各层玻璃纸的相对位置或者添加更多的玻璃纸，即可改变最后的合成效果，如图 3-1 所示。

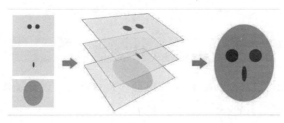

图 3-1

3.2　图层的选择

在影视后期制作时，经常需要选择一个或多个图层进行编辑，所以如何选择图层是我们必须掌握的基本操作技能，下面具体讲解选择图层的方法。

3.2.1　选择单个图层

在"时间线"窗口中单击所要选择的图层，如图 3-2 所示。或者在"合成"窗口中单击目标图层，就可以将在"时间线"窗口中相对应的层选中，如图 3-3 所示。

图 3-2

图 3-3

3.2.2　选择多个图层

在"时间线"窗口左侧的"图层"面板区域中不仅可以选择单个图层，也可以按住鼠标左键框选多个图层，如图 3-4 所示。

图 3-4

选择多个连续的图层除了在"时间线"窗口左侧的"图层"面板区域中框选，也可以先在"图层"面板中单击起始图层，然后按住 Shift 键，再单击结束图层，如图 3-5 所示。

图 3-5

有时候需要特定选择"图层"面板中的某几个图层，但是这些图层并不相邻，我们就可以按住 Ctrl 键，然后分别单击所要选择的图层，如图 3-6 所示。

执行菜单栏中的"编辑 > 全选"命令，或按快捷键 Ctrl+A，可以选择"图层"面板区域中的所有图层。执行"编辑 > 全部取消选择"命令，或按快捷键 Ctrl+Shift+A，可以将选中的图层全部取消，如图 3-7 所示。

图 3-6

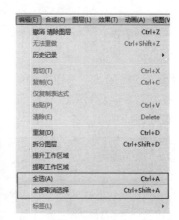

图 3-7

可以利用图层名称前面的标签颜色选择相同标签颜色的图层，在其中一个目标图层的标签颜色上单击，在弹出的菜单栏中选择"选择标签组"选项，即可将相同标签颜色的所有图层选中，如图 3-8 和图 3-9 所示。

图 3-8

图 3-9

3.2.3 实例：图层的选择

◎ 源 文 件：源文件 \ 第 3 章 \3.2 图层的选择
◎ 视频文件：视频 \ 第 3 章 \3.2 图层的选择 .avi

01 运行 After Effects CC，打开本书配套光盘中的"源文件 > 第 3 章 >3.2 图层的选择 > 图层的选择 .aep"文件，如图 3-10 所示。

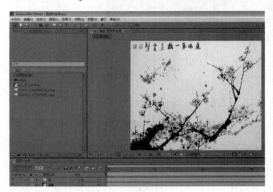

图 3-10

02 在"时间线"窗口左侧的"图层"面板区域中总共有 4 个图层，它们都处于未选中状态，如图 3-11 所示。

图 3-11

03 在"时间线"窗口中单击图层名为"鸟"的图层，如图 3-12 所示，选中"鸟"图层后，

对应"合成"窗口中的效果，如图 3-13 所示。

图 3-12

图 3-13

04 按住 Ctrl 键单击图层名为"树"的图层，如图 3-14 所示，此时就把"鸟"和"树"这两个图层都选中了，对应"合成"窗口中的效果如图 3-15 所示。

图 3-14

图 3-15

05 再按住 Shift 键单击"时间线"面板中底部的名称为"固态层"的图层，即把"图层"面板中的所有图层全部选中，如图 3-16 所示。对应"合成"窗口中的效果如图 3-17 所示。

图 3-16

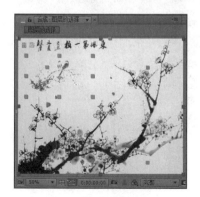

图 3-17

06 用图层名称前面的标签颜色来选择"鸟"、"花瓣"、"树"这三个图层，在"时间线"

面板所有图层都未选中的状态下，如图 3-18 所示，在"鸟"图层名称前的标签上单击右键，在弹出的快捷菜单中选择"选择标签组"选项，如图 3-19 所示。

图 3-18

图 3-19

07 此时"时间线"面板中的"鸟"、"花瓣"、"树"这三个图层就都被选中了，如图 3-20 所示。对应"合成"窗口中的效果如图 3-21 所示。实例操作完毕。

图 3-20

图 3-21

3.3 编辑图层

编辑图层即是根据项目制作的需要对图层进行复制、粘贴、合并、分割、删除等操作，熟练掌握编辑图层的各种技巧，有助于提升工作效率。

3.3.1 复制与粘贴图层

在"时间线"窗口中选择需要复制和粘贴的图层，执行"编辑>重复"命令，如图 3-22 所示，或者按快捷键 Ctrl+D，即在当前合成的位置复制一个图层，如图 3-23 所示。

图 3-22   图 3-23

在指定位置粘贴图层：在"时间线"窗口中选择需要复制和粘贴的图层，执行"编辑>复制"命令，或者按快捷键 Ctrl+C，如图 3-24 所示，再选择要粘贴的图层位置，执行"编辑>粘贴"命令，或者按快捷键 Ctrl+V，如图 3-25 所示。

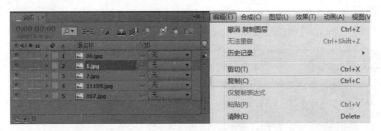

图 3-24

图 3-25

3.3.2 合并多个图层

在项目制作中有时需要将几个图层合并在一起，以便于整体制作动画和特效。图层合并的方法为：在"时间线"窗口中选择需要合并的图层，然后在图层上单击右键，在弹出的快捷菜单中执行"预合成"命令，或者按快捷键 Ctrl+Shift+C，如图 3-26 所示。在弹出的"预合成"设置框中设置预合成的名称，单击"确定"按钮，如图 3-27 所示。

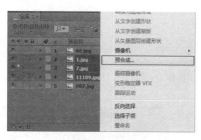 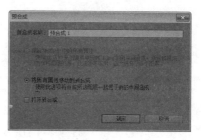

图 3-26　　　　　　　　　　图 3-27

经过以上步骤就将所选择的几个图层合并到一个新的合成中，图层合并后的效果，如图
3-28 所示。

图 3-28

3.3.3　层的拆分与删除

在 After Effects CC 中可以对"时间线"窗口中的图层进行拆分（即在图层上任何一个时
间点切分）。具体的拆分方法如下。

选择需要拆分的图层，将时间线拖到需要拆分的位置，执行菜单栏中的"编辑 > 拆分图层"
命令，或者按快捷键 Ctrl+Shift+D，将所选图层拆分为两个，如图 3-29 和图 3-30 所示。

图 3-29　　　　　　　　　　图 3-30

删除图层的方法很简单，只要选中要删除的一个或者多个图层，执行"编辑 > 清除"命令，
如图 3-31 所示，或按 Delete（删除）键，即可将其删除，删除后的"图层"面板如图 3-32 所示。

 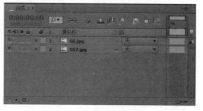

图 3-31　　　　　　　　　　图 3-32

3.3.4　实例：编辑图层

◎ **源　文　件：**源文件 \ 第 3 章 \ 3.3 编辑图层
◎ **视频文件：**视频 \ 第 3 章 \ 3.3 编辑图层 .avi

01 运行 After Effects CC，然后打开本书配套光盘中的"源文件 > 第 3 章 > 3.3 编辑图层 > 编辑图层 .aep"文件，如图 3-33 所示。

图 3-33

02 在"时间线"窗口中选择图层"红鱼一"，并执行"编辑 > 重复"命令，或者按快捷键 Ctrl+D，复制一个"红鱼一"的图层，并将其命名为"红鱼一副本"，如图 3-34 ～图 3-36 所示。

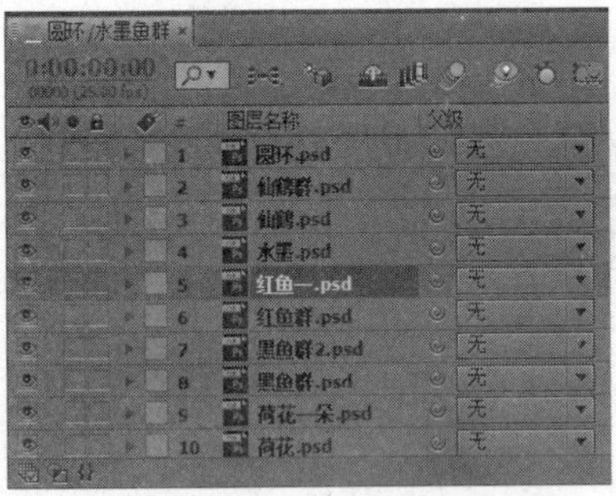

图 3-34

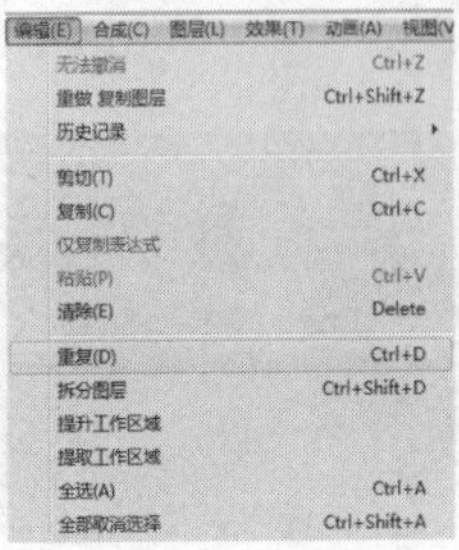

图 3-35

图 3-36

03 单击 ▶ 按钮展开图层"红鱼一副本"的"变换"属性，并设置"位置"为（101,348）、"缩放"为 15%，具体参数及在"合成"窗口中的对应效果如图 3-37 和图 3-38 所示。

图 3-37

图 3-38

04 在"时间线"窗口中选择图层"仙鹤"，执行"编辑 > 复制"命令，或者按快捷键

Ctrl+C，如图 3-39 和图 3-40 所示。

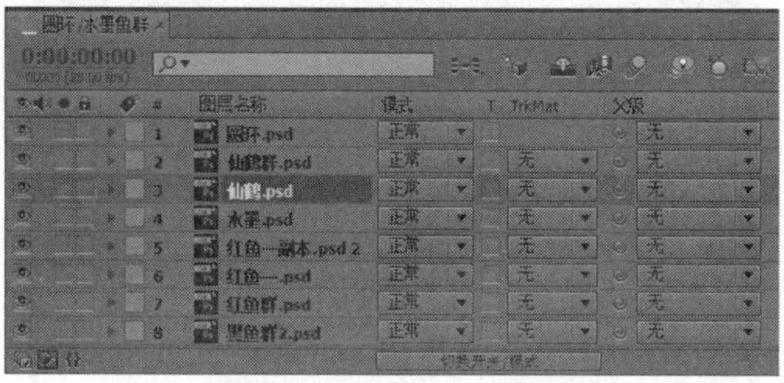

图 3-39

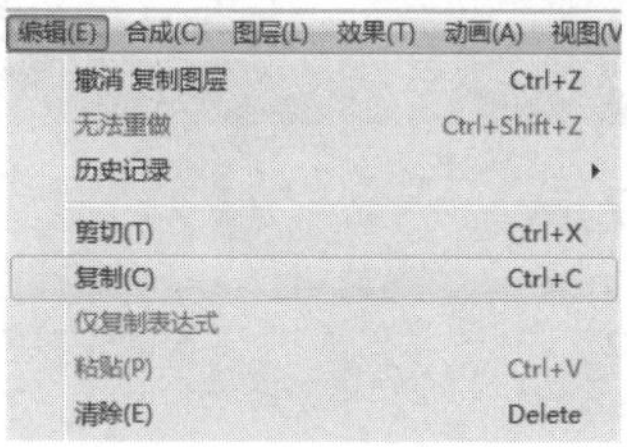

图 3-40

05 在"时间线"窗口中选择要粘贴的位置，这里选择粘贴在图层"圆环"的上面，则单击"圆环"图层，执行"编辑 > 粘贴"命令或者按快捷键 Ctrl+V（粘贴），并将其命名为"仙鹤副本"，如图 3-41 和图 3-42 所示。

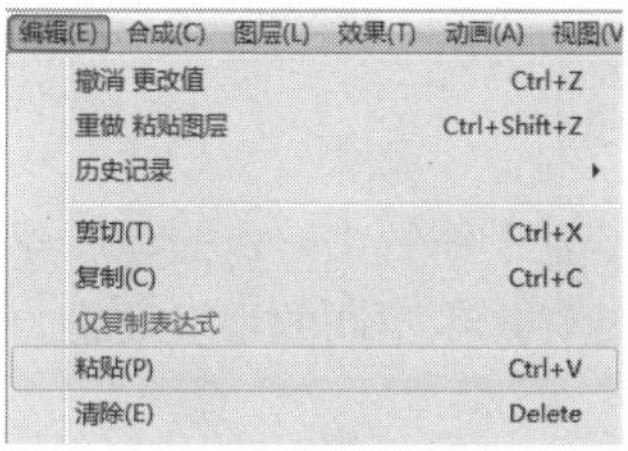

图 3-41

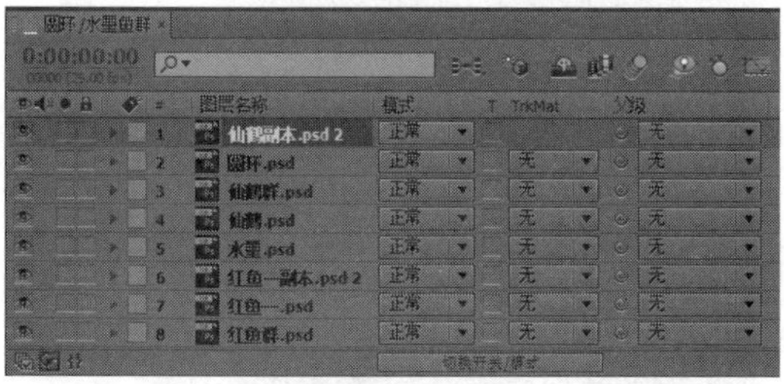

图 3-42

06 单击 按钮展开图层"仙鹤副本"的"变换"属性，并设置"位置"为（254,248）、"缩放"为 16%，具体参数及在"合成"窗口中的对应效果，如图 3-43 和图 3-44 所示。

图 3-43

图 3-44

07 按住 Ctrl 键在"时间线"窗口加选名称为"仙鹤"的图层，然后在图层上单击右键，在弹出的快捷菜单中执行"预合成"命令，或者按快捷键 Ctrl+Shift+C，如图 3-45 所示。在弹出的对话框中设置预合成的名称为"仙鹤嵌套"，单击"确定"按钮，如图 3-46 所示。

图 3-45

图 3-46

08 在"时间线"窗口可以看到刚才合并后的图层"仙鹤嵌套",如图 3-47 所示。至此本实例制作完毕,最后合成效果如图 3-48 所示。

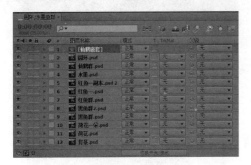

图 3-47

图 3-48

3.4 图层变换属性

在 After Effects 中,图层属性是设置关键帧动画的基础。除了单独的音频图层以外,其余的所有图层都具有 5 个基本的变换属性,它们分别是锚点属性、位置属性、缩放属性、旋转属性和不透明度属性,如图 3-49 所示。

图 3-49

3.4.1 锚点属性

锚点即是图层的轴心点,图层的位置、旋转和缩放都是基于锚点来操作的,展开锚点属性的快捷键为 A。不同位置的锚点将对图层的位移、缩放和旋转产生不同的视觉效果。设置素材为不同锚点参数的对比效果,如图 3-50 和图 3-51 所示。

图 3-50

图 3-51

3.4.2 位置属性

位置属性可以控制素材在画面中的位置,主要用来制作图层的位移动画,展开位置属性的快捷键为 P。设置素材为不同位置参数的对比效果，如图 3-52 和图 3-53 所示。

<table><tr><td>图 3-52</td><td>图 3-53</td></tr></table>

3.4.3 缩放属性

缩放属性主要用于控制图层的大小，展开缩放属性的快捷键为 S。在缩放图层时，软件默认的是等比例缩放，当然也可以选择非等比例缩放，单击"锁定缩放"按钮 将其解除锁定，即可对图层的宽度和高度分别进行调节；若设置缩放属性为负值时，则会翻转图层。设置素材为不同缩放参数的对比效果，如图 3-54 和图 3-55 所示。

<table><tr><td>图 3-54</td><td>图 3-55</td></tr></table>

设置素材缩放参数为负值时的效果，如图 3-56 和图 3-57 所示。

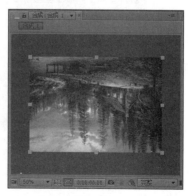

<table><tr><td>图 3-56</td><td>图 3-57</td></tr></table>

3.4.4 旋转属性

旋转属性主要用于控制图层在合成画面中的旋转角度，展开旋转属性的快捷键为 R，旋转属性参数由"圈数"和"度数"两部分组成，如 1×+30°就表示旋转了 1 圈又 30°，设置素材为不同旋转参数的对比效果，如图 3-58 和图 3-59 所示。

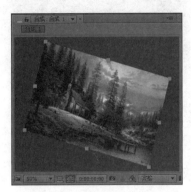

图 3-58   图 3-59

3.4.5 不透明度属性

不透明度属性主要用于设置素材图像的不透明效果，展开不透明度属性的快捷键为 T。不透明度属性的参数是以百分比的形式来表示的，当数值为 100% 时，表示图像完全不透明；当数值为 0% 时，表示图像完全透明。设置素材为不同不透明度参数的对比效果，如图 3-60 和图 3-61 所示。

图 3-60   图 3-61

在一般情况下，每按一次图层属性的快捷键只能显示一种属性，我们可以按住 Shift 键的同时加按其他图层属性的快捷键，即可显示出多个图层属性，如图 3-62 所示。

图 3-62

3.4.6　实例：图层变换属性

◎ 源 文 件：源文件 \ 第 3 章 \ 3.4 图层 Transform（变换）属性

◎ 视频文件：视频 \ 第 3 章 \3.4 图层 Transform（变换）属性 .avi

01 打开 After Effects CC，执行"合成 > 新建合成"命令，创建一个预置为 PAL D1/DV 的合成，设置"持续时间"为 3 秒 10 帧，并将其命名为"奇幻之旅"，然后单击"确定"按钮，如图 3-63 和图 3-64 所示。

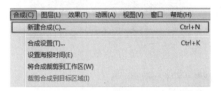

图 3-63

图 3-64

02 执行"文件 > 导入 > 文件…"命令，或按快捷键 Ctrl+I，导入"源文件 \ 第 3 章 \3.4 图层 Transform（变换）属性 \Footage"文件夹中的"背景 .jpg"和"车 .psd"图片素材。如图 3-65 ～图 3-67 所示。

图 3-65

图 3-66

图 3-67

03 将"项目"窗口中的"背景"和"车"图片素材按顺序拖曳到时间线窗口中，如图 3-68 和图 3-69 所示。

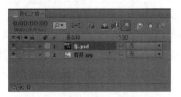

图 3-68

图 3-69

04 在"时间线"窗口中设置"车.psd"的"位置"为（452,404）、"缩放"为8%，具体参数及在"合成"窗口中的对应效果，如图3-70和图3-71所示。

层 Transform（变换）属性 \Footage\ 云朵"文件夹中的"10001-10125.PNG"序列素材。如图3-74～图3-76所示。

图 3-70

图 3-73

图 3-71

图 3-74

05 选择"车.psd"的图层，把时间轴移到（0:00:00:00）的位置，单击"位置"和"缩放"属性前面的"设置关键帧"按钮 ，为"位置"和"缩放"属性分别设置一个关键帧，然后把时间轴移到（0:00:01:09）的位置，设置"位置"为（-55,664）、"缩放"为21%，具体参数及在"合成"窗口中的对应效果，如图3-72和图3-73所示。

图 3-75

图 3-72

06 执行"文件 > 导入 > 文件…"命令，或按快捷键 Ctrl+I，导入"源文件 \ 第 3 章 \ 3.4 图

图 3-76

07 将"项目"窗口中的"10001-10125.PNG"序列素材拖曳到"时间线"窗口中，如图3-77 和图 3-78 所示。

图 3-77

图 3-78

08 展开"10001-10125.PNG"图层的变换属性，将时间轴移到（0:00:00:00）的位置，并设置其"不透明度"为 0%，然后单击"设置关键帧"按钮，为"不透明度"属性设置一个关键帧，如图 3-79 和图 3-80 所示。

09 选择"10001-10125.PNG"图层，把时间轴移到（0:00:00:05）的位置，设置其"不透明度"为 100%，参数设置及在"合成"窗口中的对应效果，如图 3-81 和图 3-82 所示。

图 3-79

图 3-80

图 3-81

图 3-82

10 在"时间线"窗口中的空白处单击鼠标右键，在弹出的菜单中执行"新建 > 文本"命令，如图 3-83 所示。

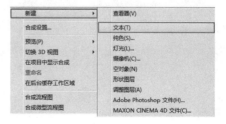

图 3-83

11 在"合成"窗口中输入文字，设置"字体"为 Adobe Fan Heiti Std、"字体大小"为 68、"填充颜色"为白色（R:255,G:255,B:255），具体参数及在"合成"窗口中的对应效果，如图 3-84 和图 3-85 所示。

图 3-84

图 3-85

12 把时间轴移到(0:00:00:00)的位置，设置"奇幻之旅"文字图层的"锚点"为(151.6,-25.5)、"位置"为(-40,-20)、"旋转"为(-17×-210°)，然后单击"位置"和"旋转"前面的"设置关键帧"按钮，为它们分别设置一个关键帧，具体参数及在"合成"窗口中的对应效果，如图 3-86 和图 3-87 所示。

图 3-86

图 3-87

13 将时间轴移到(0:00:00:14)的位置，设置"奇幻之旅"文字图层的"位置"为(374,271)、"旋转"为(-1×+0°)，具体参数及在"合成"窗口中的对应效果，如图 3-88 和图 3-89 所示。

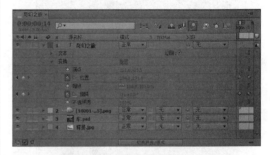

图 3-88

图 3-89

14 在"时间线"面板中选择"奇幻之旅"文字图层，执行"效果>模糊和锐化>径向模糊"命令，如图 3-90 和图 3-91 所示。

15 在当前时间线(0:00:00:14)的位置展开"径向模糊"的属性，设置"数量"为 0，并单击"设置关键帧"按钮，为"数量"属性设置一个关键帧，如图 3-92 和图 3-93 所示。

图 3-90

图 3-91

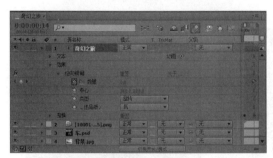

图 3-92

图 3-93

16 将时间轴移到（0:00:00:00）的位置，设置"数量"为 40，具体参数及在"合成"窗口中的对应效果，如图 3-94 和图 3-95 所示。

图 3-94

图 3-95

17 至此本实例动画制作完毕，按小键盘上的 0 键预览动画。按时间先后顺序的动画效果静帧，如图 3-96 ～图 3-99 所示。

图 3-96

图 3-97   图 3-98   图 3-99

3.5 图层叠加模式

"图层叠加"指的是将一个图层与其下面的图层相互混合、叠加，以便共同作用于画面效果，After Effects CC 提供了多种图层叠加模式，不同的叠加模式可以产生各种不同的混合效果，而且不会损坏原始图像。

在"时间线"窗口中的图层上单击鼠标右键，在弹出的菜单中选择"混合模式"选项，并选择相应的模式。也可以直接单击图层后面的"模式"下拉列表按钮，在弹出的模式类型下拉列表中选择相应的模式，如图 3-100 所示。

接下来用两张素材相互叠加来详细讲解 After Effects CC 的不同图层模式的混合效果，其中一张作为底图素材图层，如图 3-101 所示，而另外一张则作为叠加图层的源素材，如图 3-102 所示。

图 3-100   图 3-101   图 3-102

3.5.1 普通模式

普通模式包括正常、溶解、动态抖动溶解 3 个叠加模式。普通模式的叠加效果随底图素材图层和源素材图层的不透明度变化而产生相应效果，当两个素材图层的不透明度都为 100% 时，不产生叠加效果。

1. 正常模式

当图层的不透明度为 100% 时，合成将根据 Alpha 通道正常显示当前图层，并且层的显示不受其他图层的影响，如图 3-103 所示；当图层的不透明度小于 100% 时，当前图层的每个像素的颜色都将受到其他图层的影响，如图 3-104 所示。

图 3-103

图 3-104

2．溶解模式

溶解模式将控制层与层间的融合显示，因此该模式对于有羽化边缘的层有较大的影响。如果当前层没有遮罩羽化边界或该层设定为完全不透明，则该模式几乎不起作用，所以该模式最终效果将受到当前层的 Alpha 通道的羽化程度和不透明度的影响。当前层不透明度越低，溶解效果越明显，当前图层（源素材图层）不透明度为 60% 时溶解模式的效果，如图 3-105 所示。

图 3-105

3．动态抖动溶解模式

动态抖动溶解模式和溶解模式的原理相似，只不过动态抖动溶解模式可以随时更新随机值，它对融合区域进行随机动画，而溶解模式的颗粒随机值是不变的。例如，在时间线的第 5 帧动态抖动溶解模式的画面效果与第 20 帧动态抖动溶解模式的画面效果，分别如图 3-106 和图 3-107 所示。

图 3-106

图 3-107

3.5.2 变暗模式

变暗模式包括变暗、相乘、颜色加深、经典颜色加深、线性加深、较深的颜色6个叠加模式。这种类型的叠加模式主要用于加深图像的整体颜色。

1. 变暗模式

变暗模式是在混合两个图层像素的颜色时，对二者的 RGB 值（即 RGB 通道中的颜色亮度值）分别进行比较，取二者中低的值再组合成为混合后的颜色，所以总的颜色灰度级降低，造成变暗的效果。考察每一个通道的颜色信息，以及相混合的像素颜色，选择较暗的作为混合的结果，颜色较亮的像素会被颜色较暗的像素替换，而较暗的像素就不会发生变化。变暗模式的效果，如图 3-108 所示。

2. 相乘模式

相乘模式是一种减色模式，将基色与叠加色相乘。素材图层相互叠加可以使图像暗部更暗，任何颜色与黑色相乘都将产生黑色，与白色相乘将保持不变，而与中间的亮度颜色相乘，可以得到一种更暗的效果。相乘模式的效果，如图 3-109 所示。

图 3-108

图 3-109

3. 颜色加深模式

颜色加深模式是通过增加对比度来使颜色变暗以反映叠加色，素材图层相互叠加可以使图像暗部更暗，当叠加色为白色时，不产生变化。颜色加深模式的效果，如图 3-110 所示。

4. 经典颜色加深模式

经典颜色加深模式是通过增加素材图像的对比度，使颜色变暗以反映叠加色，其应用效果要优于颜色加深模式。

5. 线性加深模式

图 3-110

线性加深模式是用于查看每个通道中的颜色信息，并通过减小亮度，使颜色变暗或变亮，以反映叠加色，素材图层相互叠加可以使图像暗部更暗，与黑色混合则不发生变化。与相乘模式相比，线性加深模式可以产生一种更暗的效果，如图 3-111 所示。

6．较深的颜色模式

较深的颜色模式与变暗模式效果相似，不同的是变暗模式考察每一个通道的颜色信息，以及相混合的像素颜色，并对每个颜色通道产生作用，而较深的颜色模式不对单独的颜色通道起作用。较深的颜色模式效果，如图 3-112 所示。

图 3-111   图 3-112

3.5.3　变亮模式

变亮模式包括相加、变亮、屏幕、颜色减淡、经典颜色减淡、线性减淡、较浅的颜色 7 个叠加模式。这种类型的叠加模式主要用于提亮图像的整体颜色。

1．相加模式

相加模式是将基色与混合色相加，通过相应的加法运算后得到更为明亮的颜色。素材相互叠加时，能够使亮部更亮。混合色为纯黑色或纯白色时不发生变化，有时可以将黑色背景素材通过相加模式与背景进行叠加，这样可以去掉黑色背景。相加模式的效果，如图 3-113 所示。

2．变亮模式

变亮模式与变暗模式相反，它主要用于查看每个通道中的颜色信息，并选择基色和叠加色中较为明亮的颜色作为结果色（比叠加色暗的像素将被替换掉，而比叠加色亮的像素将保持不变）。变亮模式的效果，如图 3-114 所示。

图 3-113   图 3-114

3．屏幕模式

屏幕模式是一种加色叠加模式，将叠加色与基色相乘，呈现一种较亮的效果。素材进行相互叠加后，也能使图像亮部更亮。屏幕模式的效果，如图 3-115 所示。

4．颜色减淡模式

颜色减淡模式主要通过减小对比度来使颜色变亮，以反映叠加色。当叠加色为黑色时，不产生变化。颜色减淡模式的效果，如图 3-116 所示。

图 3-115   图 3-116

5．经典颜色减淡模式

经典颜色减淡模式主要通过减小对比度来使颜色变亮，以反映叠加色，其叠加效果要优于颜色减淡模式。经典颜色减淡模式的效果，如图 3-117 所示。

6．线性减淡模式

线性减淡模式主要用于查看每个通道的颜色信息，并通过增加亮度来使基色变亮，以反映叠加色，与黑色叠加不发生任何变化。线性减淡模式的效果，如图 3-118 所示。

图 3-117

7．较浅的颜色模式

较浅的颜色模式可以对图像层次较少的暗部进行着色，但它不对单独的颜色通道起作用。增加亮度可使图像变亮，颜色较浅，亮度相似。较浅的颜色模式的效果，如图 3-119 所示。

图 3-118   图 3-119

3.5.4　叠加模式

叠加模式包括叠加、柔光、强光、线性光、亮光、点光和纯色混合 7 个模式。在应用这类叠加模式的时候，需要对源图层和底层的颜色亮度进行比较，查看是否低于 50% 的灰度，然后再选择合适的叠加模式。

1．叠加模式

叠加模式可以根据底部图层的颜色，将源素材图层的像素进行相乘或覆盖。不替换颜色，但是基色与叠加色相混，以反映原色的亮度或暗度。该模式对于中间色调影响较明显，对于高亮度区域和暗调区域影响不大。叠加模式的效果，如图 3-120 所示。

2．柔光模式

柔光模式可以使颜色变亮或变暗，具体取决于叠加色。类似于发散的聚光灯照在图像上的效果，若混合色比 50% 灰色亮则图像就变亮；若混合色比 50% 灰色暗则图像变暗。用纯黑色或纯白色绘画时产生明显的较暗或较亮的区域，但不会产生纯黑或纯白色。柔光模式的效果，如图 3-121 所示。

图 3-120

图 3-121

3．强光模式

强光模式的效果如同是打上一层色调强烈的光，所以称之为"强光"，如果两层中颜色的灰阶是偏向低灰阶的，作用与相乘模式类似，而当偏向高灰阶时，则与屏幕模式类似，中间阶调作用不明显。相乘或者是屏幕混合底层颜色，取决于上层颜色，产生的效果就好像为图像应用强烈的聚光灯一样。如果上层颜色（光源）亮度高于 50% 灰色，图像就会被照亮，此时混合方式类似于屏幕模式。反之，如果亮度低于 50% 灰色，图像就会变暗，此时混合方式就类似于相乘模式。该模式能为图像添加阴影。如果用纯黑或者纯白来进行混合，得到的也将是纯黑或者纯白色。强光模式的效果，如图 3-122 所示。

图 3-122

4．线性光模式

线性光模式主要通过减小或增加亮度来加深或减淡颜色，具体取决于叠加色。如果上层颜色（光源）的亮度高于中性灰（50% 灰），则用增加亮度的方法使画面变亮，反之用降低亮度的方法使画面变暗，线性光模式的效果，如图 3-123 所示。

5．亮光模式

亮光模式可以通过调整对比度以加深或减淡颜色，这取决于上层图像的颜色分布。如果上层颜色（光源）亮度高于 50% 灰，图像将降低对比度并且变亮；如果上层颜色（光源）亮度低于 50% 灰，图像会提高对比度并且变暗。亮光模式的效果，如图 3-124 所示。

图 3-123　　　　　　　　　　　　　　　　图 3-124

6．点光模式

点光模式可以按照上层颜色分布信息来替换图片的颜色。如果上层颜色（光源）亮度高于 50% 灰，比上层颜色暗的像素将会被取代，而较亮的像素则不发生变化。如果上层颜色（光源）亮度低于 50% 灰，比上层颜色亮的像素会被取代，而较暗的像素则不发生变化。点光模式的效果，如图 3-125 所示。

7．纯色混合模式

纯色混合模式产生一种强烈的混合效果，在使用该模式时，如果当前图层中的像素比 50% 灰色亮，会使底层图像变亮；如果当前图层中的像素比 50% 灰色暗，则会使底层图像变暗。所以该模式通常会使亮部区域变得更亮，暗部区域变得更暗。纯色混合模式的效果，如图 3-126 所示。

图 3-125　　　　　　　　　　　　　　　　图 3-126

3.5.5　差值模式

差值模式包括差值、经典差值、排除、相减、相除 5 个叠加模式。这种类型的叠加模式主要根据源图层和底层的颜色值来产生差异效果。

1．差值模式

差值模式可以从基色中减去叠加色或从叠加色中减去基色，具体情况要取决于哪个颜色的亮度值更高。与白色混合将翻转基色值，与黑色混合则不产生变化。差值模式的效果，如图 3-127 所示。

2．经典差值模式

经典差值模式与差值模式一样，都可以从基色中减去叠加色或从叠加色中减去基色，但经典差值模式效果要优于差值模式。该模式的效果，如图 3-128 所示。

图 3-127

图 3-128

3．排除模式

排除模式是与差值模式非常类似的叠加模式，只是排除模式的结果色的对比度没有差值模式强。与白色混合将翻转基色值，与黑色混合则不产生变化。排除模式的效果，如图 3-129 所示。

4．相减模式

相减模式是将底图素材图像与源素材图像相对应的像素提取出来并将它们相减。其叠加的效果，如图 3-130 所示。

图 3-129

5．相除模式

相除模式与相乘模式相反，可以将基色与叠加色相除，得到一种很亮的效果，任何颜色与黑色相除都产生黑色，与白色相除都产生白色。其叠加的效果，如图 3-131 所示。

图 3-130 图 3-131

3.5.6 色彩模式

色彩模式包括色相、饱和度、颜色、发光度 4 个叠加模式。这种类型的叠加模式可以通过改变底层颜色的色相、饱和度和明度，产生不同的叠加效果。

1．色相模式

色相模式是通过基色的亮度和饱和度，以及叠加色的色相创建结果色的，可以改变底层图像的色相，但不会影响其亮度和饱和度。色相模式的效果，如图 3-132 所示。

2．饱和度模式

饱和度模式是通过基色的亮度和色相，以及叠加色的饱和度创建结果色的。可以改变底层图像的饱和度，但不会影响其亮度和色相。饱和度模式的效果，如图 3-133 所示。

图 3-132 图 3-133

3．颜色模式

颜色模式是用当前图层的色相值与饱和度，替换下层图像的色相值和饱和度，而亮度保持不变。决定生成颜色的参数包括：下层颜色的明度、上层颜色的色调与饱和度。这种模式能保留原有图像的灰度细节，能用来为黑白或者不饱和的图像上色。颜色模式的效果，如图 3-134 所示。

4．发光度模式

发光度模式是通过基色的色相和饱和度，以及叠加色的亮度创建结果色的，效果与颜色模式相反。应用该模式可以完全消除纹理背景的干扰。发光度模式的效果，如图 3-135 所示。

图 3-134

图 3-135

3.5.7 蒙版模式

蒙版模式包括模板 Alpha、模板亮度、轮廓 Alpha、轮廓亮度 4 个叠加模式。应用此类叠加模式可以将源图层作为底层的遮罩使用。

1．模板 Alpha 模式

模板 Alpha 模式可以穿过蒙版层的 Alpha 通道显示多个层。该模式的效果，如图 3-136 所示。

2．模板亮度模式

模板亮度模式可以穿过蒙版层的像素显示多个层。当使用此模式时，显示层中较暗的像素。模板亮度模式的效果，如图 3-137 所示。

图 3-136

图 3-137

3．轮廓 Alpha 模式

轮廓 Alpha 模式可以通过源图层的 Alpha 通道来影响底层图像，并把受影响的区域裁剪掉。源图层不透明度为 85% 时，轮廓 Alpha 模式的效果，如图 3-138 所示。

4．轮廓亮度模式

轮廓亮度模式主要通过源图层上的像素亮度来影响底层图像，并把受到影响的像素部分裁剪或全部裁剪，该模式的效果，如图 3-139 所示。

图 3-138   图 3-139

3.5.8 共享模式

共享模式包括 Alpha 添加和冷光预乘两个叠加模式，这两个叠加模式都可以通过 Alpha 通道或透明区域像素来影响叠加效果。

1．Alpha 添加模式

Alpha 添加模式可以在合成图层添加色彩互补的 Alpha 通道，从而创建无缝的透明区域。可用于从两个相互反转的 Alpha 通道或从两个接触的动画图层的 Alpha 通道边缘删除可见边缘。该模式的效果，如图 3-140 所示。

2．冷光预乘模式

冷光预乘模式通过将超过 Alpha 通道值的颜色值添加到合成中，以防止修剪这些颜色值。可以在素材上使用预乘 Alpha 通道来合成，渲染镜头或光照效果。该模式的效果，如图 3-141 所示。

图 3-140   图 3-141

3.5.9 实例：图层叠加模式——移动是人类的梦想

◎ 源 文 件：源文件\第 3 章\3.5 图层叠加模式

◎ 视频文件：视频\第 3 章\3.5 图层叠加模式 .avi

01 打开 After Effects CC，执行"合成 > 新建合成"命令，创建一个预置为 PAL D1/DV 的合成，设置"持续时间"为 5 秒，并将其命名为"移动是人类的梦想"，单击"确定"按钮，如图 3-142 和图 3-143 所示。

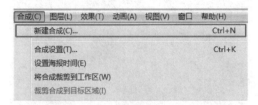

图 3-142

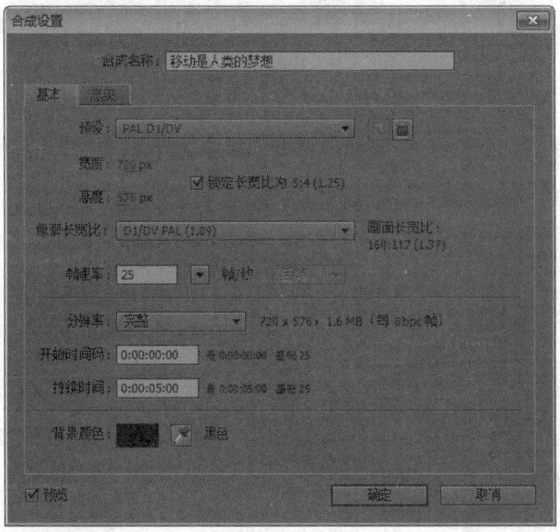

图 3-143

02 执行"文件 > 导入 > 文件…"命令，或按快捷键 Ctrl+I，导入"源文件 \ 第 3 章 \3.5 移动是人类的梦想 \Footage"文件夹中的"手心 .jpg"和"时尚购物 .jpg"图片素材，如图 3-144 ～图 3-146 所示。

图 3-145

图 3-146

03 将"项目"窗口中的"手心"和"时尚购物"图片素材按顺序拖曳到"时间线"窗口中，如图 3-147 和图 3-148 所示。

图 3-147

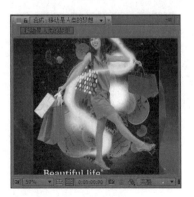

图 3-148

图 3-144

04 在"时间线"窗口中设置"手心.jpg"的"不透明度"为70%，"时尚购物.jpg"的"位置"为（312,272）、"缩放"为55%、"不透明度"为55%，并设置其叠加模式为"变亮"，具体参数如图3-149所示。

图 3-149

05 在"时间线"窗口的空白处单击鼠标右键，在弹出的菜单中执行"新建>文本"命令，如图3-150所示。

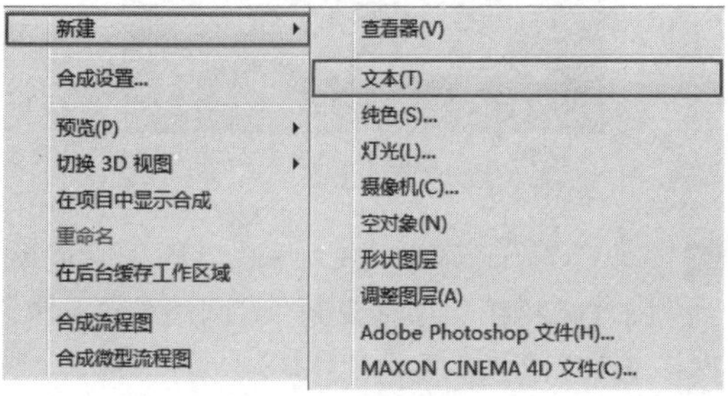

图 3-150

06 在"合成"窗口中输入文字，设置"字体"为微软雅黑、"字体大小"为25、"填充颜色"为白色（R:255,G:255,B:255），具体参数及在"合成"窗口中的对应效果，如图3-151和图3-152所示。

图 3-151

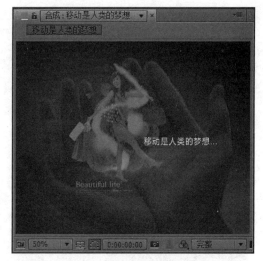

图 3-152

07 在"时间线"窗口中设置文字图层的"位置"为（40,54），并设置其叠加模式为"叠加"，如图3-153所示。

图 3-153

08 至此本实例制作完毕，最终效果如图3-154所示。

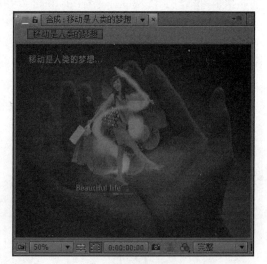

图 3-154

3.6　图层的类型

After Effects CC 中的可合成元素种类非常多，这些合成元素体现为各种图层。在 After Effects CC 中可以导入图片、序列、音频、视频等素材并将其作为素材层，也可以直接创建其他不同类型的图层，例如，文本层、纯色层、灯光层、摄像机层、空对象层、形状图层、调整图层，下面将详细讲解各种不同类型的图层。

3.6.1　素材层

素材层是将图片、音频、视频等素材从外部导入到 After Effects CC 中，然后在"项目"窗口中将其拖曳到"时间线"窗口中形成的层。除音频素材层以外，其他素材图层都具有 5 种基本的变换属性，可以在"时间线"窗口中对其锚点、位置、缩放、旋转、不透明度等属性进行设置，如图 3-155 所示。

图 3-155

在创建素材图层时，可以单独创建，也可以一次性创建多个素材图层。在"项目"窗口中按住 Ctrl 键的同时，连续选择多个素材，并将其拖曳到"时间线"窗口中。"时间线"窗口中的图层将按照之前选择素材的顺序进行排列，如图 3-156 所示。或者按住 Shift 键选择多个连续的素材，如图 3-157 所示。

图 3-156

图 3-157

3.6.2 文本层

After Effects CC 中可以通过新建文本方式为场景添加文字元素。在"时间线"窗口中的空白处单击鼠标右键，然后在弹出的菜单中执行"新建 > 文本"命令，如图 3-158 所示。

图 3-158

执行"文本"命令后，在 After Effects CC 的"时间线"窗口中会自动新建一个文本层，以输入的文字内容为名称。展开文本图层的属性如图 3-159 所示，在这里可以为文本图层设置位置、缩放、旋转、不透明度等属性动画，也可以为文本图层添加发光、投影、梯度渐变等效果。

图 3-159

3.6.3 纯色层

在 After Effects CC 中，可以创建任何颜色和尺寸的纯色层。纯色层和其他素材图层一样，可以制作蒙版遮罩，也可以修改图层的变换属性，还可以对其应用各种效果。创建纯色层的方法主要有以下三种。

（1）执行"文件 > 导入 > 纯色"命令，如图 3-160 所示，在弹出的"纯色设置"对话框中设置纯色层的名称、大小、颜色，并单击"确定"按钮。此时可以在"项目"窗口中看到创建好的纯色层，如图 3-161 所示。

（2）执行"图层 > 新建 > 纯色"命令或按快捷键 Ctrl+Y，如图 3-162 所示。在弹出的"纯色设置"对话框中设置纯色层的名称、大小、颜色，并单击"确定"按钮，创建好的纯色层不仅显示在"项目"窗口的"固态层"文件夹中，还会自动放置在当前"时间线"窗口中的顶层位置。

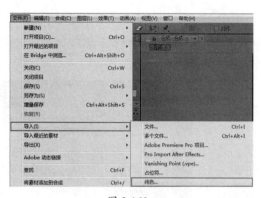

图 3-160

图 3-161

图 3-162

（3）在"时间线"窗口中的空白处单击鼠标右键，并在弹出的菜单中执行"新建 > 纯色"命令，如图 3-163 所示。

在使用以上三种方法创建纯色层时，系统都会弹出"纯色设置"对话框，在该对话框中可以设置纯色层的名称、大小、颜色等属性。各项参数设置如图 3-164 所示。

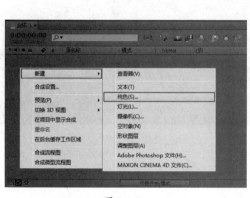

图 3-163

图 3-164

- 名称：用于设置纯色层的名称。
- 大小：设置纯色层的宽度、高度、单位和像素长宽比等。单击"制作合成大小"按钮，则按照合成的大小设置纯色层。
- 颜色：单击颜色块，可以为纯色层指定一种颜色。

3.6.4　灯光层

灯光层可以模拟不同种类的真实光源，而且可以模拟出真实的阴影效果，因此会看起来更加真实。灯光层的创建方式可以通过执行"图层＞新建＞灯光"命令，如图 3-165 所示，也可以在"时间线"窗口中的空白处单击鼠标右键，在弹出的菜单中执行"新建＞灯光"命令，如图 3-166 所示。

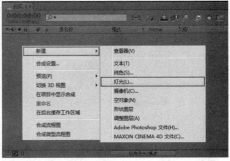

图 3-165   图 3-166

在创建灯光层时，系统会自动弹出一个对话框，可以设置其名称、灯光类型、灯光颜色、灯光强度等参数，如图 3-167 所示。灯光层的效果需要单击开启"3D 图层"按钮，才会起到作用，在"时间线"窗口的灯光层中可以设置其变换属性，如图 3-168 所示。

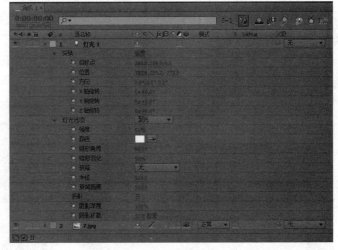

图 3-167   图 3-168

3.6.5 摄像机层

摄像机层可以起到固定视角的作用，并且可以制作摄像机动画，在 After Effects 中，常常需要运用一个或多个摄像机来创造空间场景或观看合成空间。创建摄像机层的方法与创建灯光层的方法类似，可以通过执行"图层＞新建＞摄像机"命令，如图 3-169 所示，也可以在"时间线"窗口中的空白处单击鼠标右键，在弹出的菜单中执行"新建＞摄像机"命令，如图 3-170 所示。

在创建摄像机层时，系统会自动弹出一个对话框，可以设置其名称、预设、视角范围、单位等参数，如图 3-171 所示。摄像机的效果也需要开启"3D 图层"按钮，才会起到作用，在"时间线"窗口的摄像机层中可以设置其变换属性，如图 3-172 所示。

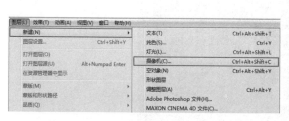

图 3-169

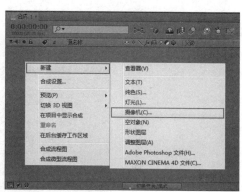

图 3-170

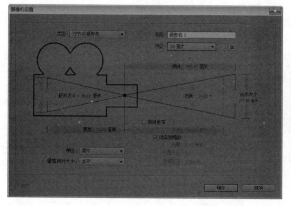

图 3-171

图 3-172

3.6.6　空对象层

空对象层可以在素材上进行效果和动画设置，有辅助动画制作的功能。创建空对象层的方法可以通过执行"图层 > 新建 > 空对象"命令，如图 3-173 所示，也可以在"时间线"窗口中的空白处单击鼠标右键，在弹出的菜单中执行"新建 > 空对象"命令，如图 3-174 所示。

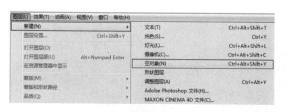

图 3-173

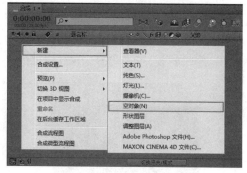

图 3-174

空对象层一般是通过父子链接的方式，使其与其他图层相关联，并控制其他图层的位置、缩放、旋转等属性，从而实现辅助动画制作的功能。单击图层后面的"父级"链接图标，选择"空 1"，将多个图层链接到"空对象 1"上。在空对象层中进行操作时，其链接的图层也会进行同样的操作，如图 3-175 所示。

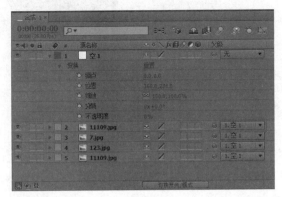

图 3-175

3.6.7　形状图层

形状图层常用于创建各种图形，其创建方式可以通过执行"图层 > 新建 > 形状图层"命令，如图 3-176 所示，也可以在"时间线"窗口中的空白处单击鼠标右键，在弹出的菜单中执行"新建 > 形状图层"命令，如图 3-177 所示。

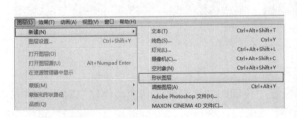

图 3-176

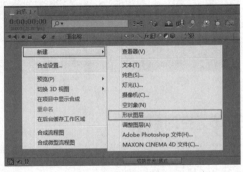

图 3-177

可以使用"钢笔"工具在"合成"窗口中勾画图像的形状，也可以使用"矩形"工具、"椭圆"工具、"多边形"工具等，在"合成"窗口中绘制相应的形状，如图 3-178 所示。绘制完成后在"时间线"窗口中自动生成形状图层，还可以对刚创建的形状图层进行位置、缩放、旋转、不透明度等属性的设置。形状图层的"属性"窗口如图 3-179 所示。

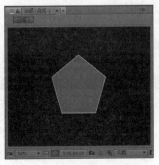

图 3-178

图 3-179

3.6.8　调整图层

调整图层的创建方法与纯色层的创建方法类似，可以通过执行"图层 > 新建 > 调整图层"命令，如图 3-180 所示，也可以在"时间线"窗口中的空白处单击鼠标右键，在弹出的菜单中执行"新建 > 调整图层"命令，如图 3-181 所示。

图 3-180　　　　　　　　　　　　　　图 3-181

调整图层和空对象层有相似之处，那就是调整图层在一般情况下都是不可见的，调整图层的主要作用是给位于它下面的图层附加调整图层上相同的效果（只作用于它以下的图层），在调整图层上添加效果等，可以辅助场景影片进行色彩和效果的调节。应用调整图层的前后效果对比，如图 3-182 和图 3-183 所示。

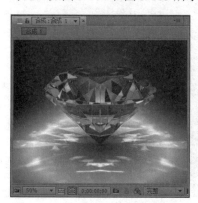　　　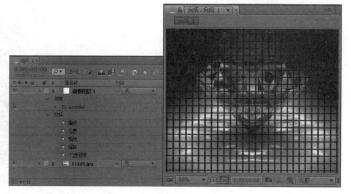

图 3-182　　　　　　　　　　　　　　图 3-183

3.6.9　实例：图层的类型——繁星点点

◎ 源　文　件：源文件 \ 第 3 章 \3.6 图层的类型

◎ 视频文件：视频 \ 第 3 章 \3.6 图层的类型 .avi

01 打开 After Effects CC，执行"合成 > 新建合成"命令，创建一个预设为 PAL D1/DV 的合成，设置"持续时间"为 5 秒，并将其命名为"繁星点点"，单击"确定"按钮，如图 3-184 和图 3-185 所示。

图 3-184

图 3-185

02 执行"文件 > 导入 > 文件…"命令，或按快捷键 Ctrl+I，导入"源文件 \ 第 3 章 \3.6 图层的类型 \Footage"文件夹中的"03.mov"和"04.mov"视频素材，如图 3-186 ～图 3-188 所示。

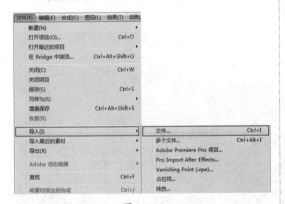

图 3-186

图 3-187

图 3-188

03 将"项目"窗口中的 04.mov 和 03.mov 视频素材按顺序拖曳到"时间线"窗口中，并设置 03.mov 的图层叠加模式为"相加"，如图 3-189 和图 3-190 所示。

图 3-189

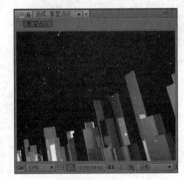

图 3-190

04 执行"图层 > 新建 > 纯色"命令或按快捷键 Ctrl+Y，创建一个纯色层，在弹出的对话框中设置纯色层的名称为"蓝色天空"、"颜色"为（R:45,G:66,B:99），并单击"确定"按钮，如图 3-191 和图 3-192 所示。

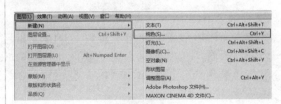

图 3-191

图 3-192

05 在"时间线"窗口中，将"蓝色天空"纯色层拖曳到图层 03.mov 下面，并设置其叠加模式为"相加"，如图 3-193 所示，此时"合成"窗口中的对应效果如图 3-194 所示。

图 3-193

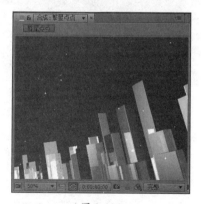

图 3-194

06 在"时间线"窗口中选择"蓝色天空"纯色层，执行"效果 > 生成 > 梯度渐变"命令，在"效果控件"面板中设置"渐变起点"为（329.1,0）、"渐变终点"为（329.1,576）、"起始颜色"为（R:21,G:19,B:73）、"结束颜色"为（R:53,G:71,B:98），具体参数及在"合成"窗口中的对应效果，如图 3-195 和图 3-196 所示。

图 3-195

图 3-196

07 在"时间线"窗口中的空白处单击鼠标右键，然后在弹出的菜单中执行"新建 > 文本"命令，如图 3-197 所示。

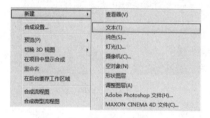

图 3-197

08 在"合成"窗口中输入"繁星点点"字样，设置"字体"为微软雅黑、"字体大小"为 60、"填充颜色"为（R:98,G:156,B:170），具体参数及在"合成"窗口中的对应效果，如图 3-198 和图 3-199 所示。

图 3-198

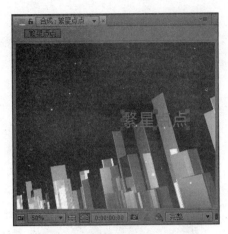

图 3-199

09 在"时间线"窗口中设置"繁星点点"文字图层的"位置"为（263.3,291.4），具体参数及在"合成"窗口中的对应效果，如图3-200 和图 3-201 所示。

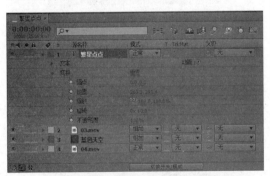

图 3-200

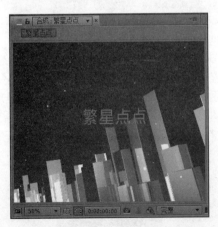

图 3-201

10 在"时间线"窗口中选择"繁星点点"文字图层，执行"效果 > 风格化 > 发光"命令，

并在"效果控件"面板中设置"发光半径"为 37，具体参数及在"合成"窗口中的对应效果，如图 3-202 和图 3-203 所示。

图 3-202

图 3-203

11 在"时间线"窗口中选择"繁星点点"文字图层，执行"效果 > 透视 > 投影"命令，并在"效果控件"面板中设置"方向"为 0×+232.0°，具体参数及在"合成"窗口中的对应效果，如图 3-204 和图 3-205 所示。

图 3-204

图 3-205

12 在"时间线"窗口的空白处单击鼠标右键，在弹出的菜单中执行"新建>形状图层"命令，如图3-206所示。使用工具栏中的"星形"工具，在"合成"窗口中单击拖曳出一个五角星图形，如图 3-207 所示。

图 3-206

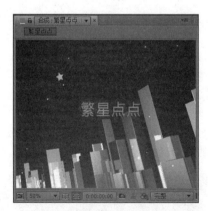

图 3-207

13 在"时间线"窗口中展开 Shape Layer1 图层的属性面板，设置"颜色"为（R:255,G:216,B:0）、"锚点"为（-230,-148）、"位置"为（150,140）、"缩放"为 70%。具体参数及在"合成"窗口中的对应效果，如图 3-208 和图 3-209 所示。

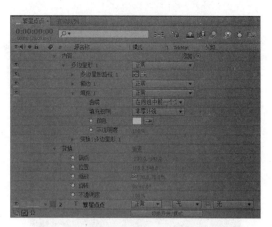

图 3-208

图 3-209

14 在"时间线"窗口中选择 Shape Layer1 图层，执行"效果>风格化>发光"命令，并在"效果控件"面板中设置"发光半径"为30、"发光强度"为2，具体参数及在"合成"窗口中的对应效果，如图 3-210 和图 3-211 所示。

图 3-210

图 3-211

15 把时间轴拖到时间线的（0:00:00:20）位置，设置 Shape Layer1 图层的"旋转"为（0×+0.0°）、"不透明度"为 0%，并单击属性名称前面的"设置关键帧"按钮 ⏱，为它们设置一个关键帧，如图 3-212 所示。把时间轴移动到时间线的（0:00:01:13）位置，设置 Shape Layer1 图层的"不透明度"为 100%。最后把时间轴移动到时间线的最后一帧，设置 Shape Layer1 图层的"旋转"为（1×+210°），如图 3-213 所示。

图 3-212

图 3-213

16 在"时间线"窗口中选择 Shape Layer1 图层，按快捷键 Ctrl+D 复制一个 Shape Layer2

图层，并设置其"位置"为（598.6,103），具体参数及在"合成"窗口中的对应效果，如图 3-214 和图 3-215 所示。

图 3-214

图 3-215

17 选择 Shape Layer2 图层，按快捷键 Ctrl+D 复制一个 Shape Layer3 图层，并设置其"位置"为（116.9,56）、"缩放"为 50%，具体参数及在"合成"窗口中的对应效果，如图 3-216 和图 3-217 所示。同理再复制一个 Shape Layer4 图层，并设置其"位置"为（378.3,101）、"缩放"为 60%，具体参数及在"合成"窗口中的对应效果，如图 3-218 和图 3-219 所示。

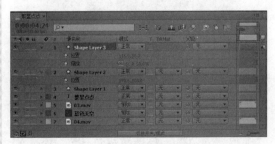

图 3-216

图 3-217

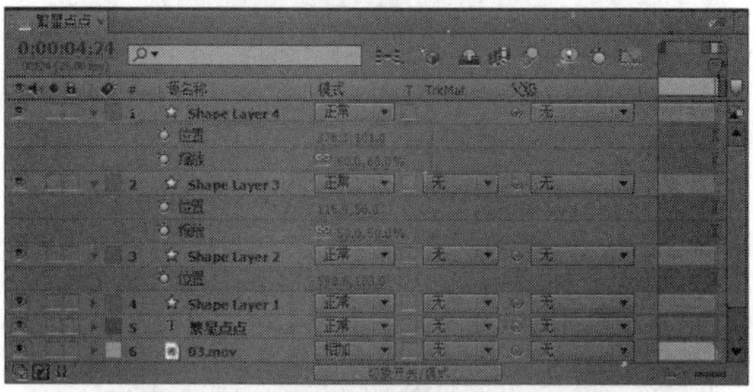

图 3-218

图 3-220

图 3-221

图 3-222

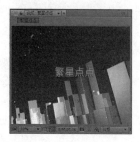

图 3-219

18 在"时间线"窗口中选择 03.mov 图层，将时间轴移动到时间线的（0:00:00:00）位置，设置其"不透明度"为 0%，并单击属性名称前面的"设置关键帧"按钮 ，为其设置一个关键帧，如图 3-220 所示，"合成"窗口中的对应效果，如图 3-221 所示。把时间轴移动到时间线的（0:00:00:16）位置，设置其"不透明度"为 100%，如图 3-222 所示，"合成"窗口中的对应效果，如图 3-223 所示。

图 3-223

19 在"时间线"窗口中选择"繁星点点"文字图层，将时间轴移动到时间线的（0:00:00:20）位置，并单击"位置"、"缩放"和"不透明度"属性名称前面的"设置关键帧"按钮 ，为它们分别设置一个关键帧，如图 3-224 所示。把时间轴移动到（0:00:00:00）位置，设置其"位置"为（-221.3,280）、"缩放"为 181%、"不透明度"为 0%，具体参数设置，如图 3-225 所示。

图 3-224

图 3-225

20 至此本实例动画制作完毕，按小键盘上的 0 键预览动画。按时间先后顺序的动画静帧效果，如图 3-226 ～图 3-229 所示。

图 3-226

图 3-227

图 3-228

图 3-229

3.7 综合实战——蓝光科技

◎ **源 文 件**：源文件 \ 第 3 章 \3.7 综合实战

◎ **视频文件**：视频 \ 第 3 章 \3.7 综合实战 .avi

01 打开 After Effects CC，执行"合成 > 新建
合成"命令，创建一个预设为 PAL D1/DV 的
合成，设置"持续时间"为 3 秒，并将其命
名为"蓝光科技"，单击"确定"按钮，如
图 3-230 和图 3-231 所示。

图 3-230

图 3-232

图 3-231

图 3-233

02 执行"文件 > 导入 > 文件…"命令，或按
快捷键 Ctrl+I，导入"源文件 \ 第 3 章 \3.7 综
合实战 \Footage"文件夹中的"01.mov"和"重
金属版 .mov"视频素材。如图 3-232 ～ 图
3-234 所示。

03 将"项目"窗口中的"01.mov"和"重金
属版 .mov"视频素材，按顺序拖曳到"时间
线"窗口中，并设置"01.mov"图层的"位置"
为（358.5,236.1）、"不透明度"为 70%。设
置"重金属版 .mov"图层的"不透明度"为
35%，具体参数设置如图 3-235 所示，"合成"
窗口中的对应效果如图 3-236 所示。

图 3-234

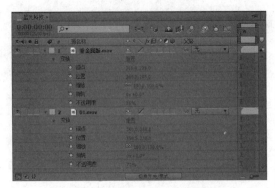

图 3-235

图 3-238

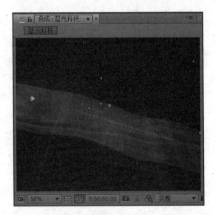

图 3-236

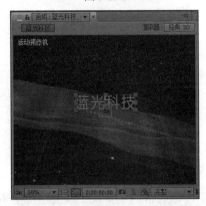

图 3-239

04 在"时间线"窗口中的空白处单击鼠标右键，然后在弹出的菜单中执行"新建 > 文本"命令，如图 3-237 所示。

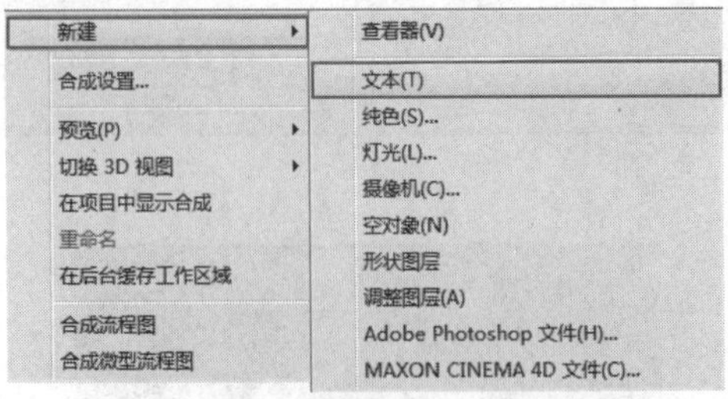

06 展开"蓝光科技"文字图层的变换属性，把时间轴移动到（0:00:00:00）位置，设置其"锚点"为（131,5,0）、"位置"为（360,288,-1079），并单击 "设置关键帧"按钮 ◙，为"位置"属性设置一个关键帧，如图 3-240 所示。把时间轴移动到（0:00:00:14）位置，设置"位置"为（360,288,0），如图 3-241 所示。将时间轴移动到（0:00:02:06）位置，设置"位置"为（360,288,100），并单击图层"不透明度"属性前面的 "设置关键帧"按钮 ◙，为其设置一个关键帧，如图 3-242 所示。最后把时间轴移动到（0:00:02:16）位置，设置"位置"为（360,288,1800）、"不透明度"为 0%，如图 3-243 所示。

新建 ▶	查看器(V)
合成设置...	文本(T)
预览(P) ▶	纯色(S)...
切换 3D 视图 ▶	灯光(L)...
在项目中显示合成	摄像机(C)...
重命名	空对象(N)
在后台缓存工作区域	形状图层
合成流程图	调整图层(A)
合成微型流程图	Adobe Photoshop 文件(H)...
	MAXON CINEMA 4D 文件(C)...

图 3-237

05 在"合成"窗口中输入"蓝光科技"字样，设置"字体"为微软雅黑、"字体大小"为60、填充颜色为（R:98,G:156,B:170），如图 3-238 所示。单击图层名称后面的"3D 图层"按钮 ◙，将文字图层转化为三维图层，并将文字图层的锚点调节到如图 3-239 所示的位置。

图 3-240

图 3-241

图 3-242

图 3-243

图 3-244

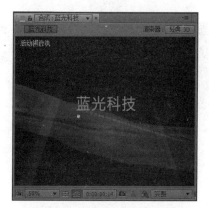

图 3-245

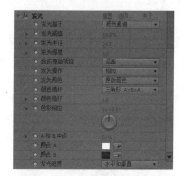

图 3-246

图 3-247

07 在 "时间线" 窗口中选择 "蓝光科技" 文字图层，把时间轴移到（0:00:00:14）位置，执行 "效果 > 生成 > 梯度渐变" 命令，在 "效果控件" 面板中设置 "渐变起点" 为（340.7,333.4）、"渐变终点" 为（361.6,160.4）、"起始颜色" 为（R:0,G:240,B:255）、"结束颜色" 为（R:166,G:166,B:166），具体参数及在 "合成" 窗口中的对应效果，如图 3-244 和图 3-245 所示。选择文字图层，继续执行 "效果 > 风格化 > 发光" 命令，并在 "效果控件" 面板中设置 "发光阈值" 为 69%、"发光半径" 为 24、"发光强度" 为 1，具体参数及在 "合成" 窗口中的对应效果，如图 3-246 和图 3-247 所示。

08 把时间轴移到（0:00:00:00）位置，执行"图层 > 新建 > 调整图层"命令，创建一个调整图层，如图 3-248 和图 3-249 所示。

图 3-248

图 3-249

09 在"时间线"窗口中选择"调整图层 1"，执行"效果 > 生成 > 镜头光晕"命令，并在"效果控件"面板中设置"光晕中心"为（263.3,-325.6），单击 "设置关键帧"按钮，为其设置一个关键帧，然后设置"光晕亮度"为 150%，同样单击 "设置关键帧"按钮，为其设置一个关键帧，具体参数设置如图 3-250 所示。回到"时间线"窗口中，在"调整图层 1"上按 U 键，显示该图层已设置关键帧的属性，如图 3-251 所示，此时"合成"窗口中的对应效果，如图 3-252 所示。

图 3-250

图 3-251

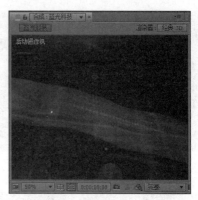

图 3-252

10 在"时间线"窗口中把时间轴移动到（0:00:00:10）位置，设置"光晕中心"为（263.3,230.4），然后把时间轴移到（0:00:00:14）位置，设置"光晕亮度"为 100%，具体参数及在"合成"窗口中的对应效果，如图 3-253 和图 3-254 所示。把时间轴移到（0:00:02:06）位置，单击 "添加关键帧"按钮，在该时间点为"光晕中心"添加一个关键帧。把时间轴移到（0:00:02:16）位置，设置"光晕中心"为（263.3,1800），具体参数及在"合成"窗口中的对应效果，如图 3-255 和图 3-256 所示。

图 3-253

图 3-254

图 3-255

图 3-258

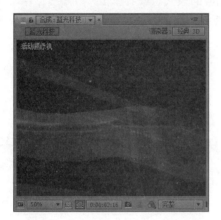

图 3-256

11 至此本实例动画制作完毕，按小键盘上的 0 键预览动画。按时间先后顺序的动画效果静帧，如图 3-257～图 3-260 所示。

图 3-259

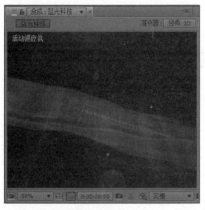

图 3-257

图 3-260

3.8　本章小结

通过对本章的学习，我们对图层的相关知识应该有了深刻的理解，不同的图层类型可以制作出不同的视觉效果，在项目制作中要学会灵活运用各种不同的图层效果，使特效更丰富、绚丽。

本章学习了图层的 5 个基本变换属性，它们分别是锚点属性、位置属性、缩放属性、旋转属性和不透明度属性，这些属性是制作动画时经常用到的，所以要熟练掌握。

另外我们还学习了图层的叠加模式，不同的图层叠加模式也会产生不同的视觉效果，本章主要将这些叠加模式归为以下几类：普通模式、变暗模式、变亮模式、叠加模式、差值模式、色彩模式、蒙版模式、共享模式。利用图层的叠加模式可以制作各种特殊的混合效果，且不会损坏原始图像。叠加模式不会影响到单独图层里的色相、明度和饱和度，而只是将叠加后的效果展示在"合成"窗口。我们可以在"时间线"窗口中的图层上单击鼠标右键，在弹出的快捷菜单中执行"混合模式"命令，在模式列表里选择相应的模式。或者单击"时间线"窗口中图层后面的模式下拉列表按钮，在显示的下拉列表中选择相应的模式，利用快捷键 Shift++ 或者 Shift+-，可以快速切换不同的叠加模式。

读书笔记

第 *4* 章　After Effects CC 文字特效技术

　　文字在影视后期合成中不仅仅担负着补充画面信息和媒介交流的角色，也是设计师们常用来作为视觉设计的辅助元素，如图 4-1 ～图 4-3 所示。文字的制作途径有很多种，Photoshop、Flash、3ds Max 和 Maya 等制作软件均可制作出绚丽的文字效果，然后可以将其导入 After Effects 中进行场景合成。另外 After Effects 本身也提供了很强大的文字特效制作的工具和技术，可以直接在 After Effects 里制作出绚丽多彩的文字特效。本章主要讲解在 After Effects CC 中创建文字、编辑文字，以及制作文字特效的方法。

图 4-1　　　　　　　　　　　　　图 4-2　　　　　　　　　　　　　图 4-3

4.1　基础知识讲解

　　本节主要讲解在 After Effects CC 里使用"文字"工具创建文字、如何为文字图层设置关键帧、对文字图层添加遮罩和路径、创建发光文字，以及为文字添加投影的方法。

4.1.1　使用文字工具创建文字

　　在 After Effects CC 中可以使用"文字"工具 **T** 创建文字，也可以使用"文本"菜单中的命令来创建文字。

　　在"工具"面板中单击"文字"工具 **T** 按钮即可创建文字。在该工具上按住左键，将弹出一个扩展的工具栏，其中包含两种不同的文字工具，分别为"横排文字"工具和"直排文字"工具，如图 4-4 所示。选择相应的文字工具后，在"合成"窗口中单击并输入文字，如图 4-5 所示。当输入好文字后，可以按小键盘上的 Enter（回车）键完成文字的输入。此时系统会自动在"时间线"窗口中新建一个以文字内容为名称的图层，如图 4-6 所示。

图 4-4

　　文字不仅可以使用"文字"工具在"合成"窗口中输入，还可以使用"文本"命令输入。执行"图层 > 新建 > 文本"命令，或按快捷键 Ctrl+Alt+Shift+T，新建一个文字图层，如图 4-7 所示，然后在"合成"窗口中单击，输入文字内容。另外也可以直接在"时间线"窗口的空白处单击右键，在弹出的菜单中执行"新建 > 文本"命令，即可创建文字图层，如图 4-8 所示。

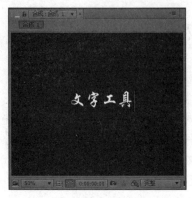

图 4-5　　　　　　　　　　　　　　　　　　图 4-6

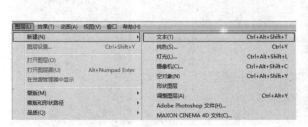

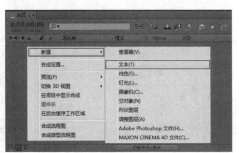

图 4-7　　　　　　　　　　　　　　　　　　图 4-8

有时候为了满足需要，可以在画面中固定的某个矩形范围内输入一段文字，可以按住鼠标左键使用"文字"工具 T，在"合成"窗口中拖曳出一个文本框，然后在该文本框中输入文字，输入完成后按小键盘上的 Enter（回车）键即可，如图 4-9 和图 4-10 所示。

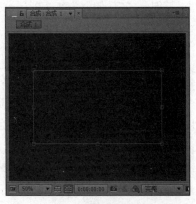

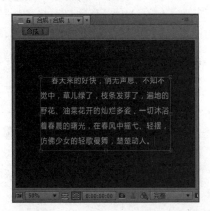

图 4-9　　　　　　　　　　　　　　　　　　图 4-10

拖曳"合成"窗口中的文本框可以调整文本框的大小，同时文字的排列状态也会随之发生变化，如图 4-11 和图 4-12 所示。

创建好的文字可以再进行编辑，对文字的字体、颜色、大小等做精确的调整。具体修改的方法是：在"合成"窗口中选择需要修改的文字，也可以双击文字层来全选文字，然后在"合成"窗口的右边"字符"面板中修改文字的字体、颜色、大小等属性，如图 4-13 ～图 4-15 所示。

图 4-11　　　　　　　　　　　　　图 4-12

图 4-13

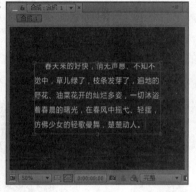

图 4-14　　　　　　　　　　　　　图 4-15

4.1.2　对文字图层设置关键帧

在前一节中，我们讲到了创建文字的方法。在影视制作中一般文字都是以动画的形式出现的，所以在创建好文字后需要给文字制作动画，本节就着重讲解如何对文字设置关键帧动画。

在创建好的内容为"After Effects CC"的文字图层上单击■按钮，展开文字图层的属性，如图 4-16 和图 4-17 所示。

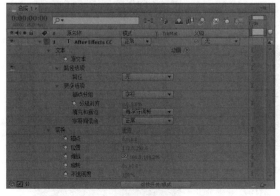

图 4-16　　　　　　　　　　　　　图 4-17

下面讲解文字层的"属性"窗口的使用方法。

"源文本"即原始文字，单击可以直接编辑文字内容，字体、大小、颜色等属性也可以在
"字符"面板上进行调节，如图 4-18 所示。返回到文字层"属性"面板，"路径选项"可以用来设置文字以指定的路径进行排列，默认的是"无"。可以使用"钢笔"工具在文字层上绘制路径，在"路径"下拉列表中会出现"蒙版 1"等选项。"更多选项"下包含锚点分组、填充描边及字符混合模式等选项。与一般图层一样，文字图层也有 5 个基本的变换属性，锚点属性、位置属性、缩放属性、旋转属性和不透明度属性，这些属性都是制作动画时常用的属性。

图 4-18

- 锚点：文字的轴心点，可以使文字图层基于该点进行位移、缩放、旋转。
- 位置：主要用来调节文字所在合成中的位置、制作文字的位移动画。
- 缩放：可以使文字放大、缩小，制作文字的缩放动画。
- 旋转：可以调节文字的旋转角度，制作文字的旋转动画。
- 不透明度：主要调节文字的不透明程度，用于制作文字的透明度动画。

我们可以对以上任何属性设置关键帧，制作关键帧动画，具体方法如下。

01 单击属性名称前面的"设置关键帧"按钮，为该属性设置一个关键帧，并在属性名称后面的文本框中输入合适的数值，如图 4-19 所示。

图 4-19

02 把时间轴移到另一个时间点，在属性名称后面的文本框中输入合适的数值。此时时间线会自动创建一个关键帧，如图 4-20 所示。

图 4-20

03 此时文字图层的缩放动画就制作好了。图中设置的是文字随时间的推移逐渐变小的动画，变化过程如图 4-21 ～图 4-23 所示。

图 4-21

图 4-22

图 4-23

4.1.3　对文字图层添加遮罩

在"工具"面板中选择"矩形"工具▣、或者其下拉列表中的其他形状工具，例如，"圆角矩形"工具▣、"椭圆"工具◉、"多边形"工具◈、"星形"工具★，可以为文字图层添加遮罩。具体添加遮罩的方法是在"时间线"窗口中选择文字图层，单击"工具"面板中的"矩形"工具▣（或其下拉列表中的其他形状工具），然后按住鼠标左键在"合成"窗口的文字上拖曳出一个矩形，此时可以看到位于矩形范围内的文字依旧显示在"合成"窗口中，而位于矩形范围之外的文字就没有显示在合成画面中，如图 4-24 和图 4-25 所示。

图 4-24

图 4-25

下面就图 4-25 为例，查看不同形状的遮罩工具在画面中的效果，如图 4-26 ～图 4-29 所示。

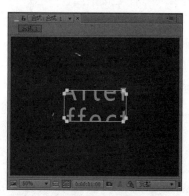

图 4-26

图 4-27

图 4-28

图 4-29

为文字图层添加遮罩还可以使用"工具"面板中的"钢笔"工具 ，可以为其绘制特定的遮罩形状。其使用方法是：在"时间线"窗口选择文字图层，如图 4-30 所示，单击"工具"面板中的"钢笔"工具 ，再在"合成"窗口绘制遮罩图形，如图 4-31 所示。

图 4-30

图 4-31

4.1.4　对文字图层添加路径

如果在文字图层中创建了一个遮罩，即可利用这个遮罩作为该文字图层的路径来制作动画。

作为路径的遮罩可以是封闭的，也可以是开放的。当使用封闭的遮罩作为路径时，须把遮罩的模式设置为"无"。

用"钢笔"工具在 After Effects 文字图层上绘制一条路径，如图 4-32 所示，然后展开文字图层属性下面的"路径选项"参数，将"路径"后面的"无"改为"蒙版 1"，如图 4-33 所示。可以看到"合成"窗口中的文字已经按照刚才所画的路径排列了，如图 4-34 所示。当路径的形状发生改变时，文字排列的形状也会发生相应的变化。

图 4-32

图 4-33

图 4-34

下面对"路径选项"的各项属性参数进行详细讲解。

- 路径：用于指定文字图层的排列路径，在后面的下拉列表中可以选择作为路径的遮罩。
- 反转路径：设置是否将路径反转。
- 垂直于路径：设置是否让文字与路径垂直。
- 强制对齐：将第 1 个文字和路径的起点强制对齐，同时让最后 1 个文字和路径的终点对齐。
- 首字边距：设置第 1 个文字相对于路径起点处的位置，单位为"像素"。
- 末字边距：设置最后 1 个文字相对于路径终点处的位置，单位为"像素"。

4.1.5　创建发光文字

在制作文字特效的时候，发光文字特效是经常用到的，下面就来着重讲解一种文字特效——发光效果的操作方法。发光效果运用之前和运用之后的文字效果，如图 4-35 和图 4-36 所示。

图 4-35　　　　　　　　　　　　　　　　　　图 4-36

在"时间线"窗口中选择文字图层，执行"效果 > 风格化 > 发光"命令，展开"效果控件"面板，如图 4-37 所示。

下面对发光效果的各项属性参数进行详细讲解。

- 发光基于：用于指定发光的作用通道，可以从右侧的下拉列表中选择"颜色通道"和"Alpha 通道"选项。
- 发光阈值：用于设置发光的程度，主要影响发光的覆盖面。
- 发光半径：用于设置发光的半径。
- 发光强度：用于设置发光的强度。

图 4-37

- 合成原始项目：与原图像混合，可以选择"顶端"、"后面"和"无"选项。
- 发光操作：设置与原始素材的混合模式。
- 发光颜色：用于设置发光的颜色类型。
- 颜色循环：设置色彩循环的数值。
- 色彩相位：设置光的颜色相位。
- A 和 B 中点：设置发光颜色 A 和 B 的中点位置。
- 颜色 A：选择颜色 A。
- 颜色 B：选择颜色 B。
- 发光维度：用于指定发光效果的作用方向，包括"水平和垂直"、"水平"和"垂直"选项。

4.1.6　为文字添加投影

在创建好的文字上不仅可以添加光效，还可以为其添加投影，使其变得更真实，更具立体感。下面具体讲解如何运用"投影"命令给创建好的文字制作投影的方法。"投影"效果运用之前和运用之后的文字效果，如图 4-38 和图 4-39 所示。

图 4-38

图 4-39

在"时间线"窗口中选择文字图层,执行"效果 > 透视 > 投影"命令,展开"效果控件"面板,如图 4-40 所示。

下面对投影效果的各项属性参数进行详细讲解。

- 阴影颜色:设置阴影的颜色。
- 不透明度:设置阴影的不透明度。
- 方向:调节阴影的投射角度。
- 距离:调节阴影的距离。
- 柔和度:设置阴影的柔化程度。
- 仅阴影:勾选该选项,在画面中只显示阴影,原始素材图像将被隐藏。

图 4-40

4.1.7 实例:基础知识讲解——汇聚文字特效

◎ 源 文 件:源文件 \ 第 4 章 \4.1 基础知识讲解
◎ 视频文件:视频 \ 第 4 章 \4.1 基础知识讲解 .avi

01 打开 After Effects CC,执行"合成 > 新建合成"命令,创建一个预设为 PAL D1/DV 的合成,设置"持续时间"为 3 秒,并将其命名为"汇聚文字",然后单击"确定"按钮,如图 4-41 和图 4-42 所示。

02 执行"文件 > 导入 > 文件…"命令,或按快捷键 Ctrl+I,导入"源文件 \ 第 4 章 \4.1 基础知识讲解 \Footage"文件夹中的"01 闪光 .mov"素材。如图 4-43 ~图 4-45 所示。

图 4-41

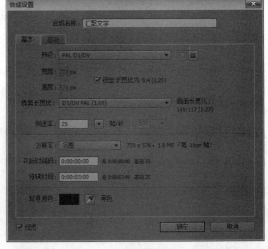

图 4-42

图 4-43

图 4-46

图 4-44

图 4-47

图 4-45

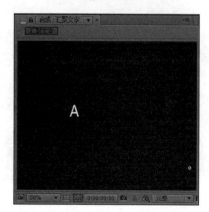

图 4-48

03 在"时间线"窗口中的空白处单击鼠标右键，然后在弹出的菜单中执行"新建>文本"命令，如图 4-46 所示。接着在"合成"窗口输入文字"A"，调整文字在合成中的位置，设置文字"填充颜色"为白色（R:255,G:255,B:255）、"字体"为微软雅黑、"字体大小"为 60，具体参数及在"合成"窗口中的对应效果，如图 4-47 和图 4-48 所示。

04 同上使用"文字工具"再分别创建 f、t、e、r、E、f、f、e、c、t 和 s 文字图层，如图 4-49 所示，"合成"窗口中的对应效果，如图 4-50 所示。

图 4-49

图 4-50

05 在"时间线"窗口中单击顶层的文字图层"T A",然后按住 Shift 键单击底层的文字图层"T s",如图 4-51 所示。把时间轴移到（0:00:00:24）位置，然后按快捷键 P，再按住 Shift 键，接着按快捷键 R，展开"位置"和"旋转"属性，并为其设置一个关键帧，如图 4-52 所示。

转"为（1×+0°）；"T t"图层的"位置"为（357.7,-63.8）、"旋转"为（1×+0°）；"T e"图层的"位置"为（581.7,-54.8）、"旋转"为（1×+0°）；"T r"图层的"位置"为（755.7,-18.8）、"旋转"为（1×+0°）；"T E"图层的"位置"为（857.7,311.2）、"旋转"为（1×+0°）；"T f"图层的"位置"为（778.7,638.2）、"旋转"为（1×+0°）；"T f2"图层的"位置"为（602.7,677.2）、"旋转"为（1×+0°）；"T e2"图层的"位置"为（357.7,686.2）、"旋转"为（1×+0°）；"T c"图层的"位置"为（106.7,653.2）、"旋转"为（1×+0°）；"T t2"图层的"位置"为（-75.3,617.2）、"旋转"为（1×+0°）；"T s"图层的"位置"为（-163.3,287.2）、"旋转"为（1×+0°）。具体参数设置，如图 4-53 和图 4-54 所示，在"合成"窗口中的预览效果，如图 4-55 所示。

图 4-51

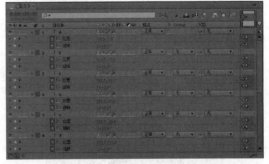

图 4-53

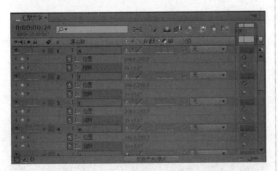

图 4-52

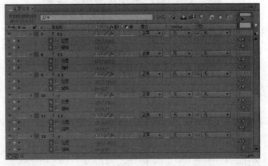

图 4-54

06 把时间轴移到（0:00:00:00）位置，从上到下分别设置"T A"图层的"位置"为（-79.3,-2.8）、"旋转"为（1×+0°）；"T f"图层的"位置"为（106.7,-47.8）、"旋

07 开启所有图层的运动模糊效果，如图 4-56 所示，此时"合成"窗口中的预览效果，如图 4-57 所示。

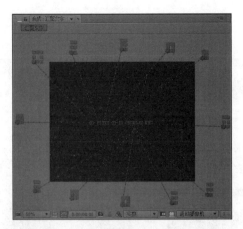

图 4-55

图 4-56

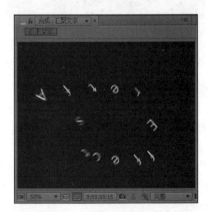

图 4-57

08 选择"T A"图层，把时间轴移到（0:00:00:24）位置，然后执行"效果 > 风格化 > 发光"命令，并在"效果控件"面板中设置"发光阈值"为 45.1%、"发光半径"为 21、"发光强度"为 2.1、"发光颜色"为"A 和 B 颜色"、"颜色循环"为"锯齿 B>A"、"颜色 A"为（R:252,G:12,B:12），具体参数设置及在"合成"窗口中的对应效果，如图 4-58 和图 4-59 所示。

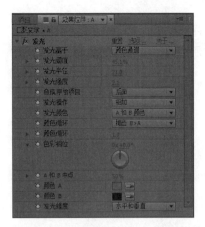

图 4-58

图 4-59

09 选择"T A"图层，在"效果控件"面板单击"发光效果"按钮 ，按快捷键 Ctrl+C 复制该效果，然后选择其他文字图层，并在图层上按快捷键 Ctrl+V 粘贴效果，如图 4-60 所示，此时"合成"窗口中的对应效果，如图 4-61 所示。

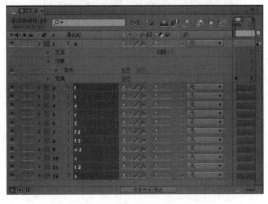

图 4-60

图 4-61

10 选择"T A"图层，执行"效果 > 透视 > 投影"命令，并在"效果控件"面板中设置"阴影颜色"为（R:241,G:203,B:50）、"不透明度"为100%、"方向"为0×+254.0°，具体参数设置及在"合成"窗口中的对应效果，如图 4-62 和图 4-63 所示。

图 4-62

图 4-63

11 选择"T A"图层，在"效果控件"面板中单击"投影效果"按钮 *投影*，按快捷键 Ctrl+C 复制该效果，然后选择其他文字图层，并在图层上按快捷键 Ctrl+V 粘贴效果，如图

4-64 所示。此时"合成"窗口中的对应效果，如图 4-65 所示。

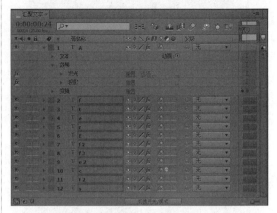

图 4-64

图 4-65

12 将"项目"窗口中的"01 闪光 .mov"视频素材拖曳到"时间线"窗口中，并设置"01闪光 .mov"的图层叠加模式为"饱和度"，"缩放"为150%，在"合成"窗口中调整图层至合适的位置，如图 4-66 和图 4-67 所示。

图 4-66

图 4-67

13 把时间轴移到（0:00:00:00）位置，在 "01 闪光 .mov" 图层上按快捷键 T 展开 "不透明度" 属性，设置 "不透明度" 为 0%，并单击属性名称前面的 "设置关键帧" 按钮，为 "不透明度" 属性设置一个关键帧，如图 4-68 和图 4-69 所示。

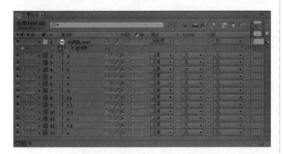

图 4-68

图 4-69

14 把时间轴移到（0:00:00:13），设置 "01 闪光 .mov" 图层的 "不透明度" 为 50%，具体参数设置及在 "合成" 窗口中的对应效果，如图 4-70 和图 4-71 所示。

图 4-70

图 4-71

15 至此本实例动画制作完毕，按小键盘上的 0 键预览动画。按时间先后顺序的动画静帧效果，如图 4-72 ～图 4-75 所示。

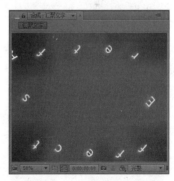

图 4-72

图 4-73

图 4-74

图 4-75

4.2 基础文字动画

本节主要讲解几种基础文字效果的制作方法，其中包括：打字动画、文字过光特效、波浪文字动画、破碎文字特效。

4.2.1 打字动画——系统自带特效文字的应用

有时候由于项目制作需要，画面中的字要一个一个地出来，就像是用手敲击键盘打出来的感觉一样，此时就需要一种文字特效——Word Processor（文字处理器）。

在"时间线"窗口中的空白处单击鼠标右键，在弹出的菜单中选择"新建 > 文本"命令，如图 4-76 所示。在新创建的文字图层输入文字后，在 After Effects CC 界面右侧的"效果和预设"面板中搜索 Word Processor，最后双击 Word Processor 命令图标，即可把该效果添加到所选文字图层上了，如图 4-77 所示。

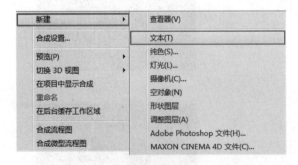

图 4-76

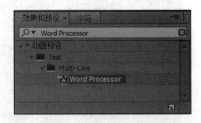

图 4-77

为文字添加 Word Processor（文字处理器）特效后，文字就被设置好了动画，在文字图层按快捷键 U 展开已设置关键帧的属性，可以看到时间线上多了两个关键帧，如图 4-78 所示。移动这两个关键帧在时间线上的位置，可以改变文字动画的起始位置和打字速度。打字动画效果如图 4-79 和图 4-80 所示。

图 4-78

图 4-79

图 4-80

4.2.2　文字过光特效的制作

文字过光特效是片头字幕动画中比较常用的表现方式，它的运用能大大增强画面的亮点，提升画面的视觉效果。

下面就来讲解一种比较简单常用的过光特效——CC Light Sweep（CC 扫光），先来看看 CC Light Sweep（CC 扫光）特效运用之前和运用之后的效果对比，如图 4-81 和图 4-82 所示。

图 4-81

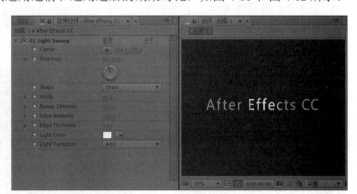

图 4-82

具体创建方法为，选中时间轴上文字所在图层，然后执行"效果 > 生成 >CC Light Sweep"命令，如图 4-83 所示。文字在被赋予 CC Light Sweep（CC 扫光）特效之后，会在当前层的"效果控件"面板中出现 CC Light Sweep（CC 扫光）的效果属性，如图 4-84 所示。

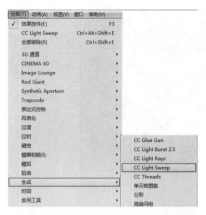

图 4-83

图 4-84

下面对 CC Light Sweep（CC 扫光）效果的各项属性参数，进行详细讲解。

- Center（中心）：调整光效中心的参数，与其他特效中心位置调整的方法相同，可以通过参数调整，也可以单击 Center 后面的 ▣ 按钮，并在"合成"窗口中进行调整。
- Direction（方向）：可以用来调整扫光光线的角度。
- Shape（形状）：用于调整扫光形状和类型，包括 Sharp、Smooth 和 Liner3 个选项。
- Width（宽度）：用于调整扫光光柱的宽度。
- Sweep Intensity（扫光强度）：用于控制扫光的强度。
- Edge Intensity（边缘强度）：用于调整扫光光柱边缘的强度。
- Edge Thickness（边缘厚度）：用于调整扫光光柱边缘的厚度。
- Light Color（光线颜色）：用于调整扫光光柱的颜色。
- Light Reception（光线融合）：用于设置光柱与背景之间的叠加方式，其后的下拉列表中含有"Add（叠加）"、"Composite（合成）"和"Cutout（切除）"3 个选项，在不同情况下需要调整扫光与背景之间不同的叠加方式。

4.2.3 波浪文字动画

波浪文字动画就是让文字动起来，形成类似水波荡漾的效果，在 After Effects CC 中常用于制作波浪文字特效的命令是"波形变形"，下面先来看"波形变形"特效运用之前和运用之后的效果对比，如图 4-85 和图 4-86 所示。

图 4-85

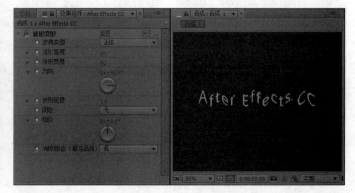

图 4-86

波浪文字的创建方法：在"时间线"窗口中选择文字图层，执行"效果 > 扭曲 > 波形变形"命令，如图 4-87 所示。文字在被赋予"波形变形"命令之后，会在当前层的"效果控件"面板中出现"波形变形"的效果属性，如图 4-88 所示。

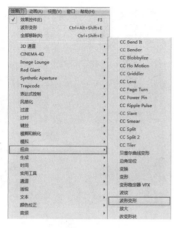
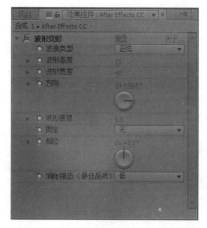

图 4-87　　　　　　　　　　　　　　　　　　　图 4-88

下面对波形变形效果的各项属性参数进行详细讲解。

- 波浪类型：可以设置不同形状的波形类型。
- 波形高度：设置波形的高度。
- 波形宽度：设置波形的宽度。
- 方向：用来调整波动的角度。
- 波形速度：设置波动速度，可以按该速度自动波动。
- 固定：用于设置图像边缘的各种类型。可以分别控制某个边缘，从而带来很大的灵活性。
- 相位：用于设置波动相位。
- 消除锯齿：用于选择消除锯齿的程度。

4.2.4　破碎文字特效的制作

破碎文字特效就是指把一个整体的文本变成无数的文字碎片，此特效的运用能增强画面的冲击力，给人一种震撼的视觉效果。下面来讲解一种制作破碎文字特效的方法——"碎片"特效。"碎片"特效制作破碎文字的效果，如图 4-89 和图 4-90 所示。

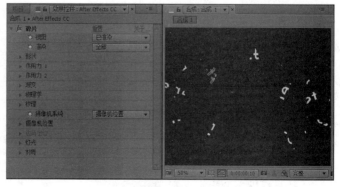

图 4-89　　　　　　　　　　　　　　　　　　　图 4-90

具体操作方法：在"时间线"窗口中选择文字图层，执行"效果 > 模拟 > 碎片"命令，如图 4-91 所示。文字图层在被赋予"碎片"命令之后，会在当前层的"效果控件"面板中出现"碎片"的效果属性，如图 4-92 所示。

| 图 4-91 | 图 4-92 |

下面对碎片效果的各项属性参数进行详细讲解。

- 视图：在该下拉列表中包含各种质量不同的预览效果，其中"已渲染"效果为质量最好的预览效果，可以实现参数操作的实时预览。此外，还有各种形式的线框预览方式，选择不同的预览方式不影响视频特效的渲染结果，可以根据计算机硬件配置选择合适的预览方式。
- 渲染：用于设置渲染类型，包括"全部"、"图层"和"块"3 种类型。
- 形状：用于控制和调整爆炸后碎片的形状。"图案"中包括各种形状的选项，可以根据效果选择合适的爆炸后的碎片形状。此外，还可以调整爆炸碎片的重复、方向、源点、突出深度等参数。
- 作用力 1 和作用力 2：用于调整爆炸碎片脱离后的受力情况，包括"位置"、"深度"、"半径"和"强度"等参数。
- 渐变：用来控制爆炸的时间。
- 物理学：包括控制碎片的"旋转速度"、"倾覆轴"、"随机性"和"重力"等参数，这也是调整爆炸碎片效果的一项很重要的属性。
- 纹理：控制碎片的纹理材质。

除此之外，"碎片"属性面板中还包括"摄像机位置"、"灯光"和"材质"等高级控制参数。

4.2.5 实例：基础文字动画——水是万物之源

◎ 源 文 件：源文件 \ 第 4 章 \4.2 基础文字动画
◎ 视频文件：视频 \ 第 4 章 \4.2 基础文字动画 .avi

01 打开 After Effects CC，执行"合成 > 新建合成"命令，创建一个预设为 PAL D1/DV 的合成，设置"持续时间"为 4 秒，并将其命名为"水是万物之源"，然后单击"确定"按钮，如图 4-93 和图 4-94 所示。

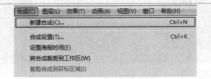

图 4-93

图 4-94

02 执行"文件 > 导入 > 文件…"命令，或按快捷键 Ctrl+I，导入"源文件 \ 第 4 章 \ 4.2 基础文字动画 \Footage"文件夹中的"水 .mov"和"水滴 .mov"素材，如图 4-95 ～图 4-97 所示。

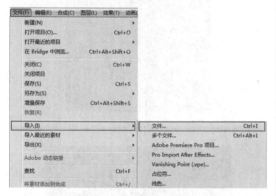

图 4-95

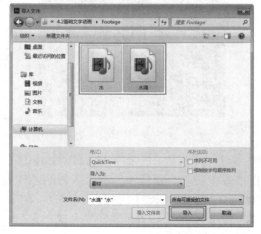

图 4-96

图 4-97

03 将"项目"窗口中的"水滴 .mov"和"水 .mov"素材按顺序拖曳到"时间线"窗口中，并设置"水 .mov"图层的"不透明度"为 50%，叠加模式为"相加"，如图 4-98 所示。在"水滴 .mov"图层上单击鼠标右键，执行"时间 > 时间伸缩"命令，在弹出的菜单中把"新持续时间"设置为（0:00:04:00），具体参数设置如图 4-99 所示，"合成"窗口中的对应效果，如图 4-100 所示。

图 4-98

图 4-99

图 4-100

04 在"时间线"窗口中的空白处单击鼠标右键，在弹出的菜单中执行"新建 > 文本"命令，如图 4-101 所示。

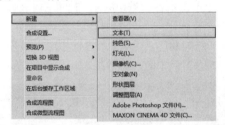

图 4-101

05 在"合成"窗口中输入"水是万物之源"字样，设置"字体"为黑体、"字体大小"为 60、"填充颜色"为（R:246,G:223,B:117），选择文字图层，设置其"位置"为（208,300），具体参数设置及在"合成"窗口中的对应效果，如图 4-102 和图 4-103 所示。

图 4-102

06 在"时间线"窗口选择"水是万物之源"文字图层，执行"效果 > 风格化 > 发光"命令，并在"效果控件"面板中设置"发光阈值"为 47.1%、"发光半径"为 65，具体参

数设置及在"合成"窗口中的对应效果，如图 4-104 和图 4-105 所示。

图 4-103

图 4-104

图 4-105

07 执行"效果 > 透视 > 投影"命令，并在"效果控件"面板中设置"阴影颜色"为（R:248,G:222,B:206）、"方向"为 0×+132.0°、"距离"为 6，具体参数设置及在"合成"窗口中的对应效果，如图 4-106 和图 4-107 所示。

图 4-106

图 4-107

08 在"时间线"窗口中选择"水是万物之源"文字图层，执行"效果>扭曲>波形变形"命令，并在"效果控件"面板设置"波形速度"为 2，把时间轴移动到（0:00:01:04）的位置，设置"波形高度"为 0，并单击"设置关键帧"按钮，为"波形高度"属性设置一个关键帧，如图 4-108 所示。在"时间线"窗口中按 U 键，展开已设置关键帧的属性，如图 4-109 所示。

图 4-108

图 4-109

09 把时间轴移动到（0:00:01:09）的位置，设置"波形高度"为 3；在时间线（0:00:01:18）的位置，设置"波形高度"为 61；在时间线（0:00:02:13）的位置，设置"波形高度"为 7；最后在时间线（0:00:02:19）的位置，设置"波形高度"为 0。具体参数设置，如图 4-110 所示。

图 4-110

10 展开"水是万物之源"文字图层的变换属性，把时间轴移到（0:00:01:04）的位置，单击"设置关键帧"按钮，为"位置"和"不透明度"分别添加一个关键帧，并设置"位置"为（208,540）、"不透明度"为 0%，具体参数设置及在"合成"窗口中的对应效果，如图 4-111 和图 4-112 所示。把时间轴移到（0:00:02:02）的位置，设置"位置"为（208,300）、"不透明度"为 100%，具体参数设置及在"合成"窗口中的对应效果，如图 4-113 和图 4-114 所示。

图 4-111

图 4-112

图 4-113

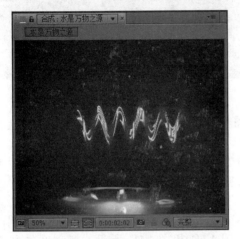

图 4-114

11 在"时间线"窗口中选择"水是万物之源"文字图层，执行"效果 > 生成 >CC Light Sweep"命令，把时间轴移到（0:00:02:11）的位置，并在"效果控件"面板中设置"Center（中心）"为（-85,144），单击"设置关键帧"按钮 ◙，为"Center（中心）"属性设置一个关键帧，然后设置"Sweep Intensity（扫光强度）"为 100，参数设置，如图 4-115 所示；接着把时间轴移到（0:00:03:10）的位置，设置"Center（中心）"为（577,144）参数设置，如图 4-116 所示。

图 4-115

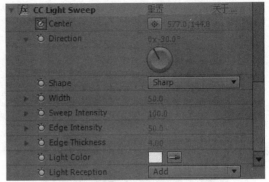

图 4-116

12 在"时间线"窗口中选择"水滴 .mov"图层，按快捷键 T 显示"不透明度"属性，把时间轴移到（0:00:02:13）的位置，设置"不透明度"为 100%，并单击"设置关键帧"按钮 ◙，为"不透明度"属性添加一个关键帧，如图 4-117 所示。再把时间轴移到（0:00:03:07）的位置，设置"不透明度"为 0%，如图 4-118 所示。

图 4-117

图 4-118

13 在"水滴 .mov"图层上单击右键，执行"时间 > 启用时间重映射"命令，如图 4-119 所示，然后在"时间线"窗口中的"水滴 .mov"图层下方可以看到"时间重映射"属性，并自动在时间线的起始位置和终点位置生成两个关键帧，把终点位置的关键帧拖曳至（0:00:03:07）的位置，如图 4-120 所示。

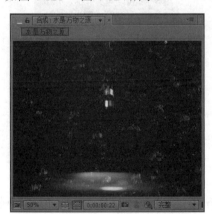

图 4-119

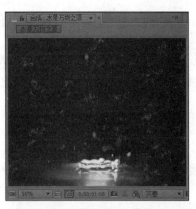

图 4-120

14 至此本实例动画制作完毕，按小键盘上的 0 键预览动画。按时间先后顺序的动画静帧效果，如图 4-121 ～图 4-124 所示。

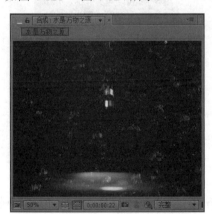

图 4-121

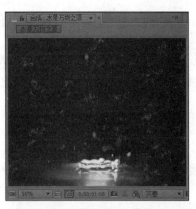

图 4-122

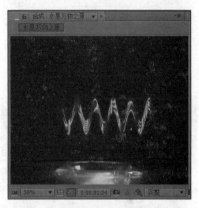

图 4-123

图 4-124

4.3 高级文字动画

　　高级文字动画是在基础文字动画基础上进行的技术提升，动画制作略比基础文字动画复杂。可以在熟练掌握基础文字动画制作的基础上学习本节内容，这样会达到事半功倍的效果。本节主要通过两个实例（金属文字片头特效的制作和梦幻光影文字特效的制作），对高级文字动画的制作进行详细讲解。

4.3.1 实例：金属文字片头特效的制作

◎ 源 文 件：源文件 \ 第 4 章 \4.3 高级文字动画 \4.3.1 金属文字片头特效的制作
◎ 视频文件：视频 \ 第 4 章 \4.3 高级文字动画 \4.3.1 金属文字片头特效的制作 .avi

01 打开 After Effects CC，执行"合成 > 新建合成"命令，创建一个自定义大小为 960×540 的 D1/DV PAL(1.09) 合成，设置"持续时间"为 5 秒，并将其命名为"金属文字"，然后单击"确定"按钮，如图 4-125 和图 4-126 所示。

图 4-125

图 4-126

02 执行"文件 > 导入 > 文件…"命令，或按快捷键 Ctrl+I，导入"源文件 \ 第 4 章 \4.3 高级文字动画 \4.3.1 金属文字片头特效的制作 \Footage"文件夹中的"重金属版 .mov"素材。如图 4-127 ～图 4-129 所示。

图 4-127

图 4-128

图 4-129

03 将"项目"窗口中的"重金属版 .mov"素材拖曳到"时间线"窗口，选中该图层执行"图层 > 变换 > 适合复合"命令，将视频调整到合成大小，调整前后的对比效果，如图 4-130 和图 4-131 所示。

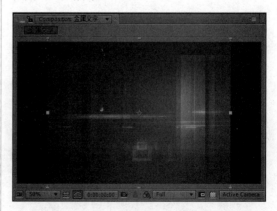

图 4-130

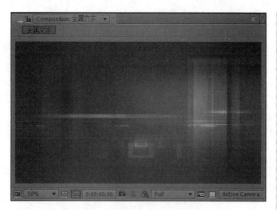

图 4-131

图 4-134

04 在"时间线"窗口中的空白处单击鼠标右键，并在弹出的菜单中执行"新建 > 文本"命令，如图 4-132 所示。

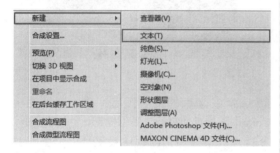

图 4-132

05 在"合成"窗口中输入"设计构思说明"文字，设置"字体"为微软雅黑、"字体大小"为 71、"填充颜色"为（R:255,G:255,B:255），选择文字图层设置其"位置"为（276,279），具体参数设置及在"合成"窗口中的对应效果，如图 4-133 和图 4-134 所示。

图 4-133

06 在"时间线"窗口中选择"设计构思说明"文字图层，执行"效果 > 生成 > 梯度渐变"命令，在"效果控件"面板中设置"渐变起点"为（504,218）、"渐变终点"为（502,294），具体参数设置及在"合成"窗口中的对应效果，如图 4-135 和图 4-136 所示。

图 4-135

图 4-136

07 在"时间线"窗口中选中"设计构思说明"文字图层，执行"效果 > 透视 > 斜面 Alpha"命令，并在"效果控件"面板中设置"边缘厚度"

为0.9，具体参数设置及在"合成"窗口中的对应效果，如图4-137和图4-138所示。

图 4-137

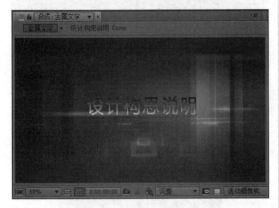

图 4-138

08 选中"设计构思说明"文字图层，执行"效果 > 颜色校正 > 曲线"命令，并在"效果控件"面板中设置曲线的参数，把曲线的形状调节为如图4-139所示的状态（调节曲线时，在曲线上单击可以添加节点，也可拖曳节点改变曲线形状），设置完曲线后的文字效果，如图4-140所示。

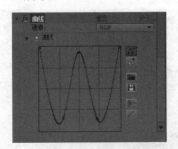

图 4-139

09 在"时间线"窗口中选择"设计构思说明"文字图层，执行"图层 > 预合成"命令（快捷键为 Ctrl+Shift+C），打开"预合成"对话框，设置新合成的名称为"设计构思说明 Comp"，然后单击"确定"按钮完成嵌套，如图4-141所示。

图 4-140

图 4-141

10 选择嵌套后的文字图层"设计构思说明 Comp"，执行"效果 > 颜色校正 > 色调"命令，并在"效果控件"面板中设置"将黑色映射到"为（R:0,G:0.B:0）、"将白色映射到"为（R:255,G:252,B:79），具体参数设置及在"合成"窗口中的对应效果，如图4-142和图4-143所示。

图 4-142

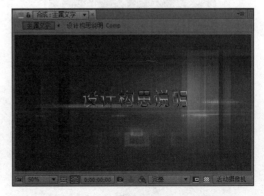

图 4-143

11 选择嵌套后的文字图层"设计构思说明 Comp",执行"效果 > 颜色校正 > 曲线"命令,并在"效果控件"面板中设置曲线的参数,把曲线的形状调节为如图 4-144 所示的状态(调节曲线时,在曲线上单击可以添加节点,也可拖曳节点改变曲线形状),设置完曲线后的文字效果,如图 4-145 所示。

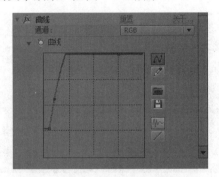

图 4-144

图 4-145

12 选择嵌套后的文字图层"设计构思说明 Comp",执行"效果 > 透视 > 投影"命令,然后在"效果控件"面板中设置"阴影颜色"为(R:0,G:0,B:0),具体参数设置及在"合成"窗口中的对应效果,如图 4-146 和图 4-147 所示。

图 4-146

图 4-147

13 在"时间线"窗口中选择嵌套后的文字图层"设计构思说明 Comp",并展开文字图层的变换属性,把时间轴移到(0:00:00:00)的位置,单击"设置关键帧"按钮，为"位置"、"缩放"和"不透明度"分别添加一个关键帧。并设置"位置"为(413,270)、"缩放"为 281%、"不透明度"为 0%,具体参数设置及在"合成"窗口中的对应效果,如图 4-148 和图 4-149 所示；把时间轴移到(0:00:00:05)的位置,设置"不透明度"为 100%,具体参数设置及在"合成"窗口中的对应效果,如图 4-150 和图 4-151 所示；最后把时间轴移到(0:00:00:15)的位置,设置"位置"为(480,270)、"缩放"为 100%,具体参数设置及在"合成"窗口中的对应效果,如图 4-152 和图 4-153 所示。

图 4-148

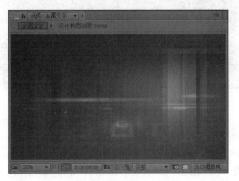

图 4-149

图 4-150

图 4-151

图 4-152

图 4-153

14 在"时间线"窗口中选择嵌套后的文字图层"设计构思说明 Comp",执行"效果 > 生成 >CC Light Sweep"命令,把时间轴移到(0:00:01:05)的位置,并在"效果控件"面

板设置"Center(中心)"为(182,181),单击"设置关键帧"按钮 ,为"Center(中心)"属性添加一个关键帧,再设置"Sweep Intensity(扫光强度)"为 100,参数设置如图 4-154 所示;接着把时间轴移到(0:00:02:10)的位置,设置"Center(中心)"为(895,181),参数设置如图 4-155 所示。

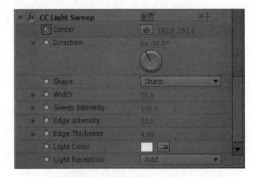

图 4-154

图 4-155

15 至此本实例动画制作完毕,按小键盘上的 0 键预览动画。按时间先后顺序的动画静帧效果,如图 4-156 ~图 4-159 所示。

图 4-156

图 4-157

图 4-159

图 4-158

4.3.2　实例：梦幻光影文字特效的制作

◎ **源 文 件：源文件 \ 第 4 章 \4.3 高级文字动画 \4.3.2 梦幻光影文字特效的制作**

◎ **视频文件：视频 \ 第 4 章 \4.3 高级文字动画 \4.3.2 梦幻光影文字特效的制作 .avi**

01 打开 After Effects CC，执行"合成 > 新建合成"命令，创建一个预设为 PAL D1/DV 的合成，设置"持续时间"为 5 秒，并将其命名为"梦幻光影"，然后单击"确定"按钮，如图 4-160 和图 4-161 所示。

图 4-160

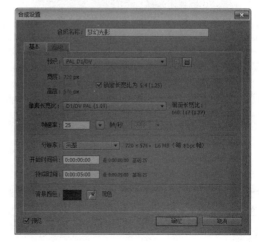

图 4-161

02 在"梦幻光影"合成的"时间线"面板中执行"图层 > 新建 > 纯色"命令，或按快捷键 Ctrl+Y 创建一个纯色层，并将其命名为"梦幻光影"，如图 4-162 和图 4-163 所示。

图 4-162

图 4-163

03 在"时间线"窗口中选择"梦幻光影"图层，然后执行"效果 > 杂色和颗粒 > 分形杂色"命令，并在"效果控件"面板中设置"对比度"为 200、"溢出"为"剪切"、"复杂度"为 2.1，具体参数设置及在"合成"窗口中的对应效果，如图 4-164 和图 4-165 所示。

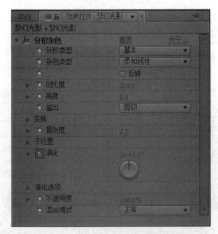

图 4-164

04 选择"梦幻光影"图层，执行"效果 > 颜色校正 > 色阶"命令，并在"效果控件"面板中设置"通道"为红色、"红色灰度系数"为 1.1、"红色输出黑色"为 186，具体参数

设置及在"合成"窗口中的对应效果，如图 4-166 和图 4-167 所示。

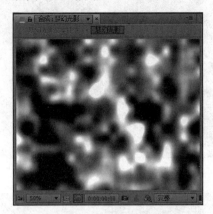

图 4-165

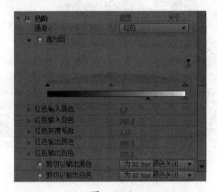

图 4-166

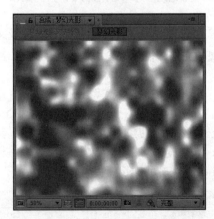

图 4-167

05 设置"梦幻光影"图层关键帧动画。把时间轴移到（0:00:00:00）的位置，设置"分形杂色"中的"演化"属性为（1×+0°），并单击"设置关键帧"按钮 ◯，为"演化"属性添加一个关键帧；在把时间轴移动到（0:00:01:10）

的位置，设置"演化"属性为（1×+150°）；接着把时间轴移到（0:00:00:10）的位置，设置"不透明度"为100%，并单击"设置关键帧"按钮 ⚪，为"不透明度"属性添加一个关键帧；最后把时间轴移到（0:00:01:10）的位置，设置"不透明度"为0%，具体关键帧设置，如图4-168所示。

图 4-168

06 按快捷键 Ctrl+N，创建一个新的合成，并将其命名为"梦幻光影文字特效"，然后将"梦幻光影"合成从"项目"窗口中拖曳至"梦幻光影文字特效"合成的"时间线"窗口中，并关闭其显示开关，如图4-169所示。

图 4-169

07 执行"文件 > 导入 > 文件…"命令，或按快捷键 Ctrl+I，导入"源文件 \ 第 4 章 \ 4.3 高级文字动画 \4.3.2 梦幻光影文字特效的制作 \Footage"文件夹中的 04.mov 素材。如图4-170 ～ 图 4-172 所示。

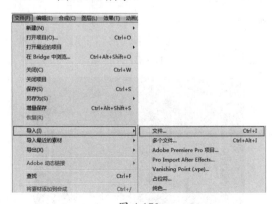

图 4-170

图 4-171

图 4-172

08 将"项目"窗口中的 04.mov 素材拖曳到"时间线"窗口中，并设置"位置"为（360,306）、"缩放"为113%，具体参数设置及在"合成"窗口中的对应效果，如图4-173和图4-174所示。

图 4-173

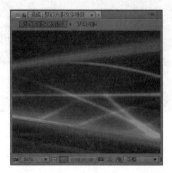

图 4-174

09 在"时间线"窗口中的空白处单击鼠标右键，在弹出的菜单中选择"新建 > 文本"命令，如图 4-175 所示。

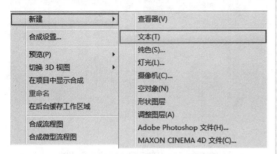

图 4-175

10 在"合成"窗口中输入"After Effects CC"字样，设置"字体"为微软雅黑、"字体大小"为 70、"填充颜色"为（R:255,G:228,B:200），选择文字图层设置其"位置"为（104,292），具体参数设置及在"合成"窗口中的对应效果，如图 4-176 和图 4-177 所示。

图 4-176

图 4-177

11 在"时间线"窗口中选择"After Effects CC"文字图层，执行"效果 > 模糊和锐化 >

复合模糊"命令，并在"效果控件"面板中设置"模糊图层"为"2. 梦幻光影"，然后设置"最大模糊"为 30，具体参数设置及在"合成"窗口中的对应效果，如图 4-178 和图 4-179 所示。

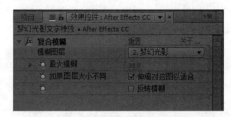

图 4-178

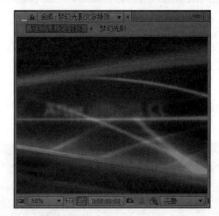

图 4-179

12 在"时间线"窗口中选择"After Effects CC"文字图层，执行"效果 > 扭曲 > 置换图"命令，并在"效果控件"面板中设置"置换图层"为"2. 梦幻光影"、"用于水平 / 垂直置换"为"明亮度"、"最大水平置换"为 -35、"最大垂直置换"为 95、"置换图特性"为"伸缩对应图以适合"，然后勾选"像素回绕"选项，具体参数设置及在"合成"窗口中的对应效果，如图 4-180 和图 4-181 所示。

图 4-180

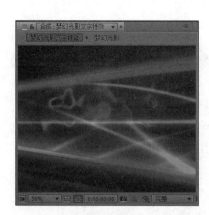

图 4-181

13 继续选择"After Effects CC"文字图层，执行"效果 > 风格化 > 发光"命令，并在"效果控件"面板中设置"发光阈值"为 8%、"发光半径"为 85、"发光强度"为 2.5、"发光颜色"为"A 和 B 颜色"、"颜色 A"为（R:255,G:228,B:200）、"颜色 B"为（R:255,G:66,B:0），具体参数设置及在"合成"窗口中的对应效果，如图 4-182 和图 4-183 所示。

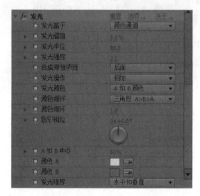

图 4-182

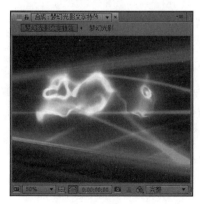

图 4-183

14 再次选择"After Effects CC"文字图层，设置图层叠加模式为"强光"，然后执行"效果 > 透视 > 投影"命令，在"效果控件"面板中设置"不透明度"为 100%、"距离"为 8、"柔和度"为 5，具体参数设置及在"合成"窗口中的对应效果，如图 4-184 和图 4-185 所示。

图 4-184

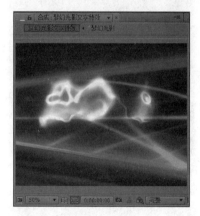

图 4-185

15 选择"After Effects CC"文字图层，把时间轴移到（0:00:00:00）的位置，设置"不透明度"为 0%，并单击"设置关键帧"按钮，为"不透明度"属性添加一个关键帧，如图 4-186 所示。再把时间轴移到（0:00:00:05）的位置，设置"不透明度"为 100%，如图 4-187 所示。

图 4-186

图 4-187

16 至此本实例动画制作完毕，按小键盘上的 0 键预览动画。按时间先后顺序的动画静帧效果，如图 4-188 ～图 4-191 所示。

图 4-190

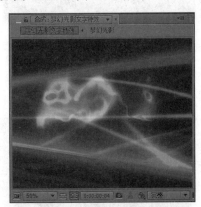

图 4-188

图 4-191

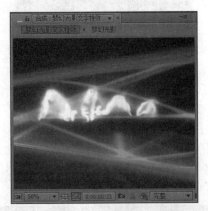

图 4-189

4.4 综合实战——波浪旋律文字特效

◎ 源 文 件：源文件 \ 第 4 章 \4.4 综合实战

◎ 视频文件：视频 \ 第 4 章 \4.4 综合实战 .avi

01 打开 After Effects CC，执行"合成 > 新建合成"命令，创建一个预设为 PAL D1/DV 的合成，设置"持续时间"为 3 秒，并将其命名为"文字"，然后单击"确定"按钮，如图 4-192 和图 4-193 所示。

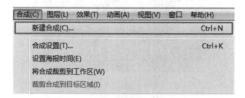

图 4-192

图 4-193

02 在"时间线"窗口中的空白处单击鼠标右键，在弹出的菜单中选择"新建 > 文本"命令，如图 4-194 所示。

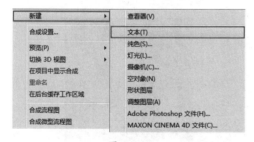

图 4-194

03 在"合成"窗口中输入"Welcome to AE"字样，设置"字体"为微软雅黑、"字体大小"为 60、"填充颜色"为（R:255,G:255,B:255），选择文字图层设置其"位置"为（158,288），具体参数设置及在"合成"窗口中的对应效果，如图 4-195 和图 4-196 所示。

图 4-195

图 4-196

04 在"时间线"窗口中选择"Welcome to AE"文字图层，执行"效果 > 生成 > 梯度渐变"命令，在"效果控件"面板中设置"渐变起点"为（360,340）、"渐变终点"为（360,245）、"起始颜色"为（R:105,G:230,B:243）、"结束颜色"为（R:255,G:255,B:255），具体参数设置及在"合成"窗口中的对应效果，如图 4-197 和图 4-198 所示。

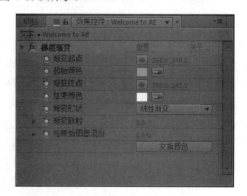

图 4-197

图 4-198

05 在"时间线"窗口中继续选中"Welcome to AE"文字图层，执行"效果 > 透视 > 斜面 Alpha"命令，在"效果控件"面板中设置"边缘厚度"为 8.5，具体参数设置及在"合成"窗口中的对应效果，如图 4-199 和图 4-200 所示。

图 4-199

图 4-200

06 按快捷键 Ctrl+N 创建一个新合成，并将其命名为"波浪"，然后在"项目"窗口中将"文字"合成拖曳到"波浪"合成的"时间线"窗口中，接着选择"文字"图层，执行"效果 > 扭曲 > 波形变形"命令，设置"波形高度"为 30、"波形宽度"为 240、"波形速度"为 1.5，最后设置"消除锯齿"为"高"，具体参数设置及在"合成"窗口中的对应效果，如图 4-201 和图 4-202 所示。

图 4-201

图 4-202

07 在"时间线"窗口中选择"文字"图层，然后把时间轴移到（0:00:00:00）的位置，在"效果控件"面板中设置"波形变形"中的"波形高度"为 30，并单击"设置关键帧"按钮，为"波形高度"属性添加一个关键帧，如图 4-203 所示。再把时间轴移到（0:00:01:11）的位置，设置"波形高度"为 0，如图 4-204 所示。

图 4-203

图 4-204

08 按快捷键 Ctrl+N 创建一个新合成，并将其命名为"曲线"，然后创建一个纯色层，也将其命名为"曲线"，接着设置"颜色"为白色（R:255,G:255,B:255），如图 4-205 所示；选择"曲线"纯色层，最后使用"矩形工具"在纯色层中绘制一个"蒙版"，形状如图 4-206 所示。

图 4-205

图 4-206

09 在"时间线"窗口中选择"曲线"纯色层，按 M 键展开"蒙版"属性栏，然后设置"蒙版羽化"为（205，1.2 像素），如图 4-207 所示，在"合成"窗口中的预览效果，如图 4-208 所示。

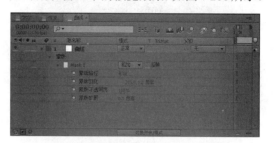

图 4-207

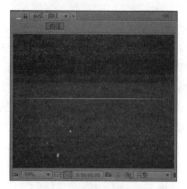

图 4-208

10 按快捷键 Ctrl+N 创建一个新合成，并将其命名为"遮罩"，然后创建一个纯色层，同样也将其命名为"遮罩"，设置"颜色"为白色（R:255,G:255,B:255），如图 4-209 所示。接着选择"遮罩"纯色层，最后使用"矩形"工具在纯色层中绘制一个"蒙版"，形状如图 4-210 所示。

图 4-209

图 4-210

11 在"时间线"窗口中选择"遮罩"纯色层,执行"效果>扭曲>波形变形"命令,并在"效果控件"面板中设置"波形高度"为120、"波形宽度"为240、"波形速度"为1.5,最后设置"消除锯齿"为"高",具体参数设置及在"合成"窗口中的对应效果,如图4-211和图4-212所示。

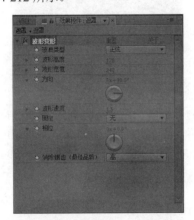

图 4-211

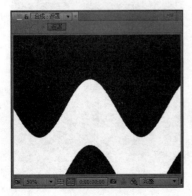

图 4-212

12 选择"遮罩"纯色层,调整时间线到(0:00:00:00)位置,在"效果控件"面板中设置"波形变形"中的"波形高度"为120,并单击"设置关键帧"按钮,为"波形高度"属性添加一个关键帧,如图4-213所示。再把时间轴移到(0:00:01:11)的位置,设置"波形高度"为0,如图4-214所示。

图 4-213

图 4-214

13 按快捷键Ctrl+N创建一个新合成,并将其命名为"最终",然后将"曲线"、"波浪"、"遮罩"合成按顺序从"项目"窗口中拖曳到"最终"合成的"时间线"窗口中,如图4-215所示。

接着选择"曲线"图层，执行"效果 > 扭曲 > 波形变形"命令，并在"效果控件"面板中设置"波形高度"为 120、"波形宽度"为 240、"波形速度"为 1.5，最后设置"消除锯齿"为"高"，具体参数设置，如图 4-216 所示。

图 4-215

图 4-216

14 选择"曲线"图层，然后执行"效果 > 风格化 > 发光"命令，并在"效果控件"面板中设置"发光阈值"为 20%、"发光半径"为 10、"发光强度"为 2、"发光颜色"为"A和 B 颜色"、"颜色 A"为（R:255,G:239,B:105）、"颜色 B"为（R:255,G:0,B:0），具体参数设置，如图 4-217 所示。

图 4-217

15 选择"曲线"图层，调整时间线到（0:00:00:00）位置，在"效果控件"面板中设置"波形变形"中的"波形高度"为 120，并单击"设置关键帧"按钮 ，为"波形高度"属性设置一个关键帧，如图 4-218 所示。再把时间轴移到（0:00:01:11）的位置，设置"波形高度"为 0，如图 4-219 所示。把时间轴移到（0:00:01:09）的位置，设置"不透明度"为 100%，并单击"设置关键帧"按钮 ，为"不透明度"属性添加一个关键帧；最后将时间轴移到（0:00:01:17）的位置，设置"不透明度"为 0%，如图 4-220 所示。

图 4-218

图 4-219

图 4-220

16 选择"曲线"图层，按快捷键 Ctrl+D 将其再复制出两个图层，然后分别将其命名为"曲线 1"和"曲线 2"，如图 4-221 所示。将时间轴移到（0:00:00:00）的位置，接着选择"曲线 1"图层，设置"波形变形"特效中的"波形高度"为 60，最后设置"发光"特效中的"颜色 A"为（R:190,G:0,B:255），参数设置，如图 4-222 所示。

图 4-221

图 4-222

17 选择"曲线 2"图层，设置"波形变形"特效中的"波形高度"为 30，接着设置"发光"特效中的"颜色 A"为（R:45,G:160,B:250）、"颜色 B"为（R:0,G:20,B:255）。参数设置，如图 4-223 所示。

18 选择"波浪"图层，然后设置 Trk Mat（轨道遮罩）为"亮度反转遮罩"，如图 4-224 所示；接着在时间线的（0:00:00:08）位置，设置"不透明度"为 0%，并单击"设置关键帧"按钮，为"不透明度"属性添加一个关键帧，最后将时间轴移到（0:00:00:16）位置，设置"不

透明度"为 100%，如图 4-225 所示。

图 4-223

图 4-224

图 4-225

19 选择"遮罩"图层，然后在时间线的（0:00:01:03）位置，设置"不透明度"为 0%，并单击"设置关键帧"按钮，为"不透明度"属性添加一个关键帧，最后将时间轴移到（0:00:01:15）位置，设置"不透明度"为 100%，如图 4-226 所示。

20 执行"文件 > 导入 > 文件…"命令，或按快捷键 Ctrl+I，导入"源文件 \ 第 4 章 \4.4 综合实战 \Footage"文件夹中的"字母背景 .mov"素材。如图 4-227 ～图 4-229 所示。

图 4-226

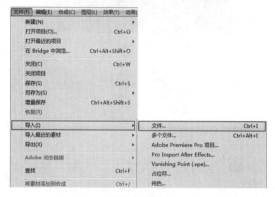

图 4-227

图 4-228

图 4-229

21 把"字母背景 .mov"素材拖曳到"最终"合成的"时间线"面板中作为背景，如图 4-230 所示。再在"字母背景 .mov"图层上单击右键，然后执行"时间 > 时间伸缩"命令，在弹出的对话框中将"新持续时间"设置为（0:00:03:00），如图 4-231 所示。

图 4-230

图 4-231

22 至此本实例动画制作完毕，按小键盘上的 0 键预览动画。按时间先后顺序的动画静帧效果，如图 4-232 ～图 4-235 所示。

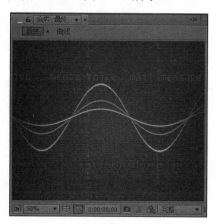

图 4-232

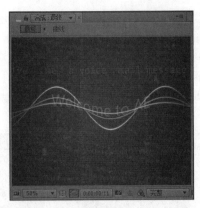

图 4-233

图 4-235

图 4-234

4.5 本章小结

通过对本章的学习，了解了创建文字、编辑文字、对文字图层进行关键帧设置、为文字添加遮罩蒙版和路径，以及如何创建发光文字、如何对文字添加投影等方法，可以制作出多种风格的文字效果和绚丽多彩的文字动画。

创建文字的方法有多种，在"时间线"窗口中的空白处单击鼠标右键，然后在弹出的菜单中选择"新建 > 文本"命令，快捷键为 Ctrl+Shift+Alt+T，即可创建文本层。或者使用工具栏中的"文字"工具，也可以直接在"合成"窗口中输入文字。

在"合成"窗口中选择需要修改的文字，也可以双击文字图层来全选文字，然后在"字符"面板中修改文字的字体、大小、颜色等属性。也可以为文字图层下的基本属性添加关键帧，制作出多种动画效果。

本章还列举了几个基础文字动画实例：打字动画、文字过光特效的制作、波浪文字动画、破碎文字特效的制作。这些基础文字动画有助于大家在学习了前面的基础知识基础上，学会实际运用和操作文字特效的方法，培养对文字动画制作的兴趣。

最后本章还列举了两个高级文字动画实例：金属文字片头特效的制作和梦幻光影文字特效的制作。这两个实例主要是为了在学习过文字基础动画的前提下进行能力的提升，使文字特效的运用更娴熟，也能更好地增强文字特效的视觉效果。

第 **5** 章   After Effects CC 调色技法

在影片的前期拍摄中，拍摄出来的画面由于受到自然环境、拍摄设备，以及摄影师等客观因素的影响，拍摄出来的画面与真实效果有一定的差异，这样就需要对画面进行调色处理，最大限度地还原它的本来面目，如图 5-1 和图 5-2 所示。影片调色技术是 After Effects 中操作较为简单的模块，可以使用单个或多个调色特效，模拟出漂亮的颜色效果。这些效果广泛应用于影视、广告中，起到渲染气氛的作用，如图 5-3 和图 5-4 所示。

图 5-1

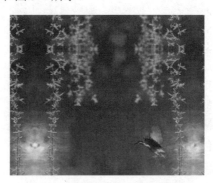
图 5-2

图 5-3

图 5-4

5.1 初识颜色校正调色

颜色校正效果组主要用于处理画面的颜色。After Effects CC 中的颜色校正效果组中提供了更改颜色、亮度和对比度、颜色平衡等多种颜色校正效果，也可以对色彩正常的画面进行色调调节，本章挑选了商业项目中具有代表性的效果进行讲解。

5.2 颜色校正调色的主要效果

本节为大家讲解颜色校正调色的三个最主要效果：色阶效果、曲线效果、色相／饱和度效果。

5.2.1 色阶效果

色阶效果主要是通过重新分布输入颜色的级别来获取一个新的颜色输出范围，以达到修改图像亮度和对比度的目的。

此外，使用色阶可以扩大图像的动态范围（动态范围是指相机能记录的图像亮度范围）、查看和修正曝光，以及提高对比度等作用。

选择图层，执行"效果 > 颜色校正 > 色阶"命令，在"效果控件"面板中展开"色阶"效果的参数，如图 5-5 所示。

下面对色阶效果的各项属性参数进行详细讲解。

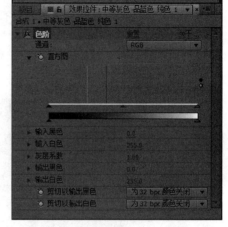

图 5-5

- 通道：选择要修改的通道，可以分别对 RGB 通道、红色通道、绿色通道、蓝色通道和 Alpha 通道的色阶进行单独调整。
- 直方图：通过直方图可以观察到各个影调的像素在图像中的分布情况。
- 输入黑色：可以控制输入图像中的黑色阈值。
- 输入白色：可以控制输入图像中的白色阈值。
- 灰度系数：调节图像影调的阴影和高光的相对值。
- 输出黑色：控制输出图像中的黑色阈值。
- 输出白色：控制输出图像中的白色阈值。

5.2.2 曲线效果

曲线效果可以对画面整体或单独颜色通道的色调范围进行精确控制。

选择图层，执行"效果 > 颜色校正 > 曲线"命令。在"效果控件"面板中展开"曲线"效果的参数，如图 5-6 所示。

下面对曲线效果的各项属性参数进行详细讲解。

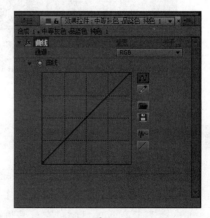

图 5-6

- 通道：用来选择要调整的通道，包括 RGB 通道、红色通道、绿色通道、蓝色通道和 Alpha 通道。
- 曲线：手动调节曲线上的控制点，X 轴方向表示输入原像素的亮度，Y 轴方向表示输出像素的亮度。
- ▲ （曲线工具）：使用该工具可以在曲线上添加节点，并且可以拖曳节点。如果要删除节点，只需要将选择的节点拖曳出曲线图之外即可。
- ▲ （铅笔工具）：使用该工具可以在坐标图上任意绘制曲线。
- ▲ （打开曲线）：用来打开保存好的曲线，也可以打开 Photoshop 中的曲线文件。

- 　（保存曲线）：用来保存当前曲线，以便以后重复利用。
- 　（平滑曲线）：将曲折的曲线变平滑。
- 　（重置曲线）：将曲线恢复到默认的直线状态。

5.2.3　色相 / 饱和度效果

色相 / 饱和度效果可以调整某个通道颜色的色相、饱和度及亮度，即对图像的某个色域局部进行调节。

选择图层，执行"效果 > 颜色校正 > 色相 / 饱和度"命令。在"效果控件"面板中展开色相 / 饱和度效果的参数，如图 5-7 所示。

下面对色相 / 饱和度效果的各项属性参数进行详细讲解。

- 通道控制：可以指定所要调节的颜色通道，如果选择"主"选项表示对所有颜色应用，还可以单独选择红色、黄色、绿色、青色、蓝色和洋红等颜色。
- 通道范围：显示通道受效果影响的范围。上面的颜色条表示调节前的颜色，下面的颜色条表示在全饱和度下调整后的颜色。
- 主色相：用于调整主色调，可以通过相位调整轮来调整。
- 主饱和度：控制所调节颜色通道的饱和度。
- 主亮度：控制所调节颜色通道的亮度。

图 5-7

- 彩色化：用于调整图像为彩色图像。
- 着色色相：用于调整图像彩色化以后的色相。
- 着色饱和度：用于调整图像彩色化以后的饱和度。
- 着色亮度：用于调整图像彩色化以后的亮度。

5.2.4　实例：颜色校正调色主要效果——风景校色

◎ **源　文　件：源文件 \ 第 5 章 \5.2 颜色校正调色主要效果**

◎ **视频文件：视频 \ 第 5 章 \5.2 颜色校正调色主要效果 .avi**

01 打开 After Effects CC，执行"合成 > 新建合成"命令，创建一个预设为 PAL D1/DV 的合成，设置"持续时间"为 3 秒，并将其命名为"风景校色"，然后单击"确定"按钮，如图 5-8 和图 5-9 所示。

图 5-8

图 5-9

02 执行"文件 > 导入 > 文件…"命令，或按快捷键 Ctrl+I，导入"源文件 \ 第 5 章 \5.2 颜色校正调色主要效果 \Footage"文件夹中的"风景 .png"图片素材。如图 5-10 ～图 5-12 所示。

图 5-10

图 5-11

图 5-12

03 将"项目"窗口中的"风景 .png"图片素材拖曳到"时间线"窗口，选中该图层执行"图层 > 变换 > 适合复合"命令，将图片适配到合成大小，适配到合成前后的对比效果，如图 5-13 和图 5-14 所示。

图 5-13

图 5-14

04 在"时间线"窗口中选择"风景 .png"图层，执行"效果 > 颜色校正 > 色阶"命令，并在"效果控件"面板中设置"输入黑色"为 45、"灰度系数"为 1.2，具体参数设置及在"合成"窗口中的对应效果，如图 5-15 和图 5-16 所示。

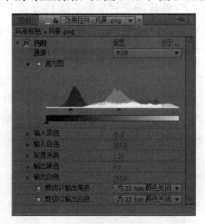

图 5-15

图 5-16

图 5-18

05 继续选择"风景 .png"图层，执行"效果 > 颜色校正 > 色相 / 饱和度"命令，并在"效果控件"面板中设置"主饱和度"为 -17，"主亮度"为 -32，具体参数设置及在"合成"窗口中的对应效果，如图 5-17 和图 5-18 所示。

06 最后再选择"风景 .png"图层，执行"效果 > 颜色校正 > 曲线"命令，并在"效果控件"面板中设置曲线的参数，把曲线的形状调节为如图 5-19 所示的状态（调节曲线时，用鼠标左键在曲线上单击一下可以添加节点，然后可拖曳节点改变曲线的形状），设置完曲线后的最终效果，如图 5-20 所示，本实例制作完毕。

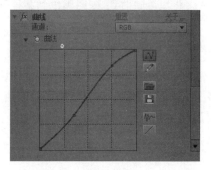

图 5-19

图 5-20

图 5-17

5.3 颜色校正调色常用效果

本节讲解颜色校正调色的 9 种最常见效果——色调效果、三色调效果、照片滤镜效果、颜色平衡效果、颜色平衡（HLS）效果、曝光度效果、通道混合器效果、阴影 / 高光效果、广播颜色效果。

5.3.1 色调效果

色调效果用于调整图像中包含的颜色信息，在最亮和最暗之间确定融合度，可以将画面中的黑色部分及白色部分替换成自定义的颜色。

选择图层，执行"效果 > 颜色校正 > 色调"命令。在"效果控件"面板中展开"色调"效果的参数，如图 5-21 所示。

下面对色调效果的各项属性参数进行详细讲解。

- 将黑色映射到：映射黑色到某种颜色。

图 5-21

- 将白色映射到：映射白色到某种颜色。
- 着色数量：设置染色的作用程度，0%表示完全不起作用，100% 表示完全作用于画面。

5.3.2 三色调效果

三色调效果与色调效果的用法相似，只是多了一个中间颜色。可以将画面中的阴影、中间调和高光进行颜色映射，从而更换画面的色调。

选择图层，执行"效果 > 颜色校正 > 三色调"命令。在"效果控件"面板中展开"三色调"效果的参数，如图 5-22 所示。

下面对三色调效果的各项属性参数进行详细讲解。

- 高光：用来调整高光的颜色。
- 中间调：用来调整中间调的颜色。

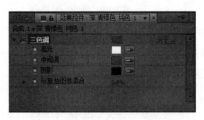

图 5-22

- 阴影：用来调整阴影的颜色。
- 与原始图像混合：设置效果层与来源层的融合程度。

5.3.3 照片滤镜效果

照片滤镜效果就像为素材加入一个滤色镜，以便和其他颜色统一。

选择图层，执行"效果 > 颜色校正 > 照片滤镜"命令。在"效果控件"面板中展开"照片滤镜"效果的参数，如图 5-23 所示。

下面对照片滤镜效果的各项属性参数进行详细讲解。

- 滤镜：从右侧的下拉列表中可以选择各种常用的有色光的镜头滤镜。
- 颜色：当"滤镜"属性使用"自定义"选项时，可以指定滤镜的颜色。

图 5-23

- 密度：设置重新着色的强度，值越大，效果越明显。
- 保持发光度：勾选该选项时，可以在过滤颜色的同时，保持原始图像的明暗分布层次。

5.3.4　颜色平衡效果

颜色平衡效果可以对图像的暗部、中间调和高光部分的红、绿、蓝通道分别进行调整。

选择图层，执行"效果 > 颜色校正 > 颜色平衡"命令，在"效果控件"面板中展开"颜色平衡"效果的参数，如图 5-24 所示。

下面对颜色平衡效果的各项属性参数进行详细讲解。

- 阴影红色 / 绿色 / 蓝色平衡：在阴影通道中调整颜色的范围。
- 中间调红色 / 绿色 / 蓝色平衡：用于调整 RGB 彩色的中间亮度范围平衡。
- 高光红色 / 绿色 / 蓝色平衡：用于在高光通道中调整 RGB 彩色的高光范围平衡。

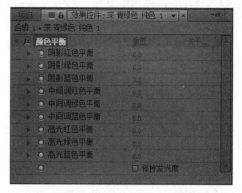

图 5-24

- 保持发光度：用于保持图像颜色的平均亮度。

5.3.5　颜色平衡（HLS）效果

颜色平衡（HLS）效果是通过调整色相、饱和度和亮度参数，对素材图像的颜色进行调节，以控制图像的色彩平衡。

选择图层，执行"效果 > 颜色校正 > 颜色平衡（HLS）"命令，在"效果控件"面板中展开"颜色平衡（HLS）"效果的参数，如图 5-25 所示。

下面对颜色平衡（HLS）效果的各项属性参数进行详细讲解。

- 色相：用于调整图像的色相。
- 亮度：用于调整图像的亮度，值越大，

图像越亮。

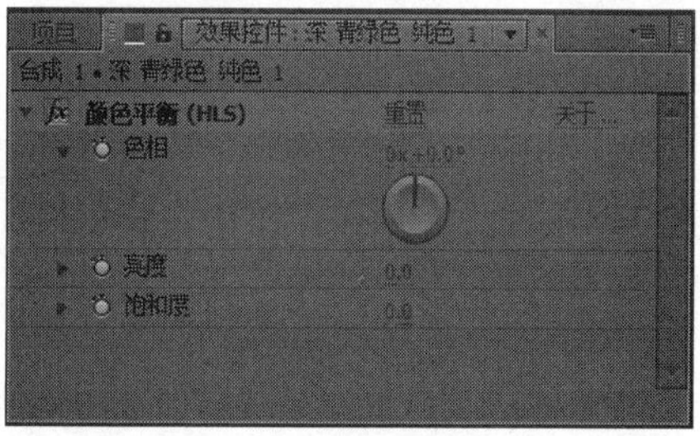

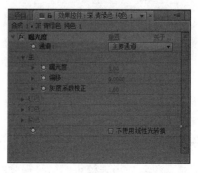

图 5-25

- 饱和度：用于调整图像的饱和度，值越大，饱和度越高，图像颜色越鲜艳。

5.3.6　曝光度效果

曝光度效果主要是用来调节画面的曝光程度，可以对 RGB 通道进行分别曝光。

选择图层，执行"效果 > 颜色校正 > 曝光度"命令。在"效果控件"面板中展开"曝光度"效果的参数，如图 5-26 所示。

下面对曝光度效果的各项属性参数进行详细讲解。

- 通道：用于选择需要曝光的通道，包括"主要通道"和"单个通道"两种类型。

图 5-26

- 曝光度：设置图像的整体曝光程度。
- 偏移：设置图像整体色彩的偏移程度。
- 灰度系数校正：设置图像伽马准度。
- 红色/绿色/蓝色：分别用来调整 RGB

通道的曝光度、偏移和灰度系数校正数值，只有在设置通道为"单个通道"的情况下，这些属性才会被激活。

5.3.7 通道混合器效果

通道混合器效果可以使当前层的亮度为蒙版，从而调整另一个通道的亮度，并作用于当前层的各个色彩通道。使用该效果可以制作出普通校色效果不容易制作出的效果。

选择图层，执行"效果 > 颜色校正 > 通道混合器"命令，在"效果控件"面板中展开"通道混合器"效果的参数，如图 5-27 所示。

下面对通道混合器效果的各项属性参数进行详细讲解。

- 红色/绿色/蓝色 - 红色/绿色/蓝色/恒量：代表不同的颜色调整通道，表现增强或减弱通道的效果，恒量用

来调整通道的对比度。

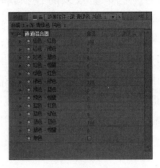

图 5-27

- 单色：勾选该选项后，将把彩色图像转换为灰度图。

5.3.8 阴影/高光效果

阴影/高光效果可以单独处理图像的阴影和高光区域，是一种高级调色特效。

选择图层，执行"效果 > 颜色校正 > 阴影/高光"命令，在"效果控件"面板中展开"阴影/高光"效果的参数，如图 5-28 所示。

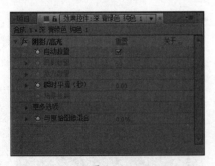

图 5-28

下面对阴影/高光效果的各项属性参数进行详细讲解。

- 自动数量：自动取值，分析当前画面颜色来调整画面的明暗关系。
- 阴影数量：暗部取值，只针对画面的暗部进行调整。
- 高光数量：亮部取值，只针对图像的亮部进行调整。
- 瞬时平滑：设置阴影和高光的瞬时平滑度，只在"自动数量"选项被激活的状态，该选项才有效。
- 场景检测：用来侦测场景画面的变化。
- 更多选项：对画面的暗部和亮部进行更多的设置。
- 与原始图像混合：设置效果层与来源层的融合程度。

5.3.9 广播颜色效果

广播颜色效果用来校正广播级视频的颜色和亮度，使视频素材在电视上正确地显示出来，

以达到电视台的播放技术标准。

选择图层，执行"效果 > 颜色校正 > 广播颜色"命令，在"效果控件"面板中展开"广播颜色"效果的参数，如图 5-29 所示。

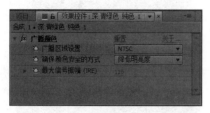

图 5-29

下面对广播颜色效果的各项属性参数进行详细讲解。

- 广播区域设置：用于选择电视制式，包括"PAL 制式"和"NTSC 制式"两种。
- 确保颜色安全的方式：实现安全色彩的方法，包括"降低明亮度"、"降低饱和度"、"抠出不安全区域"和"抠出安全区域"。
- 最大信号振幅：制定用于播放视频素材的最大信号幅度。

5.3.10 实例：颜色校正常用效果——旅游景点校色

◎ 源　文　件：源文件 \ 第 5 章 \5.3 颜色校正调色常用效果
◎ 视频文件：视频 \ 第 5 章 \5.3 颜色校正调色常用效果 .avi

01 打开 After Effects CC，执行"合成 > 新建合成"命令，创建一个预设为 PAL D1/DV 的合成，设置"持续时间"为 5 秒，并将其命名为"旅游景点校色"，然后单击"确定"按钮，如图 5-30 和图 5-31 所示。

图 5-30

图 5-31

02 执行"文件 > 导入 > 文件…"命令，或按快捷键 Ctrl+I，导入"源文件 \ 第 5 章 \5.3 颜色校

正调色常用效果 \Footage"文件夹中的"旅游景点 .avi"视频素材。如图 5-32 ～图 5-34 所示。

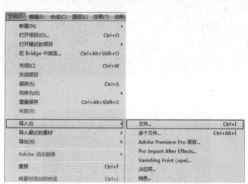

图 5-32

图 5-33

图 5-34

03 将"项目"窗口中的"旅游景点.avi"视频素材拖曳到"时间线"窗口，选中该图层并把时间轴移到最后一帧，接着按S键显示其"缩放"属性，设置"缩放"为104%，具体参数设置及在"合成"窗口中的对应效果，如图5-35和图5-36所示。

图 5-35

图 5-36

04 在"时间线"窗口中选择"旅游景点.avi"图层，然后执行"效果>颜色校正>颜色平衡"命令，并在"效果控件"面板中设置"阴影红色平衡"为30、"中间调绿色平衡"为10、"中间调蓝色平衡"为-11、"高光绿色平衡"为38，具体参数设置及在"合成"窗口中的对应效果，如图5-37和图5-38所示。

图 5-37

图 5-38

05 在"时间线"窗口中继续选择"旅游景点.avi"图层，执行"效果>颜色校正>三色调"命令，并在"效果控件"面板中设置"与原始图像混合"为68%，具体参数设置及在"合成"窗口中的对应效果，如图5-39和图5-40所示。

图 5-39

图 5-40

06 选择"旅游景点 .avi"图层，执行"效果 > 颜色校正 > 曝光度"命令，并在"效果控件"面板中设置"曝光度"为 -1.7、"灰度系数校正"为 1.8，具体参数设置及在"合成"窗口中的对应效果，如图 5-41 和图 5-42 所示。

图 5-41

图 5-42

07 选择"旅游景点 .avi"图层，执行"效果 > 颜色校正 > 照片滤镜"命令，并在"效果控件"面板中设置"密度"为 30%，具体参数设置及在"合成"窗口中的对应效果，如图 5-43 和图 5-44 所示。

图 5-43

图 5-44

08 至此，本实例制作完毕，校色之前与校色之后的效果对比，如图 5-45 和图 5-46 所示。

图 5-45

图 5-46

5.4　颜色校正调色的其他效果

前面讲到颜色校正调色的主要效果和常用效果，本节继续讲解颜色校正调色的一些其他效果，这些效果包括亮度和对比度效果、保留颜色效果、灰度系数 / 基值 / 增益效果、色调均化效果、颜色链接效果、更改颜色效果、更改为颜色效果、Photoshop 任意映射效果、颜色稳定器效果、自动颜色效果、自动色阶效果、自动对比度效果。

5.4.1 亮度和对比度效果

亮度和对比度效果用于调整画面的亮度和对比度，可以同时调整所有像素的亮部、暗部和中间色，不能对单一通道进行调节。

选择图层，执行"效果>颜色校正>亮度和对比度"命令。在"效果控件"面板中展开"亮度和对比度"效果的参数，如图 5-47 所示。

下面对亮度和对比度效果的各项属性参数进行详细讲解。

- 亮度：调节图像的亮度，数值越大图像越亮。

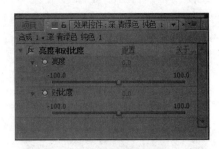

图 5-47

- 对比度：调节图像的对比度，数值越大对比度越强烈。

5.4.2 保留颜色效果

保留颜色效果可以去除素材图像中指定颜色外的其他颜色。

选择图层，执行"效果>颜色校正>保留颜色"命令。在"效果控件"面板中展开"保留颜色"效果的参数，如图 5-48 所示。

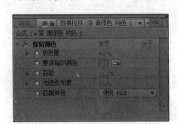

图 5-48

下面对保留颜色效果的各项属性参数进行详细讲解。

- 脱色量：设置脱色程度，当值为100%时，图像完全脱色，显示为灰色。
- 要保留的颜色：选择需要保留的颜色。
- 容差：设置颜色的相似度。
- 边缘柔和度：消除颜色与保留颜色之间的边缘柔化程度。
- 匹配颜色：选择颜色匹配的方式，可以使用 RGB 和色相两种方式。

5.4.3 灰度系数 / 基值 / 增益效果

灰度系数 / 基值 / 增益效果可以调整每个 RGB 独立通道的还原曲线值，这样可以分别对某种颜色进行输出曲线控制。

选择图层，执行"效果>颜色校正>灰度系数 / 基值 / 增益"命令。在"效果控件"面板中展开"灰度系数 / 基值 / 增益"效果的参数，如图 5-49 所示。

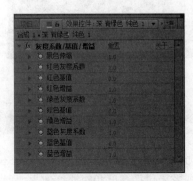

图 5-49

下面对灰度系数 / 基值 / 增益效果的各项属性参数进行详细讲解。

- 黑色伸缩：重新设置黑色的强度，取值范围为 1 ～ 4。
- 红色 / 绿色 / 蓝色灰度系数：用来分别调整红色 / 绿色 / 蓝色通道的灰度系数。
- 红色 / 绿色 / 蓝色基值：用来分别调整红色 / 绿色 / 蓝色通道的最小输出值。
- 红色 / 绿色 / 蓝色增益：用来分别调整红色 / 绿色 / 蓝色通道的最大输出值。

5.4.4　色调均化效果

色调均化效果可以使图像变化平均化，它自动以白色取代图像中最亮的像素，以黑色取代图像中最暗的像素，然后取得一个最亮与最暗之间的阶调像素。

选择图层，执行"效果 > 颜色校正 > 色调均化"命令。在"效果控件"面板中展开"色调均化"效果的参数，如图 5-50 所示。

下面对色调均化效果的各项属性参数进行详细讲解。

- 色调均化：用来指定平均化的方式，可以选择"RGB"、"亮度"和"Photoshop 样式"3 种方式。

图 5-50

- 色调均化量：用来设置重新分布亮度值的百分比。

5.4.5　颜色链接效果

颜色链接效果可以根据周围的环境改变素材的颜色，对两个层的素材色调进行统一。

选择图层，执行"效果 > 颜色校正 > 颜色链接"命令。在"效果控件"面板中展开"颜色链接"效果的参数，如图 5-51 所示。

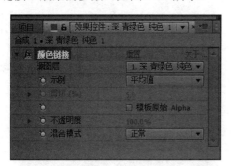

图 5-51

下面对颜色链接效果的各项属性参数进行详细讲解。

- 源图层：选择需要与颜色匹配的图层。
- 示例：选取颜色取样点的调整方式。
- 剪切：设置被指定采样百分比的最高值和最低值，该参数对清除图像的杂点非常有用。
- 模板原始 Alpha：选取原稿的透明模板，如果原稿中没有 Alpha 通道，通过抠像也可以产生类似的透明区域。
- 不透明度：用来调整统一色调后的不透明度。
- 混合模式：从右侧的下拉列表中选择所选颜色图层的混合模式。

5.4.6　更改颜色效果

更改颜色效果可以替换图像中的某种颜色，并调整该颜色的饱和度和亮度。

选择图层，执行"效果 > 颜色校正 > 更改颜色"命令。在"效果控件"面板中展开"更改颜色"效果的参数，如图5-52所示。

图 5-52

下面对更改颜色效果的各项属性参数进行详细讲解。

- 视图：用来设置图像在"合成"窗口中的显示方式。

- **色相变换**：用于调整所选颜色的色相。
- **亮度变换**：用于调整所选颜色的亮度。
- **饱和度变换**：用于调整所选颜色的饱和度。
- **要更改的颜色**：选择图像中要改变颜色的区域。
- **匹配容差**：调整颜色匹配的相似程度。
- **匹配柔和度**：设置颜色的柔化程度。
- **匹配颜色**：设置相匹配的颜色。包括"使用 RGB"、"使用色相"和"使用色度"3个选项。
- **反转颜色校正蒙版**：勾选该选项，可以对选择的颜色进行反向处理。

5.4.7 更改为颜色效果

更改为颜色效果可以用指定的颜色来替换图像中的某种颜色的色调、明度及饱和度的值，在进行颜色转换的同时也添加一种新的颜色。

选择图层，执行"效果 > 颜色校正 > 更改为颜色"命令，在"效果控件"面板中展开"更改为颜色"效果的参数，如图5-53所示。

下面对更改为颜色效果的各项属性参数进行详细讲解。

- **自**：指定要转换的颜色。
- **收件人**：指定转换成何种颜色。
- **更改**：指定影响 HLS 颜色模式的通道。
- **更改方式**：指定颜色转换以哪一种方式进行，包括"设置为颜色"和"变换为颜色"两种。

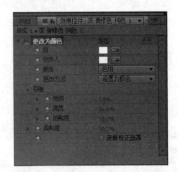

图 5-53

- **容差**：指定色相、亮度、饱和度的值。
- **柔和度**：通过百分比控制柔和度。
- **查看校正遮罩**：勾选该选项，可以显示层上哪个部分改变过。

5.4.8 Photoshop 任意映射效果

Photoshop 任意映射效果用于调整图像色调的亮度级别，通过调用 Photoshop 的图像文件（.amp）来调节层的亮度值，或重新映射一个专门的亮度区域来调节明暗及色调。

选择图层，执行"效果 > 颜色校正 >PS 任意映射"命令。在"效果控件"面板中展开"PS 任意映射"效果的参数，如图5-54所示。

图 5-54

下面对 PS 任意映射效果的各项属性参数进行详细讲解。

- 相位：用于循环属性映射，向右移动增加映射程度，向左移动减少映射程度。

5.4.9　颜色稳定器效果

颜色稳定器效果可以在素材的某一帧上采集暗部、中间调和亮调色彩，其他帧的色彩保持采集帧色彩的数值。

选择图层，执行"效果 > 颜色校正 > 颜色稳定器"命令，在"效果控件"面板中展开"颜色稳定器"效果的参数，如图 5-55 所示。

下面对颜色稳定器效果的各项属性参数进行详细讲解。

- 稳定：选择颜色稳定的形式，包括"亮度"、"色阶"和"曲线"三种形式。
- 黑场：指定稳定所需的最暗点。

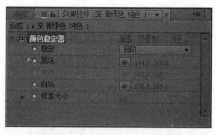

图 5-55

- 中点：指定稳定所需的中间颜色。
- 白场：指定稳定所需的最亮点。
- 样本大小：调节样本区域的范围大小。

5.4.10　自动颜色效果

自动颜色效果是根据图像的高光、中间色和阴影色的值来调整原图像的对比度和色彩。在默认情况下，自动颜色效果使用 RGB 为 128 的灰度值作为目标色压制中间色的色彩范围，并降低 5% 阴影和高光的像素值。

选择图层，执行"效果 > 颜色校正 > 自动颜色"命令，在"效果控件"面板中展开"自动颜色"效果的参数，如图 5-56 所示。

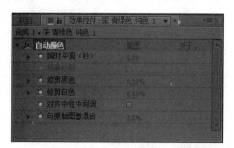

图 5-56

下面对自动颜色效果的各项属性参数进行详细讲解。

- 瞬时平滑：指定围绕当前帧的持续时间，再根据设置的时间确定对与周围帧有联系的当前帧的矫正操作。例如，将值设置为 2，那么，系统将对当前帧的前一帧和后一帧各用 1 秒时间来分析，然后确定一个适当的色阶来调节当前帧。
- 场景检测：设置"瞬时平滑"忽略不同场景中的帧。
- 修剪黑色：缩减阴影部分的图像，可以加深阴影。
- 修剪白色：缩减高光部分的图像，可以提高高光部分的亮度。
- 对齐中性中间调：确定一个接近中性色彩的平均值，然后分析亮度值使图像整体色彩适中。
- 与原始图像混合：设置效果与原始图像的混合程度。

5.4.11 自动色阶效果

自动色阶效果用于自动设置高光和阴影，通过在每个存储白色和黑色的色彩通道中定义最亮和最暗的像素，然后按比例分布中间像素值。

选择图层，执行"效果 > 颜色校正 > 自动色阶"命令，在"效果控件"面板中展开"自动色阶"效果的参数，如图 5-57 所示。

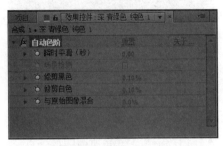

图 5-57

下面对自动色阶效果的各项属性参数进行详细讲解。

- 瞬时平滑：指定围绕当前帧的持续时间，再根据设置的时间确定对与周围帧有联系的当前帧的矫正操作。
- 场景检测：设置"瞬时平滑"忽略不同场景中的帧。
- 修剪黑色：缩减阴影部分的图像，可以加深阴影。
- 修剪白色：缩减高光部分的图像，可以提高高光部分的亮度。
- 与原始图像混合：设置效果与原始图像的混合程度。

5.4.12 自动对比度效果

自动对比度效果能够自动分析层中所有对比度和混合的颜色，将最亮和最暗的像素映射到图像的白色和黑色中，使高光部分更亮，阴影部分更暗。

选择图层，执行"效果 > 颜色校正 > 自动对比度"命令，在"效果控件"面板中展开"自动对比度"效果的参数，如图 5-58 所示。

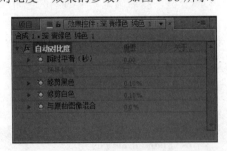

图 5-58

下面对自动对比度效果的各项属性参数进行详细讲解。

- 瞬时平滑：指定围绕当前帧的持续时间，再根据设置的时间确定对与周围帧有联系的当前帧的矫正操作。
- 场景检测：设置"瞬时平滑"忽略不同场景中的帧。
- 修剪黑色：缩减阴影部分的图像，可以加深阴影。
- 修剪白色：缩减高光部分的图像，可以提高高光部分的亮度。
- 与原始图像混合：设置效果与原始图像的混合程度。

5.4.13 实例：颜色校正调色其他效果——旧色调效果的制作

◎ 源 文 件：源文件 \ 第 5 章 \5.4 颜色校正调色其他效果
◎ 视频文件：视频 \ 第 5 章 \5.4 颜色校正调色其他效果 .avi

01 打开 After Effects CC，执行"合成 > 新建合成"命令，创建一个预设为 PAL D1/DV 的合成，设置"持续时间"为 3 秒，并将其命名为"旧色调效果"，然后单击"确定"按钮，如图 5-59 和图 5-60 所示。

显示其"位置"和"缩放"属性，最后设置"位置"为（278,288），"缩放"为 96%，具体参数设置及在"合成"窗口中的对应效果，如图 5-64 和图 5-65 所示。

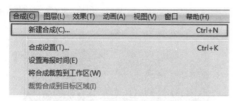

图 5-59

图 5-60

图 5-62

图 5-63

02 执行"文件 > 导入 > 文件…"命令，或按快捷键 Ctrl+I，导入"源文件 \ 第 5 章 \5.4 颜色校正调色其他效果 \Footage"文件夹中的"红果 .jpg"图片素材。如图 5-61 ～图 5-63 所示。

图 5-61

图 5-64

03 将"项目"窗口中的"红果 .jpg"图片素材拖曳到"时间线"窗口，选中该图层先按快捷键 P，然后再按住 Shift 键加按快捷键 S，

图 5-65

04 在"时间线"窗口中选择"红果 .jpg"图层，然后执行"效果 > 颜色校正 > 保留颜色"命令，并在"效果控件"面板中单击"吸管"工具，在"合成"窗口中单击蓝色区域，吸取蓝色的 RGB 值为（R:18,G:100,B:71），再设置"脱色量"为 100%、"容差"为 0%。具体参数设置及在"合成"窗口中的对应效果，如图 5-66 和图 5-67 所示。

图 5-66

图 5-67

05 继续选择"红果 .jpg"图层，执行"效果 > 颜色校正 > 自动颜色"命令，并在"效果控件"面板中设置"瞬时平滑"为 1.3、"修剪黑色"为 1.5%、"修剪白色"为 4%，并勾选"对齐中性中间调"选项。具体参数设置及在"合成"窗口中的对应效果，如图 5-68 和图 5-69 所示，本实例制作完毕。

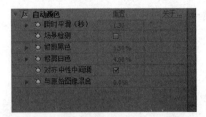

图 5-68

图 5-69

5.5 通道效果调色

通道效果在实际应用中非常有用，通常与其他效果相互配合来控制、抽取、插入和转换一个图像的通道。本节将讲解以下通道效果的调色方法：CC Composite（CC 混合模式处理）效果、反转效果、复合运算效果、固态层合成效果、混合效果、计算效果、设置通道效果、设置遮罩效果、算术效果、通道合成器效果、移除颜色遮罩效果、转换通道效果、最小 / 最大效果。

5.5.1 CC Composite（CC 混合模式处理）效果

CC Composite（CC 混合模式处理）效果主要用于对自身的通道进行混合。

选择图层，执行"效果 > 通道 >CC Composite"命令。在"效果控件"面板中展开"CC Composite（CC 混合模式处理）"效果的参数，如图 5-70 所示。

图 5-70

下面对 CC Composite（CC 混合模式处理）效果的各项属性参数进行详细讲解。

- Opacity（不透明度）：调节图像混合模式的不透明度。
- Composite Original（原始合成）：可

以从右侧的下拉列表中选择任何一种混合模式，对图像本身进行混合处理。

- RGB Only（仅 RGB）：勾选该选项，只对 RGB 色彩进行处理。

5.5.2　反转效果

反转效果用于转化图像的颜色信息，反转颜色通常有很好的颜色效果。

选择图层，执行"效果>通道>反转"命令，在"效果控件"面板中展开"反转"效果的参数，如图 5-71 所示。

下面对反转效果的各项属性参数进行详细讲解。

- 通道：从右侧的下拉列表中选择应用反转效果通道。

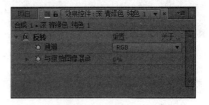

图 5-71

- 与原始图像混合：调整与原图像的混合程度。

5.5.3　复合运算效果

复合运算效果可以将两个层通过运算的方式混合，实际上是与层模式相同的，而且比应用层模式更有效、更方便。这个效果主要是为了兼容以前版本的 After Effects 效果。

选择图层，执行"效果>通道>复合运算"命令，在"效果控件"面板中展开"复合运算"效果的参数，如图 5-72 所示。

图 5-72

下面对复合运算效果的各项属性参数进行详细讲解。

- 第二个源图层：选择混合的第二个图像层。
- 运算符：从右侧的下拉列表中选择一种运算方式，其效果和层模式相同。
- 在通道上运算：可以选择 RGB、ARGB 和 Alpha 通道。
- 溢出特性：选择对超出允许范围的像素值的处理方法，可以选择"剪切"、"回绕"和"缩放"三种。
- 伸缩第二个源以适合：如果两个层的尺寸不同，进行伸缩以适应。
- 与原始图像混合：设置与源图像的融合程度。

5.5.4　固态层合成效果

固态层合成效果，提供一种非常快捷的方式在原始素材层的后面，将一种色彩填充与原始图像进行合成，得到与一种固态色合成的融合效果。用户可以控制原始素材层的不透明度，以及填充合成图像的不透明度，还可以选择应用不同的混合模式。

选择图层，执行"效果 > 通道 > 固态层合成"命令，在"效果控件"面板中展开"固态层合成"效果的参数，如图5-73所示。

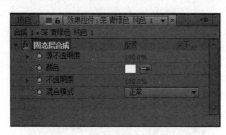

图 5-73

5.5.5 混合效果

混合效果可以通过5种方式将两个层融合。它与使用层模式类似，但是使用层模式不能设置动画，而混合效果最大的好处是可以设置动画。

选择图层，执行"效果 > 通道 > 混合"命令，在"效果控件"面板中展开"混合"效果的参数，如图5-74所示。

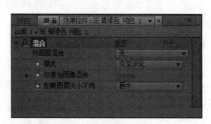

图 5-74

5.5.6 计算效果

计算效果是通过混合两个图形的通道信息来获得新的图像效果。

选择图层，执行"效果 > 通道 > 计算"命令，在"效果控件"面板中展开"计算"效果的参数，如图5-75所示。

下面对计算效果的各项属性参数进行详细讲解。

- 输入通道：选择原始图像中用来获得颜色信息的通道。共有6个通道，其中RGBA通道显示图像所有的色彩信息；灰色通道只显示原始图像的灰

下面对固态层合成效果的各项属性参数进行详细讲解。

- 源不透明度：用来调整原素材层的不透明度。
- 颜色：指定新填充图像的颜色，当指定一种颜色后，通过设置不透明度的值可以对源层进行填充。
- 不透明度：控制新填充图像的不透明度。
- 混合模式：选择原素材层和新填充图像的混合模式。

下面对混合效果的各项属性参数进行详细讲解。

- 与图层混合：用于指定对本层应用混合的层。
- 模式：选择混合方式，其中包括"交叉淡化"、"仅颜色"、"仅色调"、"仅变暗"、"仅变亮"5种方式。
- 与原始图像混合：设置与原始图像的混合程度。
- 如果图层大小不同：当两个层尺寸不一致时，可以选择"居中"（进行居中对齐）和"伸缩以适合"两种方式。

度值；红色、绿色、蓝色和Alpha通道是将所有通道信息转换成指定的通道值进行输出，如设置为绿色则只显示绿色通道的信息。

图 5-75

- 反转输入：将获得的通道信息进行反向处理后再输出。
- 第二个源：选择用哪一个层的图像来混合原始层的图像，以及控制混合的通道和混合的不透明度。
- 第二个图层：选择一个层作为混合层。
- 第二个图层通道：选择混合层图像的输出通道，与输入通道属性相同，选择的通道输出数值将与输入通道的输

出值混合。
- 第二个图层不透明度：用于调整混合层的不透明度。
- 反转第二个图层：反转混合层。
- 伸缩第二个图层以适合：拉伸或缩小混合层至合适的匹配尺寸。
- 混合模式：从右侧的下拉列表中选择两层间的混合模式。
- 保持透明度：用于保护原始图像的 Alpha 通道不被修改。

5.5.7　设置通道效果

设置通道效果用于复制其他层的通道到当前颜色通道和 Alpha 通道中。

选择图层，执行"效果 > 通道 > 设置通道"命令，在"效果控件"面板中展开"设置通道"效果的参数，如图 5-76 所示。

图 5-76

下面对设置通道效果的各项属性参数进行详细讲解。

- 源图层 1 / 2 / 3 / 4：可以分别将本层的 R、G、B、A 四个通道改为其他层。
- 将源 1 / 2 / 3 / 4 设置为红色 / 绿色 / 蓝色 /Alpha：用于选择本层要被替换的 R、G、B、A 通道。
- 如果图层大小不同：如果两层图像尺寸不同。
- 伸缩图层以适合：勾选该选项，可以选择伸缩自适应来匹配两层为同样大小。

5.5.8　设置遮罩效果

设置遮罩效果用于将其他图层的通道设置为本层的遮罩，通常用来创建运动遮罩效果。

选择图层，执行"效果 > 通道 > 设置遮罩"命令，在"效果控件"面板中展开"设置遮罩"效果的参数，如图 5-77 所示。

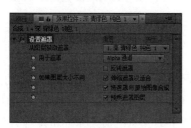

图 5-77

下面对设置遮罩效果的各项属性参数进

行详细讲解。

- 从图层获取遮罩：用于指定要应用遮罩的层。
- 用于遮罩：选择哪一个通道作为本层的遮罩。
- 反转遮罩：对选中的遮罩进行反向。
- 如果图层大小不同：如果两层图像尺寸不同。
- 伸缩遮罩以适合：伸缩遮罩层自适应匹配两层为同样大小。
- 将遮罩与原始图像合成：将遮罩和原图像进行透明度混合。
- 预乘遮罩图层：选择和背景合成的遮罩层。

5.5.9 算术效果

算术效果称为"通道运算",对图像中的红、绿、蓝通道进行简单的运算,通过调节不同色彩通道的信息,可以制作出各种曝光效果。

选择图层,执行"效果>通道>算术"命令,在"效果控件"面板中展开"算术"效果的参数,如图 5-78 所示。

下面对算术效果的各项属性参数进行详细讲解。

- 运算符:控制图像像素的值与用户设定的值之间的数值运算。
- 红色值:应用计算中的红色通道数值。

图 5-78

- 绿色值:应用计算中的绿色通道数值。
- 蓝色值:应用计算中的蓝色通道数值。
- 剪切:勾选"剪切结果值"选项用来防止设置的颜色值超出所有功能函数项的限定范围。

5.5.10 通道合成器效果

通道合成器效果可以提取、显示,以及调整图像中不同的色彩通道,可以模拟出各种光影效果。

选择图层,执行"效果 > 通道 > 通道合成器"命令,在"效果控件"面板中展开"通道合成器"效果的参数,如图 5-79 所示。

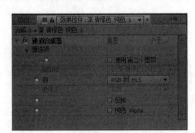

图 5-79

下面对通道合成器效果的各项属性参数进行详细讲解。

- 源选项:选择是否混合另一个层。当

勾选"使用第二个图层"复选框后,可以在源图层下拉列表中选择从另外一个层获取图像的色彩信息,而且此图像必须在同一个合成中。

- 源图层:作为合成信息的来源,当勾选"使用第二个图层"复选框时,可以从中提取一个层的通道信息,并将它混合到当前层,并且来源层图像不会显示在最终画面中。
- 自:指定第二层中图像通道信息混合的类型,系统自带多种混合类型。
- 收件人:指定第二层中图像通道信息的应用方式。
- 反转:反转应用效果。
- 纯色 Alpha:该选项决定是否创建一个不透明的 Alpha 通道层替换原始的 Alpha 通道。

5.5.11 移除颜色遮罩效果

移除颜色遮罩效果用来消除或改变遮罩的颜色,这个效果也常用于使用其他文件的 Alpha 通道或填充时,如果输入的素材包含背景的 Alpha(Premultiplied Alpha),或者图像中的 Alpha 通道是由 After Effects 创建的,可能需要去除图像中的光晕,而光晕通常是与背景及图像有很大反差的,可以通过移除颜色遮罩效果来消除或改变光晕。

选择图层，执行"效果 > 通道 > 移除颜色遮罩"命令，在"效果控件"面板中展开"移除颜色遮罩"效果的参数，如图 5-80 所示。

下面对移除颜色遮罩效果的各项属性参数进行详细讲解。

- 背景颜色：用来选择需要移除的背景色。
- 剪切：勾选"剪切 HDR 结果"选项

可以缩减图像。

图 5-80

5.5.12　转换通道效果

转换通道效果用于在本层的 RGBA 通道之间转换，主要对图像的色彩和明暗产生影响，也可以消除某种颜色。

选择图层，执行"效果 > 通道 > 转换通道"命令，在"效果控件"面板中展开"转换通道"效果的参数，如图 5-81 所示。

下面对转换通道效果的各项属性参数进行详细讲解。

- 从获取 Alpha / 红色 / 绿色 / 蓝色：

分别从右侧的下拉列表中选择本层的其他通道，并应用到 Alpha、红色、绿色和蓝色通道。

图 5-81

5.5.13　最小 / 最大效果

最小 / 最大效果用于对指定的通道进行最小值或最大值的填充。"最大"是以该范围内最亮的像素填充；"最小"是以该范围内最暗的像素填充。而且可以设置方向为水平或垂直，可以选择应用通道十分灵活，效果出众。

选择图层，执行"效果 > 通道 > 最小最大"命令，在"效果控件"面板中展开"最小最大"效果的参数，如图 5-82 所示。

下面对最小 / 最大效果的各项属性参数进行详细讲解。

- 操作：用于选择作用方式，可以选择"最大值"、"最小值"、"先最小值再最大值"和"先最大值再最小值"4种方式。

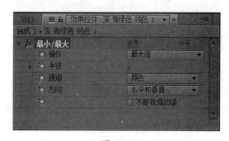

图 5-82

- 半径：设置作用半径，也就是效果的程度。
- 通道：选择应用的通道，可以对 R、G、B 和 Alpha 通道单独作用，这样不会影响画面的其他元素。
- 方向：可以选择三种不同的方向（水平和垂直、仅水平和仅垂直方向）。
- 不要收缩边缘：勾选该选项可以不收缩图像的边缘。

5.5.14 实例：通道效果调色——海滩黄昏效果

◎ **源 文 件：** 源文件\第 5 章\5.5 通道效果调色

◎ **视频文件：** 视频\第 5 章\5.5 通道效果调色 .avi

01 打开 After Effects CC，执行"合成>新建合成"命令，创建一个预设为 PAL D1/DV 的合成，设置"持续时间"为 3 秒，并将其命名为"海滩黄昏"，然后单击"确定"按钮，如图 5-83 和图 5-84 所示。

图 5-83

图 5-84

02 执行"文件>导入>文件…"命令，或按快捷键 Ctrl+I，导入"源文件\第 5 章\5.5 通道效果调色\Footage"文件夹中的"海滩 .jpg"图片素材。如图 5-85 ～图 5-87 所示。

图 5-85

图 5-86

图 5-87

03 将"项目"窗口中的"海滩 .jpg"图片素材拖曳到"时间线"窗口中，选中该图层执行"图层>变换>适合复合"命令，将图片适配到合成大小，适配到合成前后的对比，如图 5-88 和图 5-89 所示。

图 5-88

图 5-89

04 在"时间线"窗口中选择"海滩 .jpg"图层，执行"效果 > 通道 > 算术"命令，并在"效果控件"面板设置"运算符"为"相加"、"红色值"为 23，具体参数设置及在"合成"窗口中的对应效果，如图 5-90 和图 5-91 所示。

图 5-90

图 5-91

05 继续选择"海滩 .jpg"图层，执行"效果 > 通道 > 固态层合成"命令，并在"效果控件"面板设置"源不透明度"为 60%、"颜色"为（R:241,G:153,B:114）、"不透明度"为 60%，具体参数设置及在"合成"窗口中的对应效果，如图 5-92 和图 5-93 所示。

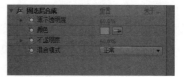

图 5-92

图 5-93

06 选择"海滩 .jpg"图层，执行"效果 > 颜色校正 > 色相 / 饱和度"命令，并在"效果控件"面板设置"主色相"为 0×-5°、"主饱和度"为 11、"主亮度"为 -19，具体参数设置及在"合成"窗口中的对应效果，如图 5-94 和图 5-95 所示。

图 5-94

图 5-95

07 在"时间线"窗口中选择"海滩.jpg"图层，最后执行"效果>颜色校正>色阶"命令，并在"效果控件"面板中设置"输入黑色"为20、"输入白色"为300，具体参数设置，如图5-96所示，至此本实例制作完毕，最终效果如图5-97所示。

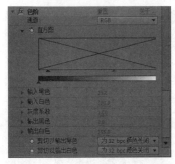

图 5-96

图 5-97

5.6 综合实战——MV 风格调色

◎ **源 文 件：源文件 \ 第 5 章 \5.6 综合实战**

◎ **视频文件：视频 \ 第 5 章 \5.6 综合实战 .avi**

01 打开 After Effects CC，执行"合成 > 新建合成"命令，创建一个预设为 PAL D1/DV 的合成，设置"持续时间"为 3 秒，并将其命名为"MV 风格调色"，然后单击"确定"按钮，如图 5-98 和图 5-99 所示。

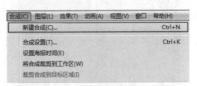

图 5-98

图 5-99

02 执行"文件 > 导入 > 文件…"命令，或按快捷键 Ctrl+I，导入"源文件 \ 第 5 章 \5.6 综合实战 \Footage"文件夹中的"休闲 .jpg"图片素材。如图 5-100 ～图 5-102 所示。

图 5-100

03 将"项目"窗口中的"休闲 .jpg"图片素材拖曳到"时间线"窗口中，选中该图层并展开其变换属性，设置"缩放"为 132%，具体参数设置及在"合成"窗口中的对应效果，如图 5-103 和图 5-104 所示。

图 5-101

图 5-102

图 5-103

图 5-104

04 在"时间线"窗口中选择"休闲 .jpg"图层，执行"效果 > 颜色校正 > 色相 / 饱和度"命令，并在"效果控件"面板中设置"主饱和度"为 -80、"主亮度"为 5，具体参数设置及在"合成"窗口中的对应效果，如图 5-105 和图5-106 所示。

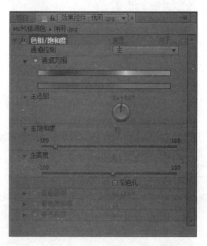

图 5-105

图 5-106

05 执行"图层 > 新建 > 纯色"命令或按快捷键 Ctrl+Y 创建一个纯色层，在弹出的菜单中设置"名称"为"纯色层"、"颜色"为（R:42,G:169,B:171），然后单击"确定"按钮。具体参数设置，如图 5-107 所示。

06 在"时间线"窗口中选择"纯色层"图层，按 T 键展开其"不透明度"属性，然后设置"不透明度"为 15%、图层叠加模式为"叠加"，具体参数设置及在"合成"窗口中的对应效果，如图 5-108 和图 5-109 所示。

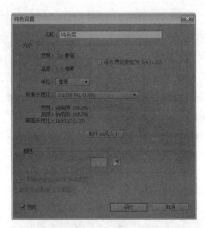

图 5-107

图 5-108

图 5-109

图 5-110

图 5-111

07 执行"图层 > 新建 > 调整图层"命令新建一个调整图层，然后再执行"效果 > 颜色校正 > 颜色平衡"命令，设置"阴影红色平衡"为 -25、"中间调红色平衡"为 10、"中间调绿色平衡"为 5、"中间调蓝色平衡"为 40、"高光红色平衡"为 -12，具体参数设置及在"合成"窗口中的对应效果，如图 5-110 和图 5-111 所示。

08 执行"图层 > 新建 > 纯色"命令或按快捷键 Ctrl+Y 创建一个纯色层，在弹出的菜单中设置"名称"为"纯色层 2"、"颜色"为（R:29,G:59,B:28），然后单击"确定"按钮。具体参数设置，如图 5-112 所示。

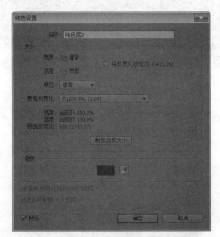

图 5-112

09 在"时间线"窗口中选择"纯色层 2"图层，再用"椭圆"工具 ◉ 在"合成"窗口中创建两个椭圆蒙版，如图 5-113 所示。设置小椭圆蒙版的"蒙版羽化"为（330,330 像素），接着设置大椭圆蒙版的叠加模式为"差值"，具体参数设置及在"合成"窗口中的对应效果，如图 5-114 和图 5-115 所示。

为如图 5-116 所示的状态，设置完曲线后"合成"窗口中的对应效果，如图 5-117 所示。

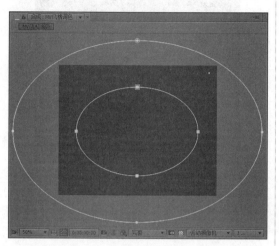

图 5-113

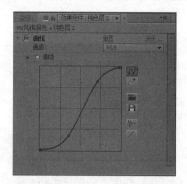

图 5-116

图 5-114

图 5-117

图 5-115

10 继续选择"纯色层 2"图层，执行"效果 > 颜色校正 > 曲线"命令，并在"效果控件"面板中设置曲线的参数，把曲线的形状调节

11 执行"图层 > 新建 > 纯色"命令或按快捷键 Ctrl+Y 新建一个纯色层，在弹出的菜单中设置"名称"为"纯色层 3"、"颜色"为黑色（R:0,G:0,B:0），然后单击"确定"按钮。具体参数设置，如图 5-118 所示。

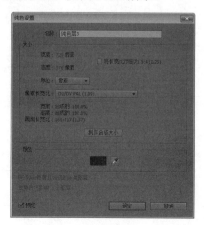

图 5-118

12 在"时间线"窗口中选择"纯色层3"图层，再用"矩形"工具■在"合成"窗口中创建两个矩形蒙版，如图5-119所示。

13 至此，本实例制作完毕，最终效果如图5-120所示。

图 5-119

图 5-120

5.7 本章小结

本章主要学习了 After Effects CC 调色技法的运用。其实总结起来就是两大调色方式——颜色校正调色和通道效果调色。其中在每个主调色方式里都为大家讲解了很多相关的效果，这些效果都是调色的基本工具，所以需要熟悉掌握每个效果的基本用法与参数设置。

◇◇◇◇◇◇◇◇◇◇◇◇◇ 读书笔记 ◇◇◇◇◇◇◇◇◇◇◇◇◇

第6章 After Effects CC 中的抠像特效应用

在影视后期制作中，"抠像"是指通过一定的技术将主体与背景分离，从而实现替换背景的一种方法。"抠像"通常也被称作"键控技术"，在影视制作领域被广泛采用，实现方法也普遍被人们所了解——当你看到演员在绿色或蓝色的背景前表演，但这些背景在最终的影片中是见不到的，就是运用了"抠像"技术，用其他背景画面替换了蓝色或绿色画面。在 After Effects CC 中，其抠像功能日益完善，不但整合了 Keylight，还提供了多种用于抠像的效果，这些效果使抠像技术变得越来越方便和容易，大大提高了影视后期制作的效率。

6.1 颜色键抠像效果

有时候可以通过在画面中指定一种颜色，将画面中处于该颜色范围内的图像抠出，使其变为透明。这里即可用到颜色键抠像效果，本节主要对该效果进行详细讲解。

6.1.1 颜色键抠像效果基础知识

颜色键抠像效果是一种比较简单的根据颜色的区别进行计算抠像的方法，其使用前后的效果，如图 6-1 所示。

图 6-1

执行"效果 > 键控 > 颜色键"命令，如图 6-2 所示，即可添加颜色键抠像效果。然后在"效果控件"面板中展开"颜色键"抠像效果的参数，如图 6-3 所示。

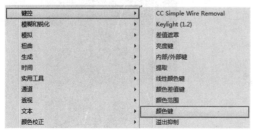

图 6-2

图 6-3

下面对颜色键效果的各项属性参数进行详细讲解。

- 主色：调整和控制图像需要抠出的颜色。
- 颜色容差：用于设置键出颜色的容差值，容差值越高，与指定颜色越相近的颜色会变为透明。
- 薄化边缘：用于调整主体边缘的羽化程度。
- 羽化边缘：用于羽化键出的边缘，以产生细腻、稳定的键控遮罩。

提示： 使用颜色键抠像效果进行抠像，只能产生透明和不透明两种效果，所以它只适合抠除背景颜色比较单一、前景完全不透明的素材。在碰到前景为半透明，背景比较复杂的素材时，就该选用其他的抠像方式了。

6.1.2 颜色键抠像效果的应用实例

◎ **源 文 件：源文件 \ 第 6 章 \6.1 颜色键抠像效果**

◎ **视频文件：视频 \ 第 6 章 \6.1 颜色键抠像效果 .avi**

01 打开 After Effects CC，执行"合成 > 新建合成"命令，创建一个预设为 PAL D1/DV 的合成，设置"持续时间"为 3 秒，并将其命名为"颜色键抠像"，然后单击"确定"按钮，如图 6-4 和图 6-5 所示。

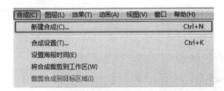

图 6-4

图 6-5

图 6-6

图 6-7

02 执行"文件 > 导入 > 文件…"命令，或按快捷键 Ctrl+I，导入"源文件 \ 第 6 章 \6.1 颜色键抠像效果\Footage"文件夹中的"婚纱 .jpg"和"浪漫海滩 .jpg"图片素材。如图 6-6 ～图 6-8 所示。

图 6-8

03 将"项目"窗口中的"浪漫海滩 .jpg"和
"婚纱 .jpg"图片素材按顺序拖曳到"时间线"
窗口中，并设置"浪漫海滩 .jpg"图层的"缩
放"为 121%，接着设置"婚纱 .jpg"图层的
"缩放"为 25%、"位置"为（389,396），
具体参数设置及在"合成"窗口中的对应效果，
如图 6-9 和图 6-10 所示。

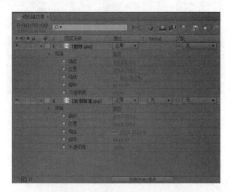

图 6-9

图 6-10

04 选择"婚纱 .jpg"图层，执行"效果 > 键
控 > 颜色键"命令，并在"效果控件"面板
选择"吸管"工具，并吸取"合成"窗口
中"婚纱 .jpg"图片中的蓝色背景，吸取到的
"主色"RGB 值为（R:0,G:51,B:255），再设
置"颜色容差"为 44、"薄化边缘"为 5，
具体参数设置及在"合成"窗口中的对应效果，
如图 6-11 和图 6-12 所示。

图 6-11

图 6-12

05 在"时间线"窗口中选择"浪漫海滩 .jpg"
图层，然后执行"效果 > 颜色校正 > 色阶"命令，
并在"效果控件"面板中设置"输出黑色"
为 19、"输出白色"为 195，具体参数设置
及在"合成"窗口中的对应效果，如图 6-13
和图 6-14 所示。

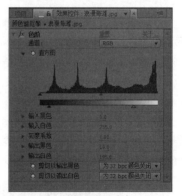

图 6-13

图 6-14

06 继续选择"浪漫海滩 .jpg"图层，执行"效
果 > 颜色校正 > 色相 / 饱和度"命令，并在"效

果控件"面板中设置"主饱和度"为 -8、"主
亮度"为 3，具体参数设置及在"合成"窗口
中的对应效果，如图 6-15 和图 6-16 所示，本
实例制作完毕。

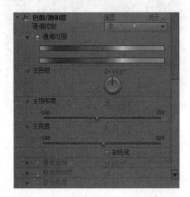

图 6-15

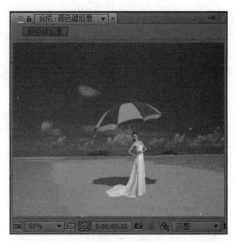

图 6-16

6.2　Keylight（1.2）（键控）抠像效果

　　Keylight（1.2）（键控）抠像工具在发布时曾获得了奥斯卡大奖，它可以精确地控制残留
在前景对象上的蓝幕或绿幕反光，并将它们替换成新合成背景的环境光。仅凭这一点我们就能
了解到它的强大了，下面就将对 Keylight（1.2）（键控）抠像效果进行详细讲解。

6.2.1　Keylight（1.2）（键控）抠像效果的基础知识

　　Keylight（1.2）（键控）抠像效果是 After Effects 内置的一种功能和算法十分强大的高级
抠像工具，能轻松抠取带有阴影、半透明或毛发的素材，还可以清除抠像蒙版边缘的溢出颜色，
以达到前景和合成背景完美融合的效果。Keylight（1.2）（键控）抠像使用效果，如图 6-17 所示。

图 6-17

　　执行"效果 > 键控 >Keylight（1.2）"命令，如图 6-18 所示，即可添加 Keylight（1.2）（键控）
抠像效果。在"效果控件"面板中展开 Keylight（1.2）（键控）效果的参数，如图 6-19 所示。

　　下面对 Keylight（1.2）（键控）效果的各项属性参数进行详细讲解。

- View（查看）：在右侧的下拉列表中选择查看最终效果的方式。
- Screen Colour（屏幕颜色）：所要抠掉的颜色，用后面的"吸管"工具 <u>　</u>，吸取素材
  颜色即可。

图 6-18

图 6-19

- Screen Gain（屏幕增益）：抠像后，用于调整 Alpha 暗部区域的细节。
- Screen Balance（屏幕平衡）：此参数会在执行了抠像以后自动设置数值。
- Despill Bias（反溢出偏差）：在设置 Screen Colour（屏幕颜色）时，虽然 Keylight 效果会自动抑制前景的边缘溢出色，但在前景的边缘处往往还会残留一些键出色，该选项就是用来控制残留的键出色。
- Alpha Bias（透明度偏移）：可使 Alpha 通道像某一类颜色偏移。
- Screen PreBlur（屏幕模糊）：如果原素材有噪点的时候，可以用此选项来模糊太明显的噪点，从而得到比较好的 Alpha 通道。
- Screen Matte（屏幕蒙版）：在设置 Clip Black（切除 Alpha 暗部）和 Clip White（切除 Alpha 亮部）时，可以将 View（查看）方式设置为 Screen Matte（屏幕蒙版），这样可以将屏幕中本来应该是完全透明的地方调整为黑色，将完全不透明的地方调整为白色，将半透明的地方调整为相应的灰色。
- Inside Mask（内侧遮罩）：用来选择内侧遮罩，可以将前景内容隔离起来，使其不参与抠像处理。
- Outside Mask（外侧遮罩）：用来选择外侧遮罩，可以指定背景像素，不管遮罩内是何种内容，一律视为背景像素来进行键出，这对于处理背景颜色不均匀的素材非常有用。
- Foreground Colour Correction（前景颜色校正）：用来校正前景颜色。
- Edge Colour Correction（边缘颜色校正）：用于校正蒙版边缘颜色。
- Source Crops（源裁剪）：用来裁切源素材的画面。

6.2.2　Keylight（1.2）（键控）抠像效果的应用实例

◎ **源 文 件：源文件 \ 第 6 章 \6.2Keylight（1.2）（键控）抠像效果**

◎ **视频文件：视频 \ 第 6 章 \6.2Keylight（1.2）（键控）抠像效果 .avi**

01 打开 After Effects CC，执行"合成 > 新建合成"命令，创建一个预设为 PAL D1/DV 的合成，设置"持续时间"为 3 秒，并将其命名为"键控抠像"，然后单击"确定"按钮，如图 6-20 和图 6-21 所示。

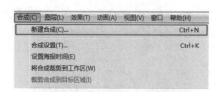

图 6-20

图 6-21

02 执行"文件 > 导入 > 文件…"命令，或按快捷键 Ctrl+I，导入"源文件 \ 第 6 章 \6.2Keylight（1.2）（键控）抠像效果 \Footage"文件夹中的"场景 2.jpg"和"士兵 .jpg"图片素材。如图 6-22 ～图 6-24 所示。

图 6-22

图 6-23

图 6-24

03 将"项目"窗口中的"场景 2.jpg"图片和"士兵 .jpg"图片素材按顺序拖曳到"时间线"窗口中，并设置"场景 2.jpg"图层的"缩放"为 196%，设置"士兵 .jpg"图层的"缩放"为 184%，具体参数设置及在"合成"窗口中的对应效果，如图 6-25 和图 6-26 所示。

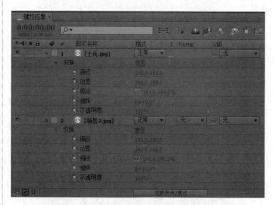

图 6-25

图 6-26

04 在"时间线"窗口中选择"士兵 .jpg"图层，然后执行"效果 > 键控 >Keylight（1.2）"命令，并在"效果控件"面板选择"吸管"工具，并吸取"合成"窗口中"士兵 . jpg"图片中的绿色背景，吸取到的 Screen Colour（屏幕颜色）RGB 值为（R:107,G:154,B:104），具体参数设置及在"合成"窗口中的对应效果，如图 6-27 和图 6-28 所示。

图 6-27

图 6-29

图 6-30

06 至此，本实例制作完毕，实例最终效果，如图 6-31 所示。

图 6-28

05 选择"士兵 .jpg"图层，再用（"钢笔"工具）在"合成"窗口绘制一个蒙版，形状如图 6-29 所示。展开蒙版属性，设置"蒙版羽化"为（18,18 像素），参数设置如图 6-30 所示。

图 6-31

6.3　颜色差值键效果

　　在影视特效制作中，有时需要从素材画面上抠取具有透明和半透明区域的图像，如烟、雾、阴影等，此时我们就可以使用颜色差值键效果来抠像，下面将对颜色差值键效果进行详细讲解。

6.3.1　颜色差值键效果基础知识

颜色差值键效果与颜色键效果的原理相同，是 After Effects 内置的运用颜色差值计算方法进行抠像的效果，它可以精确地抠取蓝屏或绿屏前拍摄的镜头，其使用效果如图 6-32 所示。

图 6-32

执行"效果 > 键控 > 颜色差值键"命令，如图 6-33 所示，即可添加颜色差值键抠像效果。然后在"效果控件"面板中展开颜色差值键效果的参数，如图 6-34 所示。

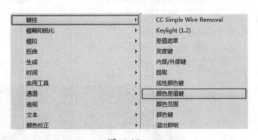 

图 6-33　　　　　　　　　　　　　　　　图 6-34

下面对颜色差值键效果的各项属性参数进行详细讲解。

- 视图：可以在右侧的下拉列表中选择查看最终效果的方式。
- 主色：调整和控制图像需要抠出的颜色。
- 颜色匹配准确度：设置色彩匹配精度，包括"更快"和"更准确"两个选项。
- 黑色区域的 A 部分：控制 A 通道的透明区域。
- 白色区域的 A 部分：控制 A 通道的不透明区域。
- A 部分的灰度系数：用来调节图像灰度数值。
- 黑色区域外的 A 部分：控制 A 通道的透明区域的不透明度。
- 白色区域外的 A 部分：控制 A 通道的不透明区域的不透明度。
- 黑色的部分 B：控制 B 通道的透明区域。
- 白色区中的 B 部分：控制 B 通道的不透明区域。
- B 部分的灰度系数：用来调节图像灰度数值。

- 黑色区域外的 B 部分：控制 B 通道的透明区域的不透明度。
- 白色区域外的 B 部分：控制 B 通道的不透明区域的不透明度。
- 黑色遮罩：控制 Alpha 通道的透明区域。
- 白色遮罩：控制 Alpha 通道的不透明区域。
- 遮罩灰度系数：用来调整图像 Alpha 通道的灰度范围。

6.3.2　颜色差值键效果的应用实例

◎ **源　文　件：源文件\第 6 章\6.3 颜色差值键效果**

◎ **视频文件：视频\第 6 章\6.3 颜色差值键效果 .avi**

01 打开 After Effects CC，执行"合成 > 新建
合成"命令，创建一个预设为 PAL D1/DV 的
合成，设置"持续时间"为 3 秒，并将其命
名为"颜色差值键抠像"，然后单击"确定"
按钮，如图 6-35 和图 6-36 所示。

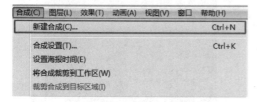

图 6-35

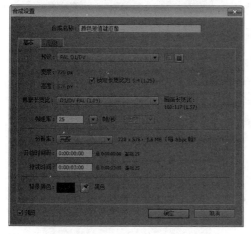

图 6-36

02 执行"文件 > 导入 > 文件…"命令，
或按快捷键 Ctrl+I，导入"源文件\第 6 章
\6.3 颜色差值键效果\Footage"文件夹中的
"11.mov"和"抠像 .wmv"视频素材。如图
6-37 ～图 6-39 所示。

图 6-37

图 6-38

图 6-39

03 将"项目"窗口中的"11.mov"和"抠像.wmv"视频素材按顺序拖曳到"时间线"窗口中，并设置"11.mov"图层的"缩放"为 -100%，设置"抠像.wmv"图层的"缩放"为 179%，具体参数设置及在"合成"窗口中的对应效果，如图 6-40 和图 6-41 所示。

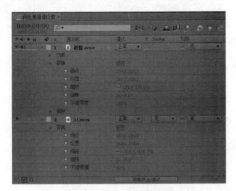

图 6-40

图 6-41

04 在"时间线"窗口中选择"抠像.wmv"图层，然后执行"效果 > 键控 > 颜色差值键"命令，并在"效果控件"面板中选择第一个"吸管"工具，然后吸取"合成"窗口中"抠像.wmv"图像中的绿色背景，吸取到的"主色"RGB 值为（R:108,G:151,B:105），再设置"黑色区域的 A 部分"为 70、"B 部分的灰度系数"为 1.9、"黑色遮罩"为 151，具体参数设置及在"合成"窗口中的对应效果，如图 6-42 和图 6-43 所示。

05 在"时间线"窗口中选择"11.mov"图层，设置"不透明度"为 80%，具体参数设置及在"合成"窗口中的对应效果，如图 6-44 和图 6-45 所示。

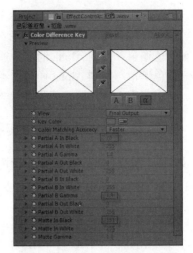

图 6-42

图 6-43

图 6-44

图 6-45

06 至此本实例动画制作完毕，按小键盘上的 0 键预览动画。按时间先后顺序动画的静帧效果，如图 6-46 ～图 6-49 所示。

图 6-48

图 6-46

图 6-49

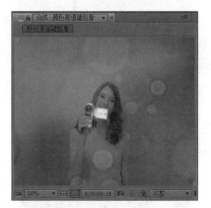

图 6-47

6.4　颜色范围抠像效果

颜色范围抠像效果与颜色键抠像效果相同，也是 After Effects 内置的抠像效果，只不过颜色键抠像效果只适合抠取一些背景比较简单的图像，而颜色范围抠像效果可以抠除具有多种颜色、背景稍微复杂的蓝、绿屏图像。

6.4.1　颜色范围抠像效果基础知识

颜色范围抠像效果可以通过键出指定的颜色范围产生透明，可以应用的色彩空间包括：Lab、YUV 和 RGB。这种键控方式对抠除具有多种颜色构成或灯光不均匀的蓝屏或绿屏背景非常有效，其使用效果如图 6-50 所示。

图 6-50

执行"效果 > 键控 > 颜色范围"命令，如图 6-51 所示，即可添加颜色范围抠像效果。在"效果控件"面板中展开"颜色范围"效果的参数，如图 6-52 所示。

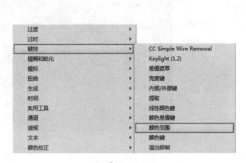

图 6-51   图 6-52

下面对颜色范围效果的各项属性参数进行详细讲解。

- 模糊：用于调整边缘的柔和程度。
- 色彩空间：从右侧的下拉列表中指定颜色的模式，包括 Lab、YUV 和 RGB3 种颜色模式。
- 最小值 / 最大值：精确调整颜色空间的参数（L、Y、R）、（a、U、G）和（b、V、B）。

6.4.2　颜色范围抠像效果的应用实例

◯ **源　文　件：源文件 \ 第 6 章 \6.4 颜色范围抠像效果**

◯ **视频文件：视频 \ 第 6 章 \6.4 颜色范围抠像效果 .avi**

01 打开 After Effects CC，执行"合成 > 新建合成"命令，创建一个预设为 PAL D1/DV 的合成，设置"持续时间"为 4 秒，并将其命名为"颜色范围抠像"，然后单击"确定"按钮，如图 6-53 和图 6-54 所示。

02 执行"文件 > 导入 > 文件…"命令，或按快捷键 Ctrl+I，导入"源文件 \ 第 6 章 \6.4 颜色范围抠像效果 \Footage"文件夹中的"战场 .jpg"和"战斗 .wmv"素材。如图 6-55 ～图 6-57 所示。

图 6-54

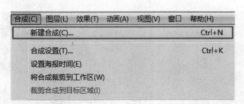

图 6-53

图 6-55

图 6-56

图 6-57

03 将"项目"窗口中的"战场 .jpg"图片和"战斗 .wmv"视频素材按顺序拖曳到"时间线"窗口中，把时间轴移到最后一帧，使用■("矩形"工具）在"战斗 .wmv"图层上拖曳一个矩形蒙版，如图 6-58 所示。设置"战斗 .wmv"图层的"位置"为（479,405）、"缩放"为 75%，最后选择"战场 .jpg"图层设置其"缩放"为 102%，具体参数设置及在"合成"窗口中的对应效果，如图 6-59 和图 6-60 所示。

图 6-58

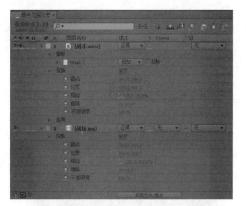

图 6-59

图 6-60

04 在"时间线"窗口中选择"战斗 .wmv"图层，然后执行"效果 > 键控 > 颜色范围"命令，并在"效果控件"面板选择第一个"吸管"工具，然后吸取"合成"窗口中"战斗 .wmv"图像中的绿色背景，再微调各项参数，直到视频中绿色背景全部被抠除，具体参数设置及在"合成"窗口中的对应效果，如图 6-61 和图 6-62 所示。

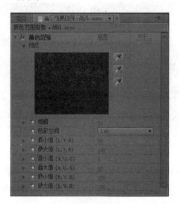

图 6-61

图 6-62

05 在"时间线"窗口中选择"战场.jpg"图层，单击"缩放"属性前面的"设置关键帧"按钮⚪，为"缩放"属性设置一个关键帧，接着把时间轴移到（0:00:00:00）的位置，设置"缩放"为300%。单击"不透明度"属性前面的"设置关键帧"按钮⚪，为"不透明度"属性设置一个关键帧，设置"不透明度"为0%，如图 6-63 所示。再把时间轴移到（0:00:00:07）的位置，设置"不透明度"为100%，具体参数设置如图 6-64 所示。

图 6-63

图 6-64

06 至此本实例动画制作完毕，按小键盘上的0 键预览动画。按时间先后顺序动画的静帧效果，如图 6-65 ～图 6-68 所示。

图 6-65

图 6-66

图 6-67

图 6-68

6.5　综合实战——动态壁纸制作

◎ **源　文　件：**源文件 \ 第 6 章 \6.5 综合实战

◎ **视频文件：**视频 \ 第 6 章 \6.5 综合实战 .avi

01 打开 After Effects CC，执行"合成 > 新建合成"命令，创建一个预设为 PAL D1/DV 的合成，设置"持续时间"为 3 秒，并将其命名为"动态壁纸"，然后单击"确定"按钮，如图 6-69 和图 6-70 所示。

图 6-69

图 6-70

02 执行"文件 > 导入 > 文件…"命令，或按快捷键 Ctrl+I，导入"源文件 \ 第 6 章 \6.5 综合实战 \Footage"文件夹中的"白色花朵 .jpg"、"红色花朵 .jpg"和"黄色花朵 .jpg"图片素材。如图 6-71 ～图 6-73 所示。

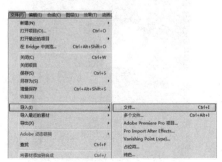

图 6-71

图 6-72

图 6-73

03 将"项目"窗口中的"黄色花朵 .jpg"图片素材拖曳到"时间线"窗口中，并设置"黄色花朵 .jpg"图层的"位置"为（360,276）、"缩放"为 180%，具体参数设置及在"合成"窗口中的对应效果，如图 6-74 和图 6-75 所示。

图 6-74

图 6-75

04 在"时间线"窗口中选择"黄色花朵.jpg"图层，然后执行"效果 > 颜色校正 > 色相 / 饱和度"命令，并在"效果控件"面板中设置"主饱和度"为 -40，具体参数设置及在"合成"窗口中的对应效果，如图 6-76 和图 6-77 所示。

图 6-76

图 6-77

05 将"项目"窗口中的"白色花朵.jpg"图片素材拖曳到"时间线"窗口中，并置于"黄

色花朵.jpg"图层的上方，然后设置"白色花朵.jpg"图层的"位置"为（362,292）、"缩放"为（-91%，91%），具体参数设置及在"合成"窗口中的对应效果，如图 6-78 和图 6-79 所示。

图 6-78

图 6-79

06 在"时间线"窗口中选择"白色花朵.jpg"图层，然后执行"效果 > 键控 > 颜色范围"命令，并在"效果控件"面板选择第一个"吸管"工具，然后吸取"合成"窗口中"白色花朵.jpg"图像中的白色背景，设置"模糊"为 50，再在"时间线"面板设置图层的叠加模式为"柔光"，具体参数设置及在"合成"窗口中的对应效果，如图 6-80 和图 6-81 所示。

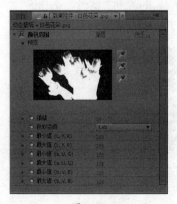

图 6-80

图 6-81

07 将"项目"窗口中的"红色花朵 .jpg"图片素材拖曳到"时间线"窗口中并置于"白色花朵 .jpg"图层的上方，设置"红色花朵 .jpg"图层的"位置"为（364,474）、"缩放"为102%，具体参数设置及在"合成"窗口中的对应效果，如图 6-82 和图 6-83 所示。

图 6-82

图 6-83

08 在"时间线"窗口中选择"红色花朵 .jpg"图层，然后执行"效果 > 键控 > 颜色范围"命令，并在"效果控件"面板选择第一个"吸管"工具，然后吸取"合成"窗口中"红

色花朵 .jpg"图像中的蓝灰色背景，再微调各项参数，直到图像中蓝灰色背景全部被抠除，具体参数设置及在"合成"窗口中的对应效果，如图 6-84 和图 6-85 所示。

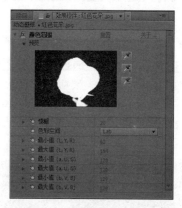

图 6-84

图 6-85

09 在"时间线"窗口中选择"白色花朵 .jpg"图层，执行"效果 > 过渡 > 百叶窗"命令，展开"效果控件"面板参数，在时间线（0:00:00:00）的位置，设置"过渡完成"为100% 并单击"设置关键帧"按钮，为"过渡完成"属性设置一个关键帧，如图 6-86 所示。接着在（0:00:01:14）的位置设置"过渡完成"为 0%，如图 6-87 所示。

图 6-86

图 6-87

10 选择"红色花朵 .jpg"图层并展开其变换属性，在（0:00:01:14）的位置单击"不透明度"属性前面的"设置关键帧"按钮 █，为"不透明度"属性设置一个关键帧，如图 6-88 所示。把时间轴移到（0:00:00:09）的位置，设置"不透明度"为 0%，如图 6-89 所示。

图 6-91

图 6-88

图 6-92

图 6-89

11 至此本实例动画制作完毕，按小键盘上的 0 键预览动画。按时间先后顺序动画的静帧效果，如图 6-90 ～图 6-93 所示。

图 6-93

图 6-90

6.6 本章小结

本章主要学习了 After Effects CC 提供的 4 种简单抠像效果及其使用技法，这些抠像效果都是在实际影视制作中应用比较广泛的，下面再回顾一下这几种抠像效果的属性设置面板及抠像原理。

（1）颜色键抠像效果是一种比较简单的运用颜色的区别和提取进行计算抠像的方法，其属性设置面板如图 6-94 所示。

（2）Keylight（1.2）（键控）抠像效果是 After Effects 内置的一种功能和算法十分强大的高级抠像方式，能轻松地抠取带有阴影、半透明或毛发的素材，还可以清除抠像蒙版边缘的溢出颜色，以达到前景和合成背景完美融合的效果。其属性设置面板，如图 6-95 所示。

图 6-94

图 6-95

（3）颜色差值键效果是 After Effects 内置的运用颜色差值计算方法进行抠像的效果，它可以精确地抠取蓝屏或绿屏前拍摄的视频，其属性设置面板如图 6-96 所示。

（4）颜色范围抠像效果可以通过键出指定的颜色范围产生透明，可以应用的色彩空间包括 Lab、YUV 和 RGB。这种键控方式对抠除具有多种颜色构成或灯光不均匀的蓝屏或绿屏背景非常有效。其属性设置面板，如图 6-97 所示。

图 6-96

图 6-97

第7章 蒙版动画技术

在影视后期合成中，有时候一些素材本身不具备 Alpha 通道，所以不能通过常规方法将这些素材合成到一个场景中，此时"蒙版"就能为我们解决这个问题。由于"蒙版"可以遮盖住部分图像，使部分图像变为透明区域，所以"蒙版"在视频合成中广泛使用，例如，可以用来"抠"出图像中的一部分，使最终的图像仅有"抠"出的部分被显示，如图 7-1 所示。本章节主要讲解在 After Effects CC 中蒙版动画技术的应用。

图 7-1

7.1 初识蒙版

蒙版实际是用路径工具绘制的一个路径或轮廓图，用于修改层的 Alpha 通道。它位于图层之上，对于运用了蒙版的层，将只有蒙版里面的部分图像显示在合成图像中，如图 7-2 所示。

图 7-2

After Effects 中的蒙版可以是封闭的路径轮廓，如图 7-3 所示，也可以是不闭合的曲线，当蒙版是不闭合曲线时，就只能作为路径来使用，例如，经常使用的描边效果就是利用蒙版功能制作的，如图 7-4 所示。

图 7-3　　　　　　　　　　　　　　　　　　　图 7-4

7.2　蒙版的创建

　　在制作蒙版动画之前首先要知道如何创建蒙版，蒙版的创建方法很简单，下面将具体介绍几种基础蒙版的创建方法。

7.2.1　矩形工具

　　利用"矩形"工具可绘制任意大小的矩形蒙版，如图 7-5 和图 7-6 所示。

图 7-5　　　　　　　　　　　　　　　　　　　图 7-6

　　"矩形"工具■使用过程如下。

01 在工具栏中选择"矩形"工具■，鼠标形状变成十字形。

02 选择要创建蒙版的图层，然后在"合成"窗口中单击拖曳，释放鼠标即可得到矩形蒙版。

7.2.2　椭圆工具

　　利用"椭圆"工具●可绘制任意大小的圆形或椭圆形蒙版，如图 7-7 和图 7-8 所示。

　　"椭圆"工具●使用过程如下。

01 在工具栏中选择"椭圆"工具●，鼠标形状变成十字形。

02 选择要创建蒙版的图层，然后在"合成"窗口中单击拖曳，释放鼠标即可得到椭圆蒙版。

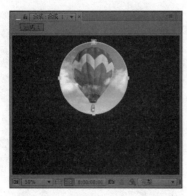

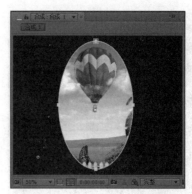

图 7-7　　　　　　　　　　　　　　　　　图 7-8

7.2.3　圆角矩形工具

利用"圆角矩形"工具■可绘制任意大小的圆角矩形蒙版，如图 7-9 和图 7-10 所示。

图 7-9　　　　　　　　　　　　　　　　　图 7-10

"圆角矩形"工具■使用过程如下。

01 在工具栏中选择"圆角矩形"工具■，鼠标形状变成十字形。

02 选择要创建蒙版的图层，然后在"合成"窗口中单击拖曳，释放鼠标即可得到圆角矩形蒙版。

7.2.4　多边形工具

利用"多边形"工具■可绘制任意大小的多边形蒙版，如图 7-11 和图 7-12 所示。

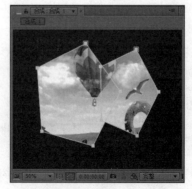

图 7-11　　　　　　　　　　　　　　　　　图 7-12

"多边形"工具■使用过程如下。

01 在工具栏中选择"多边形"工具■，鼠标形状变成十字形。

02 选择要创建蒙版的图层，然后在"合成"窗口中单击拖曳，释放鼠标即可得到多边形蒙版。

7.2.5　星形工具

利用"星形"工具★可绘制任意大小的星形蒙版，如图 7-13 和图 7-14 所示。

 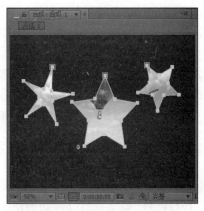

图 7-13　　　　　　　　　　　　　　　　　图 7-14

"星形"工具★使用过程如下。

01 在工具栏中选择"星形"工具★，鼠标形状变成十字形。

02 选择要创建蒙版的图层，然后在"合成"窗口中单击拖曳（按住 Ctrl 键拖曳可以调节星形的角度），释放鼠标即可得到星形蒙版。

7.2.6　钢笔工具

"钢笔"工具■主要用于绘制不规则的蒙版和不闭合的路径，快捷键为 G，在此工具按钮上长按鼠标可显示出"添加锚点"工具■、"删除锚点"工具■、"转换锚点"工具■及"蒙版羽化"工具■。利用这些工具可以方便地对蒙版进行修改，"钢笔"工具■的使用效果，如图 7-15 和图 7-16 所示。

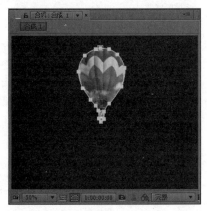 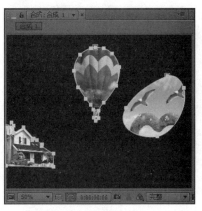

图 7-15　　　　　　　　　　　　　　　　　图 7-16

"钢笔"工具 使用过程如下。

01 在工具栏中选择"钢笔"工具 ，在"合成"窗口中单击鼠标，可创建锚点。

02 将鼠标移动到另一个目标位置并单击鼠标，此时在先后创建的这两个锚点之间将形成一条直线。

03 如果想要创建闭合的蒙版图形，可将鼠标放在第一个锚点处，此时鼠标指针的右下角将出现一个小圆圈，单击即可闭合蒙版路径。

使用蒙版工具须注意的问题有以下三点。

（1）在选择好的蒙版工具上双击，可以在当前图层中自动创建一个最大的蒙版。

（2）在"合成"窗口中，按住 Shift 键的同时，使用蒙版工具可以创建出等比例的蒙版形状。例如，使用"矩形"工具 配合 Shift 键可以创建出正方形蒙版，使用"椭圆"工具 配合 Shift 键可以创建出正圆形蒙版。

（3）使用"钢笔"工具 时，按住 Shift 键在锚点上拖曳鼠标，可以沿着 45°角移动方向线。

7.2.7 实例：创建蒙版练习

◎ **源 文 件：源文件 \ 第 7 章 \7.2 蒙版的创建**

◎ **视频文件：视频 \ 第 7 章 \7.2 蒙版的创建 .avi**

01 打开 After Effects CC，执行"合成 > 新建合成"命令，创建一个预设为 PAL D1/DV 的合成，设置"持续时间"为 3 秒，并将其命名为"创建蒙版"，然后单击"确定"按钮，如图 7-17 和图 7-18 所示。

快捷键 Ctrl+I，导入"源文件 \ 第 7 章 \7.2 蒙版的创建\Footage"文件夹中的"星空背景 .jpg"图片素材。如图 7-19 ～图 7-21 所示。

图 7-17

图 7-19

图 7-18

02 执行"文件 > 导入 > 文件…"命令，或按

图 7-20

图 7-21

03 将"项目"窗口中的"星空背景 .jpg"图片素材拖曳到"时间线"窗口中,并设置"星空背景 .jpg"图层的"缩放"为91%,具体参数设置及在"合成"窗口中的对应效果,如图 7-22 和图 7-23 所示。

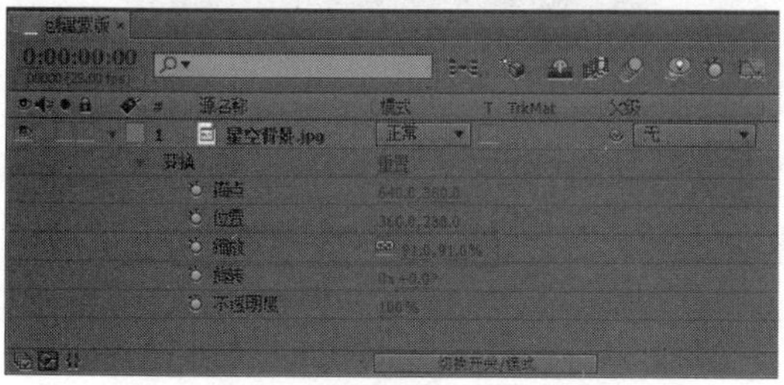

图 7-22

图 7-23

04 执行"图层 > 新建 > 纯色"命令或快捷键 Ctrl+Y 创建一个纯色层,如图 7-24 所示。在弹出的"纯色设置"对话框中设置"名称"为"固态 1"、"颜色"值为(R:16,G:18,B:84),具体参数设置,如图 7-25 所示。

图 7-24

图 7-25

05 在"时间线"窗口中选择"固态 1"图层,使用"椭圆"工具,在"合成"窗口中创建一个椭圆蒙版,如图 7-26 所示。展开蒙版属性和图层变换属性,接着设置"固态 1"图层的"蒙版羽化"为(208,208 像素)、"不透明度"为70%,具体参数设置,如图 7-27 所示。

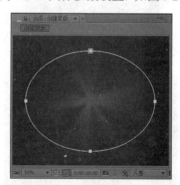

图 7-26

图 7-27

06 在"时间线"窗口中的空白处单击鼠标右键，在弹出的菜单中执行"新建 > 文本"命令，如图 7-28 所示。

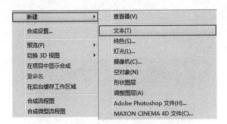

图 7-28

07 在"合成"窗口中输入"Starry sky"字样，设置"字体"为微软雅黑、"字体大小"为 70、"填充颜色"为白色（R:255,G:255,B:255），选择文字图层设置其"位置"为（212,312）具体参数设置及在"合成"窗口中的对应效果，如图 7-29 和图 7-30 所示。

图 7-29

图 7-30

08 选择"Starry sky"文字图层，执行"效果 > 透视 > 投影"命令，在"效果控件"面板中设置"距离"为 8，具体参数设置及在"合成"窗口中的对应效果，如图 7-31 和图 7-32 所示。

图 7-31

图 7-32

09 执行"图层 > 新建 > 纯色"命令或快捷键 Ctrl+Y 创建一个纯色层，如图 7-33 所示。在弹出的"纯色设置"对话框中设置"名称"为"固态 2"、"颜色"值为（R:10,G:110,B:135），具体参数设置，如图 7-34 所示。

图 7-33

图 7-34

10 在"时间线"窗口中选择"固态 2"图层，使用"矩形"工具 ◻，在"合成"窗口中创建矩形蒙版，如图 7-35 所示。把"固态 2"图层拖到"Starry sky"文字图层下方，如图 7-36 所示。

图 7-35

图 7-36

11 执行"图层 > 新建 > 纯色"命令或快捷键 Ctrl+Y 再创建一个纯色层，在弹出的"纯色设置"对话框中设置"名称"为"固态 3"、"颜色"值为白色（R:255,G:255,B:255），具体参数设置，如图 7-37 所示。在工具栏中选择"星形"工具 ★，创建一个星形蒙版，如图 7-38 所示。

图 7-37

图 7-38

12 选择"固态 3"图层，执行"效果 > 风格化 > 发光"命令，并在"效果控件"面板中设置"发光半径"为 20，具体参数设置及在"合成"窗口中的对应效果，如图 7-39 和图 7-40 所示。

图 7-39

图 7-40

13 继续选择"固态 3"图层，按快捷键 Ctrl+D 复制一个新图层，并在该图层上按快捷键 Ctrl+Shift+Y，在弹出的"纯色设置"对话框中，设置"名称"为"固态4"、"颜色"值为蓝色（R:42,G:125,B:152），具体参数设置如图7-41所示。展开"固态4"图层的蒙版属性，单击蒙版路径，然后用键盘上的方向键移动蒙版的位置，如图7-42所示。

图 7-41

图 7-42

14 选择"固态4"图层，在"效果控件"面板中设置"发光阈值"为50%，具体参数设置及在"合成"窗口中的对应效果，如图7-43和图7-44所示。

图 7-43

图 7-44

15 选择"固态3"图层，按快捷键Ctrl+D再复制一个新图层并在该图层上按快捷键Ctrl+Shift+Y，在弹出的"纯色设置"对话框中，设置"名称"为"固态5"、"颜色"值为黄色（R:253,G:197,B:88），具体参数设置，如图7-45所示。展开"固态5"图层的蒙版属性，单击"蒙版路径"按钮，然后用键盘上的方向键移动蒙版的位置，如图7-46所示。

图 7-45

图 7-46

16 在"时间线"窗口中选择"Starry sky"文字图层，执行"效果 > 风格化 > 发光"命令，并在"效果控件"面板中设置"发光半径"为 62、"发光强度"为 3.2、"发光颜色"为"A 和 B 颜色"选项、"颜色 A"为（R:255,G:88,B:88）、"颜色 B"为（R:221,G:44,B:44），具体参数设置及在"合成"窗口中的对应效果，如图 7-47 和图 7-48 所示，本实例制作完毕。

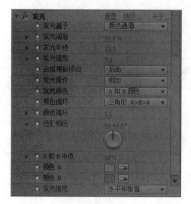

图 7-47

图 7-48

7.3 如何修改蒙版

使用任何一种蒙版工具创建完蒙版后，都可以再对创建好的蒙版进行修改，这里将介绍一些常用的修改方式。

7.3.1 调节蒙版形状

蒙版形状主要取决于锚点的分布，所以要调节蒙版的形状主要就是调节锚点的位置。

在工具栏中单击"选择"工具■按钮，接着在"合成"窗口中单击所要调节的锚点，被选中的锚点会呈实心正方形状态，如图 7-49 所示。然后单击拖曳锚点，改变锚点的位置，如图 7-50 所示。

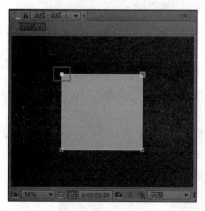

图 7-49

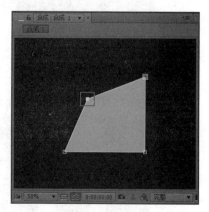

图 7-50

如果要选择多个锚点，可以按住 Shift 键，再单击要选择的锚点，如图 7-51 所示，然后对选中的多个锚点进行移动，如图 7-52 所示。

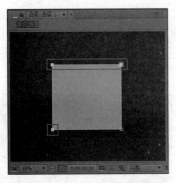

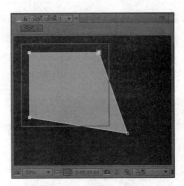

图 7-51   图 7-52

注意： Shift 键的作用是加选或减选锚点，既可以按住 Shift 键单击所要加选的锚点，也可以按住 Shift 键单击已经选中的锚点，把它取消选择。在使用"选择"工具 选取锚点时，也可以直接按住鼠标左键在"合成"窗口中框选一个或多个锚点。

7.3.2　添加删除锚点

在已经创建好的蒙版形状中，可以对锚点进行添加或删除操作。

添加锚点：在工具栏中"钢笔"工具 图标上长按鼠标左键，弹出其下拉列表，然后再选择"添加锚点"工具 ，把鼠标移动到需要添加锚点的位置，单击即可添加一个锚点，如图 7-53 所示。

图 7-53

删除锚点：在工具栏中"钢笔"工具 图标上长按鼠标左键，弹出其下拉列表，然后再选择 （删除"锚点"工具），把鼠标移动到需要删除的锚点上，单击鼠标左键即可删除该锚点，如图 7-54 所示。

图 7-54

7.3.3　角点和曲线点的切换

　　蒙版上的锚点主要分两种，就是角点和曲线点。角点和曲线点之间是可以相互转化的，下面我们讲解如何进行角点和曲线点的互换。

　　角点转化为曲线点：在工具栏中"钢笔"工具 图标上长按鼠标左键，弹出其下拉列表，然后再选择 （转换"锚点"工具），单击并按住鼠标左键不放拖曳要转化为曲线点的角点，即可把该角点转化为曲线点。或者在"钢笔"工具 状态下按住 Alt 键然后鼠标左键拖曳所要转化为曲线点的角点，也可把该角点转化为曲线点，如图 7-55 所示。

图 7-55

　　曲线点转化为角点：在工具栏中"钢笔"工具 图标上长按鼠标左键，弹出其下拉列表，然后再选择 （转换"锚点"工具），单击需要转化为角点的曲线点，即可把该曲线点转化为角点。或者在"钢笔"工具 状态下按住 Alt 键然后单击需要转化为角点的曲线点，也可把该曲线点转化为角点，如图 7-56 所示。

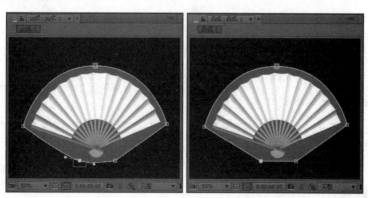

图 7-56

7.3.4　缩放和旋转蒙版

　　当我们创建好一个蒙版后，如果感觉蒙版大小，或者角度不合适，那就需要对蒙版的大小或角度进行缩放和旋转。

　　操作流程：在"时间线"窗口选择蒙版图层，使用"选择"工具 双击蒙版的轮廓线，或者按 Ctrl+T 组合键对蒙版进行自由变换。在自由变换线框的锚点上按住鼠标左键拖曳锚点即可放大或缩小蒙版，如图 7-57 所示。在自由变换线框外按住鼠标左键拖曳鼠标即可旋转蒙版，如图 7-58 所示。在进行自由变换时，按住 Shift 键可以对蒙版形状进行等比例缩放或以 45°为单位进行旋转。也可以使用键盘上的方向键上下左右移动蒙版，对蒙版进行缩放旋转操作完后按键盘上的 Esc 键退出自由变换。

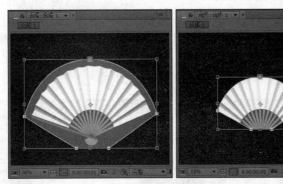

图 7-57

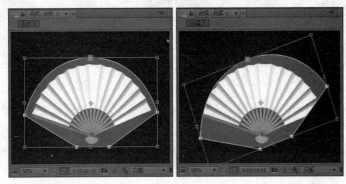

图 7-58

7.3.5　实例：修改蒙版练习

◎ **源　文　件：源文件\第 7 章\7.3 如何修改蒙版**

◎ **视频文件：视频\第 7 章\7.3 如何修改蒙版 .avi**

01 使用 After Effects CC 打开"源文件\第 7 章\7.3 如何修改蒙版\修改蒙版之前文件"，如图 7-59 所示。

图 7-59

02 在"时间线"窗口选择"绿叶 .jpg"图层，可以看到预先在图层上创建的蒙版，如图 7-60 所示。单击"背景 .jpg"图层名称前面的 ◉ 按钮，将"背景 .jpg"图层先隐藏以便于我们对"绿叶 .jpg"图层蒙版进行修改，如图 7-61 所示。

03 在工具栏中"钢笔"工具 ◊ 图标上长按鼠标左键，弹出其下拉列表，然后再选择 ◊（添加"锚点"工具），把鼠标移动到如图 7-62 所示位置，单击鼠标左键在该处添加一个锚点，如图 7-63 所示。

图 7-60

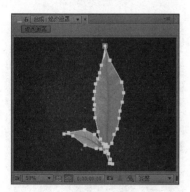

图 7-61

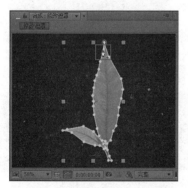

图 7-62

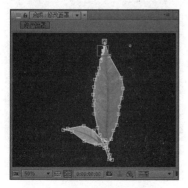

图 7-63

04 用鼠标左键拖曳图 7-63 中添加的锚点，调节锚点至图 7-64 所示位置。再按住 Alt 键然后鼠标左键拖曳该锚点，把该锚点转化为曲线点，如图 7-65 所示。

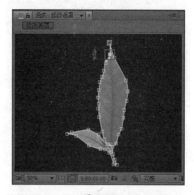

图 7-64

图 7-65

05 在工具栏中"钢笔"工具 图标上长按鼠标左键，弹出其下拉列表，然后再选择"删除锚点"工具 ，把鼠标移动到如图 7-66 所示的锚点上单击，删除该锚点，如图 7-67 所示。

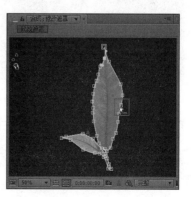

图 7-66

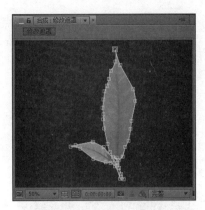

图 7-67

06 同理，再把鼠标移到如图 7-68 所示的锚点上，单击删除该锚点，如图 7-69 所示。

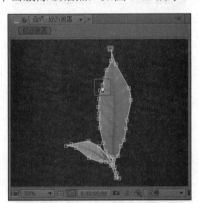

图 7-68

图 7-69

07 在工具栏中 "钢笔" 工具 ▓ 图标上长按鼠标左键，弹出其下拉列表，然后再选择 "转换锚点" 工具 ▓，单击拖曳如图 7-70 所示的角点，把该角点转化为如图 7-71 所示的曲线点。

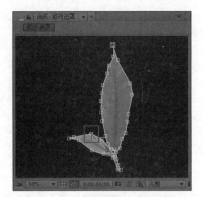

图 7-70

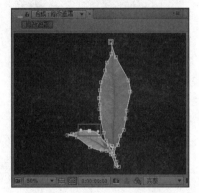

图 7-71

08 单击 "背景 .jpg" 图层名称前面的 ▓ 按钮，将 "背景 .jpg" 图层显示在 "合成" 窗口中，如图 7-72 和图 7-73 所示。

图 7-72

图 7-73

09 在"时间线"窗口中展开"绿叶 .jpg"图层的变换属性，并设置其"位置"为（364,456）、"缩放"为 16%、"旋转"为 0×-57°，具体参数设置及在"合成"窗口中的对应效果，如图 7-74 和图 7-75 所示，本实例制作完毕。

图 7-74

图 7-75

7.4　蒙版属性及叠加模式

　　蒙版与图层一样也有其固有的属性和叠加模式，这些属性经常会在制作蒙版动画时用到，下面详细讲解蒙版的各个属性及叠加模式。

7.4.1　蒙版属性

　　我们可以单击蒙版名称前面的小三角按钮■展开蒙版属性，也可以在"时间线"窗口中连续按两次 M 键展开蒙版的所有属性，蒙版属性面板，如图 7-76 所示。

　　下面对蒙版的各项属性参数进行详细介绍。

- 蒙版路径：用来设置蒙版的路径范围和形状，也可以为蒙版锚点制作关键帧动画，如图 7-77 和图 7-78 所示。

图 7-76

图 7-77

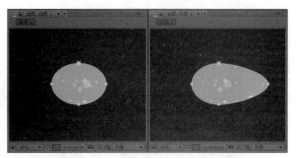

图 7-78

- 蒙版羽化：设置蒙版边缘的羽化效果，这样可以使蒙版边缘融于底层图像。如图 7-79 所示。
- 蒙版不透明度：用来设置蒙版的不透明程度，使用效果如图 7-80 所示。
- 蒙版扩展：用来调整蒙版向内或向外的扩展程度，使用效果如图 7-81 和图 7-82 所示。

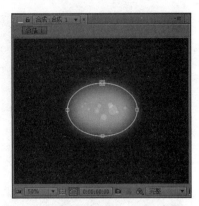
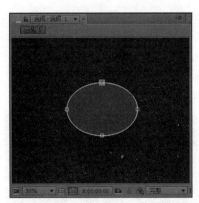

图 7-79   图 7-80

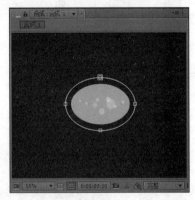
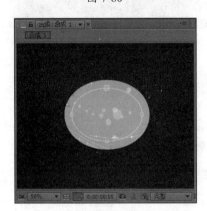

图 7-81   图 7-82

7.4.2 蒙版的叠加模式

蒙版的叠加模式主要是针对一个图层中有多个蒙版时，通过蒙版的叠加模式可以使多个蒙版之间产生叠加效果，如图 7-83 所示。

下面对蒙版叠加模式的各项属性参数进行详细介绍。

- 无：选择"无"模式时，路径将不作为蒙版使用，仅作为路径存在，如图 7-84 所示。

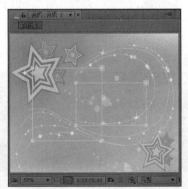

图 7-83   图 7-84

- 相加：将当前蒙版区域与其上面的蒙版区域进行相加处理，如图 7-85 所示。
- 相减：将当前蒙版区域与其上面的蒙版区域进行相减处理，如图 7-86 所示。

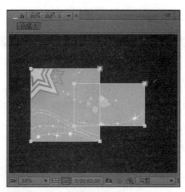

图 7-85　　　　　　　　　　　　　图 7-86

- 交集：只显示当前蒙版区域与其上面蒙版区域相交的部分，如图 7-87 所示。
- 变亮：对于可视范围区域来讲，此模式同"相加"模式相同，但是对于重叠之处的不透明则采用不透明度较高的那个值，如图 7-88 所示。

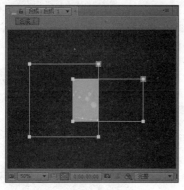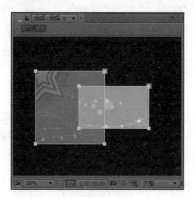

图 7-87　　　　　　　　　　　　　图 7-88

- 变暗：对于可视范围区域来讲，此模式同"交集"模式相同，但是对于重叠之处的不透明度则采用不透明度较低的那个值，如图 7-89 所示。
- 差值：此模式对于可视区域，采取的是并集减交集的方式，先将当前蒙版区域与其上面蒙版区域进行并集运算，然后将当前蒙版区域与其上面蒙版区域的相交部分进行减去操作，如图 7-90 所示。

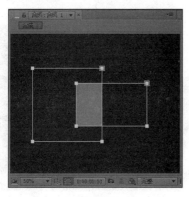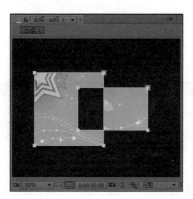

图 7-89　　　　　　　　　　　　　图 7-90

7.4.3 蒙版动画

所谓"蒙版动画"就是对蒙版的基本属性设置关键帧动画，在实际工作中经常用来突出某个重点部分内容和表现画面中的某些元素等。

- 蒙版路径属性动画设置的方法：单击"蒙版路径"属性名称前面的"设置关键帧"按钮 ⬚ ，为当前蒙版的路径设置关键帧，如图 7-91 所示。把时间轴移到不同的时间点，改变蒙版路径，此时在时间线上会自动记录所改变的蒙版路径，并生成两个路径之间的中间动画，如图 7-92 所示。

图 7-91

图 7-92

- 蒙版羽化属性动画设置的方法：单击"蒙版羽化"属性名称前面的"设置关键帧"按钮 ⬚ ，为当前蒙版的羽化属性设置关键帧，如图 7-93 所示。把时间轴移到不同的时间点，改变蒙版羽化的数值，此时在时间线上会自动记录所改变的蒙版羽化值，并生成两个蒙版羽化值之间的中间动画，如图 7-94 所示。

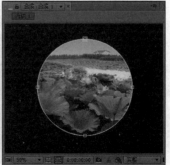

图 7-93

图 7-94

- 蒙版不透明度属性动画的设置方法：单击"蒙版不透明度"属性名称前面的"设置关键帧"按钮■，为当前蒙版的不透明度属性设置关键帧，如图 7-95 所示。把时间轴移到不同的时间点，改变蒙版的不透明度，此时在时间线上会自动记录所改变的蒙版不透明度数值，并生成两个蒙版不透明度之间的中间动画，如图 7-96 所示。

图 7-95

图 7-96

- 蒙版扩展属性动画设置的方法：单击"蒙版扩展"属性名称前面的"设置关键帧"按钮■，为当前蒙版的扩展属性设置关键帧，如图 7-97 所示。把时间轴移到不同的时间点，改变蒙版扩展数值，此时在时间线上会自动记录所改变的蒙版扩展数值，并生成两个蒙版扩展数值之间的中间动画，如图 7-98 所示。

图 7-97

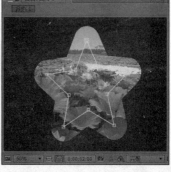

图 7-98

7.4.4　实例：蒙版动画练习—— 原生态

◎ **源　文　件：源文件 \ 第 7 章 \7.4 蒙版属性及叠加模式**

◎ **视频文件：视频 \ 第 7 章 \7.4 蒙版属性及叠加模式 .avi**

01 打开 After Effects CC，执行"合成 > 新建合成"命令，创建一个预设为 PAL D1/DV 的合成，设置"持续时间"为 3 秒，并将其命名为"蒙版动画"，然后单击"确定"按钮，如图 7-99 和图 7-100 所示。

02 执行"文件 > 导入 > 文件…"命令，或按快捷键 Ctrl+I，导入"源文件 \ 第 7 章 \7.4 蒙版属性及叠加模式 \Footage"文件夹中的"树林 .jpg"图片素材。如图 7-101 ～图 7-103 所示。

图 7-100

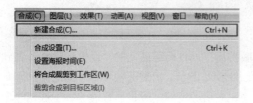

图 7-99

03 将"项目"窗口中的"树林 .jpg"图片素材拖曳到"时间线"窗口中，并设置"缩放"为 80%，具体参数设置及在"合成"窗口中的效果，如图 7-104 和图 7-105 所示。

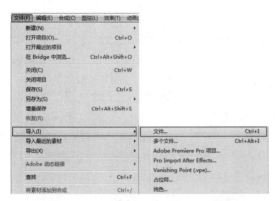

图 7-101

图 7-102

图 7-103

图 7-104

图 7-105

04 在"时间线"面板中选择"树林.jpg"图层,使用"椭圆"工具 ◯,在"合成"窗口中绘制一个椭圆蒙版,并展开其蒙版属性,如图 7-106 和图 7-107 所示。

图 7-106

图 7-107

05 在时间线(0:00:00:00)的位置单击"设置关键帧"按钮 ◯,为"蒙版路径"属性和"蒙版羽化"属性分别设置一个关键帧,然后设置"蒙版羽化"为 1000 像素,具体参数设置及在"合成"窗口中的对应效果,如图 7-108 和图 7-109 所示。

图 7-108

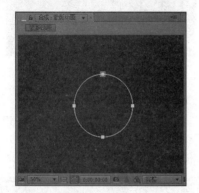

图 7-109

06 把时间轴移动到（0:00:00:14）的位置，双击蒙版轮廓线，接着按住 Ctrl+Shift 键拖曳右下角的自由变换锚点，把蒙版放大到如图 7-110 所示的状态，然后设置"蒙版羽化"值为 660 像素，参数设置如图 7-111 所示。

图 7-110

图 7-111

07 在"时间线"窗口中的空白处单击鼠标右键，在弹出的菜单中执行"新建 > 文本"命令，如图 7-112 所示。在"合成"窗口中输入"原生态"字样，设置"字体"为微软雅黑、"字体大小"为 60 像素、"填充颜色"为白色（R:255,G:255,B:255），选择文字图层并设置其"位置"为（286,288），具体参数设置及在"合成"窗口中的对应效果，如图 7-113 和图 7-114 所示。

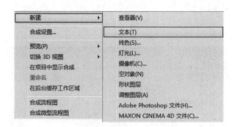

图 7-112

图 7-113

图 7-114

08 选择"原生态"文字图层，执行"效果 > 风格化 > 发光"命令，并在"效果控件"面板中设置"发光半径"为 15、"发光强度"为 4.2、"发光颜色"为（A 和 B 颜色）选项、颜色 A 为（R:233,G:0,B:0）、颜色 B 为

（R:255,G:255,B:255），具体参数设置及在"合成"窗口中的对应效果，如图 7-115 和图 7-116 所示。

图 7-115

图 7-116

09 在"时间线"窗口中选择"原生态"文字图层，把时间轴移动到（0:00:00:10）的位置，用"矩形"工具■在"合成"窗口中绘制如图 7-117 所示的蒙版，展开其蒙版属性，并单击"设置关键帧"按钮◙，为"蒙版路径"属性设置一个关键帧，如图 7-118 所示。

图 7-117

图 7-118

10 把时间轴移动到（0:00:01:03）的位置，选择矩形蒙版右边的两个锚点并向右平移至如图 7-119 所示的位置，"合成"窗口中的对应效果，如图 7-120 所示。

图 7-119

图 7-120

11 继续选择"原生态"文字图层，把时间轴移到（0:00:02:00）的位置，单击"设置关键帧"按钮◙，为"蒙版扩展"属性设置一个关键帧，如图 7-121 所示。把时间轴移到（0:00:02:18）的位置，设置"蒙版扩展"参数为 -60。具体参数设置，如图 7-122 所示。

图 7-121

图 7-122

12 至此本实例动画制作完毕，按小键盘上的"0"键预览动画，按时间先后顺序的动画静帧效果，如图 7-123 ～图 7-126 所示。

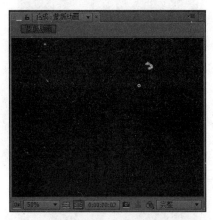

图 7-123

图 7-124

图 7-125

图 7-126

7.5 综合实战——蒙版动画技术延伸

◎ 源 文 件：源文件 \ 第 7 章 \7.5 综合实战
◎ 视频文件：视频 \ 第 7 章 \7.5 综合实战 .avi

01 打开 After Effects CC，执行"合成 > 新建合成"命令，创建一个预设为 PAL D1/DV 的合成，设置"持续时间"为 3 秒，并将其命名为"遮罩动画"，然后单击"确定"按钮，如图 7-127 和图 7-128 所示。

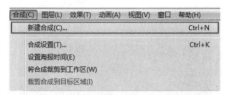

图 7-127

图 7-128

02 执行"文件 > 导入 > 文件…"命令，或按快捷键 Ctrl+I，导入"源文件 \ 第 7 章 \7.5 综合实战 \Footage"文件夹中的"背景 .jpg"和"古书 .jpg"图片素材。如图 7-129 ～图 7-131 所示。

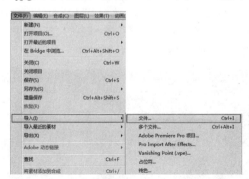

图 7-129

03 将"项目"窗口中的"古书 .jpg"图片素材拖曳到"时间线"窗口中，并设置缩放为 110%，具体参数设置及在"合成"窗口中的对应效果，如图 7-132 和图 7-133 所示。

图 7-130

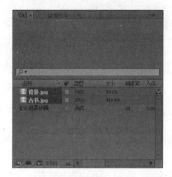

图 7-131

图 7-132

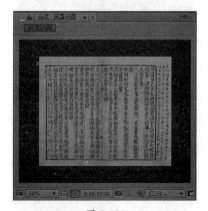

图 7-133

04 在"时间线"窗口中的空白处单击鼠标右键，在弹出的菜单中执行"新建 > 调整图层"命令，创建一个调整图层，如图 7-134 和图 7-135 所示。

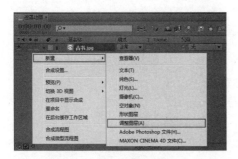

图 7-134

图 7-135

05 选择"调整图层 1",然后执行"效果 > 颜色校正 > 曝光度"命令,并在"效果控件"面板中设置"曝光度"为 -4.5,具体参数设置及在"合成"窗口中的对应效果,如图 7-136 和图 7-137 所示。

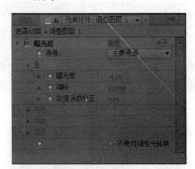

图 7-136

图 7-137

06 继续选择"调整图层 1",使用"矩形"工具▣,在"合成"窗口中绘制如图 7-138 所示的形状蒙版,展开其蒙版属性,设置蒙版的叠加模式为"相加",并勾选"反转"复选框。具体参数设置,如图 7-139 所示。

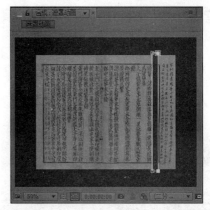

图 7-138

图 7-139

07 展开"调整图层 1"的蒙版属性,在时间线(0:00:00:00)的位置单击"设置关键帧"按钮◯,为"蒙版路径"属性设置一个关键帧,然后设置"蒙版羽化"为(14,14 像素),具体参数设置及在"合成"窗口中的对应效果,如图 7-140 和图 7-141 所示。

图 7-140

08 把时间轴移到(0:00:02:24)的位置,选择"蒙版路径"并向左平移至如图 7-142 所示的位置,"合成"窗口中的对应效果,如图 7-143 所示。

图 7-141

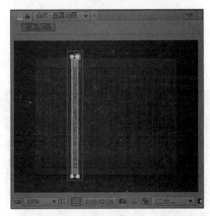

图 7-142

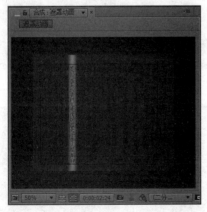

图 7-143

09 执行"合成 > 新建合成"命令，再创建一个预设为 PAL D1/DV 的合成，设置持续时间为 3 秒，并将其命名为"最终动画"，然后单击"确定"按钮，如图 7-144 和图 7-145 所示。

图 7-144

图 7-145

10 将"项目"窗口中的"遮罩动画"合成拖曳到"最终动画"合成中，接着选择"遮罩动画"图层，执行"效果 > 扭曲 > 贝塞尔曲线变形"命令，在"效果控件"面板中调整其参数，具体参数设置及在"合成"窗口中的对应效果，如图 7-146 和图 7-147 所示。

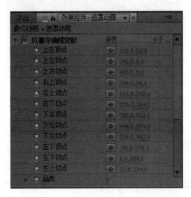

图 7-146

11 将"项目"窗口中的"背景 .jpg"图片素材拖曳到"最终动画"合成的时间线中，展开其变换属性设置"缩放"为 180%、"不透明度"为 25%，具体参数设置及在"合成"窗口中的对应效果，如图 7-148 和图 7-149 所示。

图 7-147

图 7-148

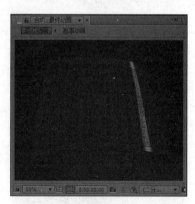

图 7-149

12 在"时间线"窗口中选择"遮罩动画"图层，把其叠加模式设置为"发光度"，执行"效果＞透视＞投影"命令，并在"效果控件"面板中设置"方向"为 0×+128°、"距离"为 17、"柔和度"为 25，具体参数设置及在"合成"窗口中的对应效果，如图 7-150 和图 7-151 所示。

图 7-150

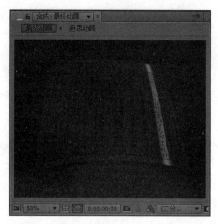

图 7-151

13 至此本实例动画制作完毕，按小键盘上的"0"键预览动画，按时间先后顺序的动画静帧效果，如图 7-152 ～图 7-155 所示。

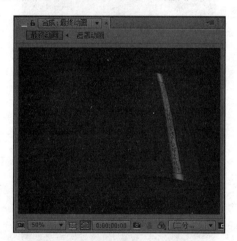

图 7-152

图 7-153

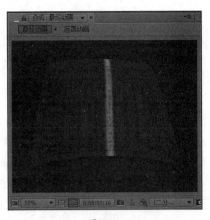

图 7-154

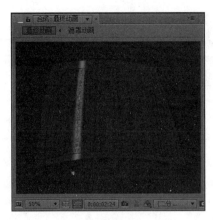

图 7-155

7.6 本章小结

通过对本章的学习，可以了解蒙版的概念，以及创建图层蒙版、修改蒙版的形状和属性、制作蒙版动画的方法。由于影视后期制作中经常会用到蒙版动画来表现某些特定的效果，蒙版动画的应用比较广泛，所以熟悉蒙版动画的运用，对以后制作项目有很大帮助。

选择"矩形"工具、"椭圆"工具、"圆角矩形"工具、"多边形"工具、"星形"工具及"钢笔"工具等，可以在"合成"窗口中绘制各种形状的蒙版。

"钢笔"工具主要用于绘制不规则的蒙版和不闭合的路径，快捷键为 G，在此工具上长按鼠标可显示"添加锚点"工具、"删除锚点"工具和"转换锚点"工具，利用这些工具可以方便地对蒙版进行修改。

在"时间线"窗口中选择蒙版图层，使用"选择"工具双击蒙版的轮廓线，或者按快捷键 Ctrl+T 对蒙版进行自由变换，在自由变换线框的控制柄上单击拖曳，即可放大或缩小蒙版。

展开图层下的蒙版属性，然后设置蒙版羽化等属性数值，即可修改当前蒙版的属性，还可以为蒙版各个属性添加关键帧动画。

◇◇◇◇◇◇◇◇◇◇◇◇◇◇◇◇◇ 读书笔记 ◇◇◇◇◇◇◇◇◇◇◇◇◇◇◇◇◇

第 8 章　After Effects CC 中光效技术应用

光影作为我们现实生活中自然存在的一种事物，我们对光影的接触非常多，了解也比较深入。客观物质世界能够被人的视觉所感受，靠的是光的作用，然而在影视作品中我们同样依赖于光影。前期把握光影难度很大，但是可以在后期制作中处理光线效果。After Effects 作为专业的影视后期特效软件，内置了很多制作光效的效果，可以制作出绚丽多彩的光线特效。另外，After Effects 软件各种光效插件的开发与应用，使光效的制作更为便捷、容易。本章将学习在 After Effects CC 软件中制作光效的技法，以及一些常用光效效果的应用与讲解。

8.1　镜头光晕效果

镜头光晕效果是在影视作品中常见的一种光线特效，也是用来创建真实效果的系统，可以用来模拟各种光芒、镜头光斑、发光发热等效果，并且可以针对灯光和场景中的物体产生作用。

8.1.1　镜头光晕特效基础

After Effects CC 中内置了镜头光晕效果，专门用来处理视频镜头光晕，可以很逼真地模拟现实生活中的光晕效果。镜头光晕应用效果，如图 8-1 所示。

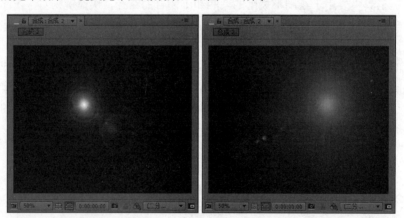

图 8-1

镜头光晕效果的使用方法是：选择作用图层，执行"效果 > 生成 > 镜头光晕"命令，如图 8-2 所示。添加镜头光晕效果后，在当前层的效果控件面板中展开镜头光晕效果的参数，如图 8-3 所示。

下面对镜头光晕效果的各项属性参数进行详细讲解。
- 光晕中心：用于设置发光点的中心位置。
- 光晕亮度：用于设置光晕亮度的百分比。
- 镜头类型：用于模拟不同的拍摄焦距产生的镜头光晕效果。
- 与原始图像混合：用于调整镜头光晕与场景的混合程度。

图 8-2　　　　　　　　　　　　图 8-3

8.1.2　实例：镜头光晕特效的应用

◎ **源　文　件：源文件 \ 第 8 章 \8.1 镜头光晕效果**

◎ **视频文件：视频 \ 第 8 章 \8.1 镜头光晕效果 .avi**

01 打开 After Effects CC，执行"合成 > 新建合成"命令，创建一个预设为 PAL D1/DV 的合成，设置持续时间为 3 秒，并将其命名为"镜头光晕"，然后单击"确定"按钮，如图 8-4 和图 8-5 所示。

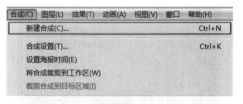

图 8-4

图 8-5

02 执行"文件 > 导入 > 文件…"命令，或按快捷键 Ctrl+I，导入"源文件 \ 第 8 章 \ 8.1 镜头光晕效果 \Footage"文件夹中的 02.mov 视频素材。如图 8-6 ～图 8-8 所示。

图 8-6

图 8-7

图 8-8

03 将"项目"窗口中的 02.mov 视频素材拖曳到"时间线"窗口中，如图 8-9 和图 8-10所示。

图 8-9

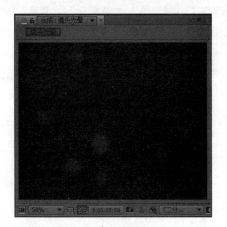

图 8-10

04 在"时间线"窗口中的空白处单击鼠标右键，在弹出的菜单中执行"新建 > 文本"命令，如图 8-11 所示。在"合成"窗口中输入"灯火阑珊"文字，设置"字体"为微软雅黑、"字体大小"为70、"填充颜色"为（R:244,G:155,B:68）、"字符间距"为300，选择文字图层设置其"锚点"为（172，-24）、"位置"为（370，277），具体参数设置及在"合成"窗口中的对应效果，如图 8-12 和图 8-13 所示。

图 8-11

图 8-12

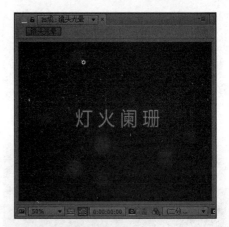

图 8-13

05 选择"灯火阑珊"文字图层，然后执行"效果 > 风格化 > 发光"命令，并在"效果控件"面板中设置"发光阈值"为53%、"发光半径"为29、"发光强度"为2，具体参数设置及在"合成"窗口中的对应效果，如图 8-14 和图 8-15所示。

图 8-14

图 8-15

06 在"时间线"窗口选择"灯火阑珊"文字图层,把时间轴移动到(0:00:00:00)的位置,单击"设置关键帧"按钮 ,为"缩放"属性和"不透明度"属性分别设置一个关键帧,并设置"缩放"为 392%、"不透明度"为 0%,具体参数设置及在"合成"窗口中的对应效果,如图 8-16 和图 8-17 所示。

图 8-16

07 把时间轴移动到(0:00:00:07)的位置,设置"不透明度"为 100%,具体参数设置及在"合成"窗口中的对应效果,如图 8-18 和图 8-19 所示。

图 8-17

图 8-18

图 8-19

08 把时间轴移动到(0:00:00:21)的位置,设置"缩放"为 100%,具体参数设置及在"合成"窗口中的对应效果,如图 8-20 和图 8-21 所示。

图 8-20

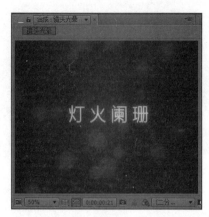

图 8-21

09 在"时间线"窗口中的空白处单击鼠标右键，在弹出的菜单中执行"新建>调整图层"命令，创建一个调整图层，如图 8-22 和图 8-23 所示。

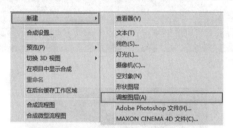

图 8-22

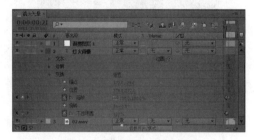

图 8-23

10 选择"调整图层 1"，执行"效果 > 生成 > 镜头光晕"命令，如图 8-24 所示，在"合成"窗口中的对应效果，如图 8-25 所示。

11 继续选择"调整图层 1"，在时间线的（0:00:00:21）位置，展开"效果控件"面板参数，设置"光晕中心"为（-203,266）、"光晕亮度"为 0%，并单击"设置关键帧"按钮 ，为"光晕中心"和"光晕亮度"属性分别设置一个关键帧。具体参数设置及在"合成"窗口中的对应效果，如图 8-26 和图 8-27 所示。

图 8-24

图 8-25

图 8-26

图 8-27

12 把时间轴移到（0:00:01:13）的位置，设置"光晕亮度"为 124%，参数设置如图 8-28 所示。接着再把时间轴移到（0:00:02:04）的位置，设置"光晕中心"为（874,266）、"光晕亮度"为 0%，具体参数设置如图 8-29 所示。

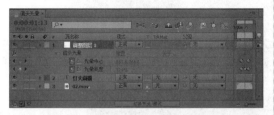

图 8-28

图 8-29

13 至此本实例动画制作完毕，按小键盘上的 0 键预览动画。按时间先后顺序动画的静帧效果，如图 8-30～图 8-33 所示。

图 8-30

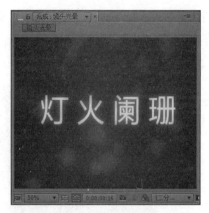

图 8-31

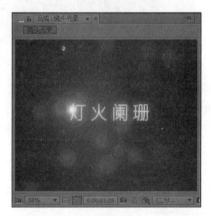

图 8-32

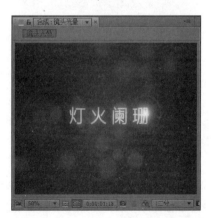

图 8-33

8.2　CC Light Rays（射线光）效果

　　CC Light Rays（射线光）效果是影视后期特效制作中比较常用的光线特效，由于放射光的视觉效果比较好，所以经常被用在片头制作和光线特效制作中。

8.2.1 CC Light Rays（射线光）效果基础知识讲解

CC Light Rays（射线光）效果可以利用图像上不同的颜色产生不同的放射光，而且具有变形效果。CC Light Rays（射线光）的应用效果，如图 8-34 所示。

图 8-34

CC Light Rays（射线光）效果的使用方法是：选择作用图层，执行"效果 > 生成 >CC Light Rays"命令，如图 8-35 所示。添加 CC Light Rays（射线光）效果后，在当前层的"效果控件"面板中展开 CC Light Rays（射线光）效果的参数，如图 8-36 所示。

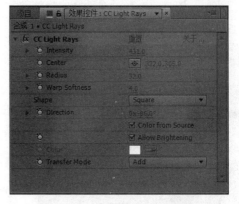

图 8-35   图 8-36

下面对 CC Light Rays（射线光）效果的各项属性参数进行详细讲解。

- Intensity（强度）：用于调整射线光强度的选项，数值越大，光线越强。
- Center（中心）：设置放射的中心点位置。
- Radius（半径）：设置射线光的半径。
- Warp Softness（柔化光芒）：设置射线光的柔化程度。
- Shape（形状）：用于调整射线光光源发光形状，从右侧的下拉列表中可以选择一个选项作为光芒的形状，包括"Round（圆形）"和"Square（方形）"两种形状。
- Direction（方向）：用于调整射线光照射的方向，当 Shape（形状）为 Square（方形）时，此项才被激活。

- Color from Source（颜色来源）：勾选该复选框，光芒会呈放射状。
- Allow Brightening（中心变亮）：勾选该复选框，光芒的中心变亮。
- Color（颜色）：用来调整射线光的发光颜色，射线发光颜色可以选择合适的颜色，通常是选中"Color from Source（颜色来源）"复选框。
- Transfer Mode（转换模式）：从右侧的下拉列表中选择一个选项，设置射线光与源图像的叠加模式。

8.2.2　实例：CC Light Rays（射线光）特效的应用

◎ 源 文 件：源文件 \ 第 8 章 \8.2 CC Light Rays（射线光）效果

◎ 视频文件：视频 \ 第 8 章 \8.2 CC Light Rays（射线光）效果 .avi

01 打开 After Effects CC，执行"合成 > 新建合成"命令，创建一个预设为 PAL D1/DV 的合成，设置持续时间为 3 秒，并将其命名为"射线光"，然后单击"确定"按钮，如图 8-37 和图 8-38 所示。

图 8-37

图 8-38

02 执行"文件 > 导入 > 文件…"命令，或按快捷键 Ctrl+I，导入"源文件 \ 第 8 章 \8.2 CC Light Rays（射线光）效果 \Footage"文件夹中的"旋转背景 .wmv"视频素材。如图 8-39 ～图 8-41 所示。

图 8-39

图 8-40

图 8-41

03 将"项目"窗口中的"旋转背景 .wmv"视频素材拖曳到"时间线"窗口中，展开其变换属性，并设置"缩放"为111%，具体参数设置及在"合成"窗口中的对应效果，如图8-42 和图 8-43 所示。

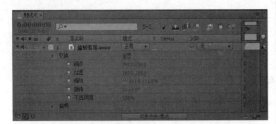

图 8-42

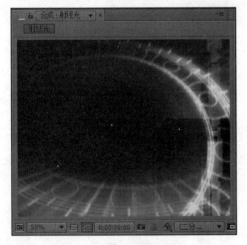

图 8-43

04 在"时间线"窗口中选择"旋转背景 .wmv"图层，把时间轴移到（0:00:00:00）的位置，设置"不透明度"属性值为0%，并单击"设置关键帧"按钮，为"不透明度"属性设置一个关键帧，具体参数设置如图8-44所示。把时间轴移到（0:00:00:11）的位置，设置"不透明度"属性值为100%，具体参数设置如图8-45所示。

图 8-44

图 8-45

05 在"时间线"窗口中的空白处单击鼠标右键，在弹出的菜单中执行"新建 > 文本"命令，如图8-46所示。在"合成"窗口中输入"射线光效"文字，设置"字体"为微软雅黑、"字体大小"为80、"填充颜色"为（R:244,G:155,B:68）、"字符间距"为120，选择文字图层设置其"位置"为（200,316），具体参数设置及在"合成"窗口中的对应效果，如图8-47 和图 8-48 所示。

图 8-46

图 8-47

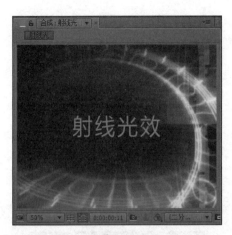

图 8-48

06 选择"射线光效"文字图层,执行"效果 > 透视 > 投影"命令,并在"效果控件"面板 设置"阴影颜色"为(R:160,G:40,B:100)、"方 向"为 1×+138°、"距离"为 7,具体参数 设置及在"合成"窗口中的对应效果,如图 8-49 和图 8-50 所示。

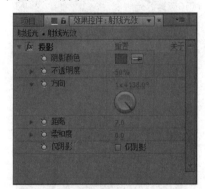

图 8-49

图 8-50

07 选择"射线光效"文字图层,在时间线的 (0:00:00:11)位置,单击"设置关键帧"按 钮 , 为"位置"属性和"不透明度"属性 分别设置一个关键帧,如图 8-51 所示。把时 间轴移到(0:00:00:00)位置,设置"位置" 为(200,-78)、"不透明度"为 0%,具体参 数设置如图 8-52 所示。

图 8-51

图 8-52

08 继续选择"射线光效"文字图层,把时间 轴移到(0:00:00:15)位置,然后执行"效果 > 生成 >CC Light Rays"命令,在"效果控件" 面板中设置"Intensity(强度)"为 201、"Center (中心)"为(140,289)、"Radius(半 径)"为 199、"Warp Softness(柔化光芒)" 为 26,并单击"Center(中心)"属性名称 前面的"设置关键帧"按钮 , 为其设置一 个关键帧,具体参数设置,如图 8-53 所示。 接着把时间轴移到(0:00:02:00)位置,设置 "Center(中心)"为(583,289),具体参 数设置,如图 8-54 所示。

09 至此本实例动画制作完毕,按小键盘上的 0 键预览动画。按时间先后顺序动画的静帧效 果,如图 8-55 ～图 8-58 所示。

图 8-53

图 8-56

图 8-54

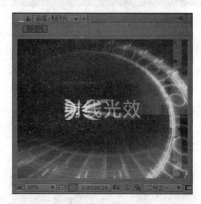

图 8-57

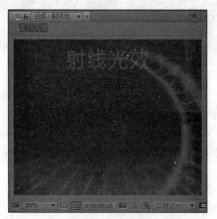

图 8-55

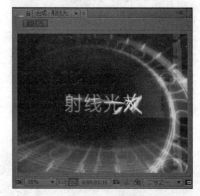

图 8-58

8.3 CC Light Burst 2.5（CC 突发光 2.5）效果

CC Light Burst 2.5（CC 突发光 2.5）效果可以使图像产生强光线放射效果，类似于径向模糊，但是速度较慢，能模拟很多逼真的光影效果，在影视后期特效制作中也较为常用。

8.3.1　CC Light Burst 2.5（CC 突发光 2.5）效果基础知识讲解

CC Light Burst 2.5（CC 突发光 2.5）效果可以应用在文字图层上，也可以应用在图片或视频素材上，应用效果如图 8-59 所示。

图 8-59

CC Light Burst 2.5（CC 突发光 2.5）效果的使用方法是：选择作用图层，执行"效果 > 生成 >CC Light Burst 2.5"命令，如图 8-60 所示。添加 CC Light Burst 2.5 效果后，在当前层的"效果控件"面板中展开 CC Light Burst 2.5 效果的参数，如图 8-61 所示。

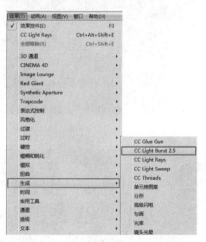

图 8-60

图 8-61

下面对 CC Light Burst 2.5（CC 突发光 2.5）效果的各项属性参数进行详细讲解。

- Center（中心）：设置突发光中心点的位置。
- Intensity（强度）：用调整发光的强度。
- Ray Length（光线长度）：用来调整突发光光效的长度。
- Burst（爆裂）：用来调整光效融合的类型。
- Set Color（设置颜色）：用来设置突发光颜色，当选择本项时，Color 项才会被激活，也就是说，激活后才可以选择光效的颜色。

8.3.2　实例：CC Light Burst 2.5（CC 突发光 2.5）特效的应用

◎ 源 文 件：源文件 \ 第 8 章 \8.3 CC Light Burst 2.5（CC 突发光 2.5）效果

◎ 视频文件：视频 \ 第 8 章 \8.3 CC Light Burst 2.5（CC 突发光 2.5）效果 .avi

01 打开 After Effects CC，执行"合成 > 新建合成"命令，创建一个预设为 PAL D1/DV 的合成，设置持续时间为 3 秒，并将其命名为"突发光"，然后单击"确定"按钮，如图 8-62 和图 8-63 所示。

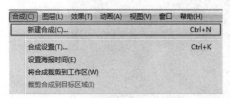

图 8-62

图 8-63

02 执行"文件 > 导入 > 文件…"命令，或按快捷键 Ctrl+I，导入"源文件 \ 第 8 章 \8.3 CC Light Burst 2.5（CC 突发光 2.5）效果 \Footage"文件夹中的 044.avi 视频素材。如图 8-64 ～图 8-66 所示。

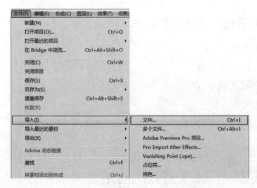

图 8-64

03 将"项目"窗口中的 044. avi 视频素材拖曳到"时间线"窗口中，展开其变换属性，

并设置"不透明度"为 60%，具体参数设置及在"合成"窗口中的对应效果，如图 8-67 和图 8-68 所示。

图 8-65

图 8-66

图 8-67

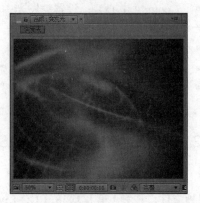

图 8-68

04 在"时间线"窗口中的空白处单击鼠标右键，在弹出的菜单中执行"新建 > 文本"命令，如图 8-69 所示。在"合成"窗口中输入"CC Light Burst"字样，设置"字体"为微软雅黑、"字体大小"为 70、"字体颜色"为（R:87,G:221,B:106）、"字符间距"为 0，选择文字图层设置其"锚点"为（247,-20）、"位置"为（370,284），具体参数设置及在"合成"窗口中的对应效果，如图 8-70 和图 8-71 所示。

图 8-69

图 8-70

图 8-71

05 在"时间线"窗口中选择 CC Light Burst 文字图层，执行"效果 > 透视 > 投影"命令，并在"效果控件"面板中设置"阴影颜色"为黑色（R:0,G:0,B:0）、"距离"为 10、"柔和度"为 8，具体参数设置及在"合成"窗口中的对应效果，如图 8-72 和图 8-73 所示。

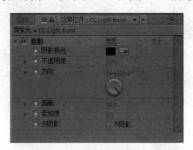

图 8-72

图 8-73

06 选择 CC Light Burst 文字图层，执行"效果 > 生成 > CC Light Burst 2.5"命令，如图 8-74 所示，在"合成"窗口中的对应效果，如图 8-75 所示。

图 8-74

图 8-75

图 8-77

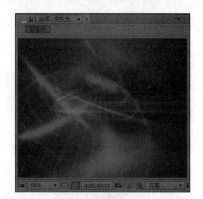

图 8-78

07 在时间线（0:00:00:00）的位置，选择 CC Light Burst 文字图层，展开其"效果控件"面板参数，单击"Center（中心）"和"Ray Length（光线长度）"属性名称前面的"设置关键帧"按钮 为"Center（中心）"和"Ray Length（光线长度）"属性分别设置一个关键帧，并设置"Center（中心）"为（982,200）、"Ray Length（光线长度）"为 262。具体参数设置，如图 8-76 所示。把时间轴移到（0:00:00:14）的位置，设置"Center（中心）"为（94,288），具体参数设置及在"合成"窗口中的对应效果，如图 8-77 和图 8-78 所示。把时间轴移到（0:00:01:01）的位置，设置"Center（中心）"为（360,288）、"Ray Length（光线长度）"为 200，具体参数设置及在"合成"窗口中的对应效果，如图 8-79 和图 8-80 所示。最后把时间轴移到（0:00:01:15）的位置，设置"Ray Length（光线长度）"为 0，具体参数设置及在"合成"窗口中的对应效果，如图 8-81 和图 8-82 所示。

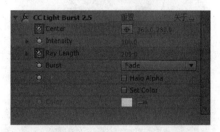

图 8-79

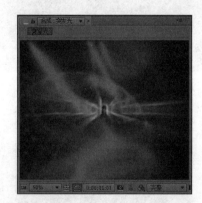

图 8-80

图 8-76

08 在"时间线"窗口中继续选择 CC Light Burst 文字图层，把时间轴移到（0:00:00:00）的位置，单击"设置关键帧"按钮 ，为"不透明度"属性设置一个关键帧，并设置"不透明度"为 0%，具体参数设置及在"合成"窗口中的对应效果，如图 8-83 和图 8-84 所示。把时间轴移到（0:00:00:05）的位置，设置"不透明度"为 100%，具体参数设置及在"合成"窗口中的对应效果，如图 8-85 和图 8-86 所示。

图 8-85

图 8-81

图 8-86

图 8-82

09 至此本实例动画制作完毕，按小键盘上的 0 键预览动画。按时间先后顺序动画的静帧效果，如图 8-87 ～图 8-90 所示。

图 8-87

图 8-83

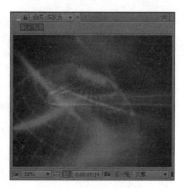

图 8-88

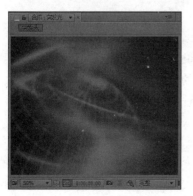

图 8-84

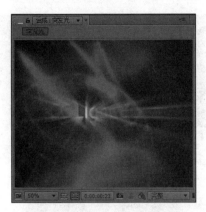
图 8-89

图 8-90

8.4 CC Light Sweep（CC 扫光）效果

CC Light Sweep（CC 扫光）效果可以模拟光线扫描的效果。一般用于在文字或物体上面添加扫描光线，其视觉效果很好。

8.4.1 CC Light Sweep（CC 扫光）效果基础知识讲解

CC Light Sweep（CC 扫光）效果和 CC Light Burst 2.5（CC 突发光 2.5）效果相同，既可以应用在文字图层上，也可以应用在图片或视频素材上，在制作片头字幕时都是比较常用的特效。CC Light Sweep（CC 扫光）应用效果，如图 8-91 所示。

图 8-91

CC Light Sweep（CC 扫光）效果的使用方法是：选择作用图层，执行"效果 > 生成 >CC Light Sweep"命令，如图 8-92 所示。添加 CC Light Sweep（CC 扫光）效果后，在当前层的"效果控件"面板中展开 CC Light Sweep（CC 扫光）效果的参数，如图 8-93 所示。

下面对 CC Light Sweep（CC 扫光）效果的各项属性参数进行详细讲解。

- Center（中心）：用来设置扫光的中心点位置。
- Direction（方向）：用来调整扫光光线的方向。
- Shape（形状）：用来调整扫光的形状和类型，从右侧的下拉列表中可以选择一个选项，从而设置光线的形状，包括"Linear（线性）"、"Smooth（光滑）"、"Sharp（锐利）"3 个选项。

图 8-92

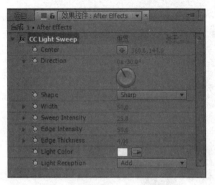

图 8-93

- Width（宽度）：用来设置扫光的宽度。
- Sweep Intensity（扫光强度）：用来控制扫光的强度。
- Edge Intensity（边缘强度）：用来调整扫光光柱边缘强度。
- Edge Thickness（边缘厚度）：用来调节光线与图像边缘相接触时的光线厚度。
- Light Color（光线颜色）：设置产生的光线颜色。
- Light Reception（光线融合）：用来调整扫光光柱与背景之间的融合方式，其右侧的下拉列表中含有"Add（叠加）"、"Composite（合成）"和"Cutout（切除）" 3 个选项，并且在不同情况下需要设置扫光与背景不同的融合方式。

8.4.2　实例：CC Light Sweep（CC 扫光）特效的应用

◎ 源　文　件：源文件 \ 第 8 章 \8.4 CC Light Sweep（CC 扫光）效果

◎ 视频文件：视频 \ 第 8 章 \8.4 CC Light Sweep（CC 扫光）效果 .avi

01 打开 After Effects CC，执行"合成 > 新建合成"命令，创建一个预设为 PAL D1/DV 的合成，设置持续时间为 5 秒，并将其命名为"CC 扫光"，然后单击"确定"按钮，如图 8-94 和图 8-95 所示。

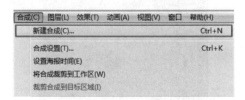

图 8-94

02 执行"文件 > 导入 > 文件…"命令，或按快捷键 Ctrl+I，导入"源文件 \ 第 8 章 \8.4 CC Light Sweep（CC 扫光）效果 \Footage"

文件夹中的"粒子 .wmv"视频素材。如图 8-96 ～图 8-98 所示。

图 8-95

图 8-96

图 8-97

图 8-98

变形状"为"径向渐变"、"与原始图像混合"值为85%",具体参数设置及在"合成"窗口中的对应效果,如图 8-101 和图 8-102 所示。

图 8-99

图 8-100

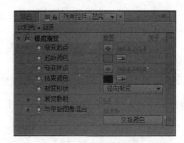

图 8-101

03 在"时间线"窗口中的空白处单击鼠标右键,然后执行"新建 > 纯色"命令,在弹出的"纯色设置"对话框中设置其"名称"为"蓝底","颜色"为(R:0,G:9,B:36),单击"确定"按钮,创建一个纯色层,如图 8-99 和图 8-100 所示。

04 选择"蓝底"纯色层,执行"效果 > 生成 > 梯度渐变"命令,在"效果控件"面板中设置"渐变起点"为(360,271)、"起始颜色"为(R:115,G:121,B:242)、"渐变终点"为(360,643)、"结束颜色"为(R:0,G:10,B:26)、"渐

图 8-102

05 将"项目"窗口中的"粒子.wmv"视频素材拖曳到"时间线"窗口中,放在"蓝底"

纯色层上方，展开其变换属性，设置"缩放"为111%、叠加模式为"屏幕"。具体参数设置，如图 8-103 所示。

图 8-103

06 在"时间线"窗口中的空白处单击鼠标右键，在弹出的菜单中执行"新建>文本"命令，如图 8-104 所示。然后在"合成"窗口中输入"After Effects"字样，设置"字体"为微软雅黑、"字体大小"为80、"填充颜色"为（R:83,G:225,B:136）、"字符间距"为0，选择文字图层展开其变换属性，并设置其"锚点"为（229.7,-30）、"位置"为（362,278），具体参数设置及在"合成"窗口中的对应效果，如图 8-105 和图 8-106 所示。

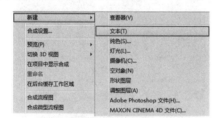

图 8-104

图 8-105

图 8-106

07 选择"After Effects"文字图层，然后执行"效果>风格化>发光"命令，并在"效果控件"面板设置"发光半径"为15，具体参数设置及在"合成"窗口中的对应效果，如图 8-107和图 8-108 所示。

图 8-107

图 8-108

08 在"时间线"窗口中选择"After Effects"文字图层，执行"效果>透视>投影"命令，并在"效果控件"面板设置"阴影颜色"为黑色（R:0,G:0,B:0）、"距离"为11，具体参数设置及在"合成"窗口中的对应效果，如图8-109和图8-110所示。

图 8-109

图 8-110

09 继续选择"After Effects"文字图层，把时间轴移到（0:00:01:03）的位置，单击"设置关键帧"按钮，为"缩放"和"不透明度"属性分别设置一个关键帧，并设置"缩放"为0%、"不透明度"为0%，具体参数设置及在"合成"窗口中的对应效果，如图8-111和图8-112所示。把时间轴移到（0:00:01:10）的位置，设置"不透明度"为100%，具体参数设置及在"合成"窗口中的对应效果，如图8-113和图8-114所示。最后把时间轴移到（0:00:02:19）的位置，设置"缩放"为100%，具体参数设置及在"合成"窗口中的对应效果，如图8-115和图8-116所示。

图 8-111

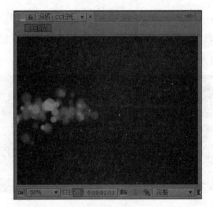

图 8-112

图 8-113

图 8-114

图 8-115

10 选择"After Effects"文字图层，把时间轴移到（0:00:01:19）的位置，执行"效果>生

成 >CC Light Sweep"命令,设置"Center(中心)"为(39,285)、"Width(宽度)"为 27、"Sweep Intensity(扫光强度)"为 200,并单击"设置关键帧"按钮 █,为"Center(中心)"属性设置一个关键帧,具体参数设置及在"合成"窗口中的对应效果,如图 8-117 和图 8-118 所示。把时间轴移到(0:00:03:07)的位置,设置"Center(中心)"为(738,285),具体参数设置及在"合成"窗口中的对应效果,如图 8-119 和图 8-120 所示。

图 8-119

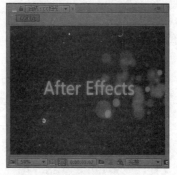

图 8-120

11 至此本实例动画制作完毕,按小键盘上的 0 键预览动画。按时间先后顺序动画的静帧效果,如图 8-121 ～图 8-124 所示。

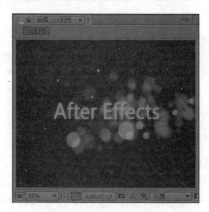

图 8-116

图 8-117

图 8-121

图 8-118

图 8-122

图 8-123

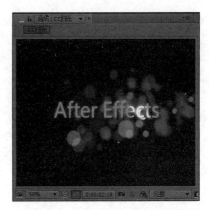

图 8-124

8.5 综合实战——晶莹露珠

◎ 源 文 件：源文件 \ 第 8 章 \8.5 综合实战

◎ 视频文件：视频 \ 第 8 章 \8.5 综合实战 .avi

01 打开 After Effects CC，执行"合成 > 新建合成"命令，创建一个预设为 PAL D1/DV 的合成，设置持续时间为 4 秒，并将其命名为"光效"，单击"确定"按钮，如图 8-125 和图 8-126 所示。

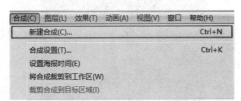

图 8-125

图 8-126

02 执行"文件 > 导入 > 文件…"命令，或按快捷键 Ctrl+I，导入"源文件 \ 第 8 章 \8.5 综合实战 \Footage"文件夹中的"045.avi"和"露珠 .jpg"素材。如图 8-127 ～图 8-129 所示。

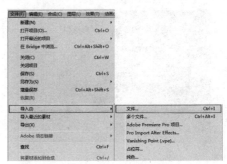

图 8-127

图 8-128

图 8-129

03 将"项目"窗口中的"045.avi"视频素材拖曳到"时间线"窗口中，展开其变换属性，并设置"不透明度"为 50%，具体参数设置及在"合成"窗口中的对应效果，如图 8-130 和图 8-131 所示。

图 8-130

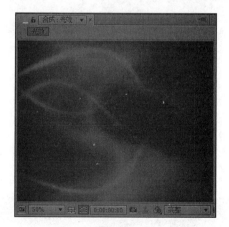

图 8-131

04 接着将"项目"窗口中的"露珠.jpg"素材拖曳到"时间线"窗口中，并放在"045.avi"图层上方，展开其变换属性，并设置"缩放"为 84%，具体参数设置及在"合成"窗口中的对应效果，如图 8-132 和图 8-133 所示。

图 8-132

图 8-133

05 在"时间线"窗口中选择"露珠.jpg"图层，执行"效果 > 颜色校正 > 色相 / 饱和度"命令，在"效果控件"面板设置"主饱和度"为 -23、"主亮度"为 -17，具体参数设置及在"合成"窗口中的对应效果，如图 8-134 和图 8-135 所示。

图 8-134

图 8-135

06 在"时间线"窗口中（0:00:00:00）的位置选择"露珠.jpg"图层，设置其叠加模式为"变亮"，执行"效果 > 生成 >CC Light Burst 2.5"命令，在"效果控件"面板单击"Center（中心）"和"Ray Length（光线长度）"属性名称前面的"设置关键帧"按钮，为"Center（中心）"和"Ray Length（光线长度）"属性分别设置一个关键帧，并设置"Ray Length（光线长度）"为 60，具体参数设置及在"合成"窗口中的对应效果，如图 8-136 和图 8-137 所示。

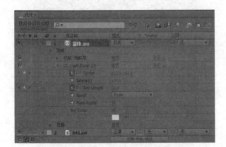

图 8-136

图 8-137

07 把时间轴移到（0:00:02:05）的位置，设置"Center（中心）"为（512,796）、"Ray Length（光线长度）"为 0，具体参数设置及在"合成"窗口中的对应效果，如图 8-138 和图 8-139 所示。

图 8-138

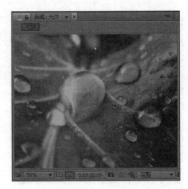

图 8-139

08 在"时间线"窗口中的空白处单击鼠标右键，在弹出的菜单中执行"新建 > 文本"命令，如图 8-140 所示。在"合成"窗口中输入"晶莹露珠"字样，设置"字体"为微软雅黑、"字体大小"为 39、"填充颜色"为（R:66,G:0,B:201）、"字符间距"为 100，选择文字图层设置其"位置"为（30,58），具体参数设置及在"合成"窗口中的对应效果，如图 8-141 和图 8-142 所示。

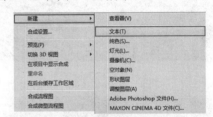

图 8-140

图 8-141

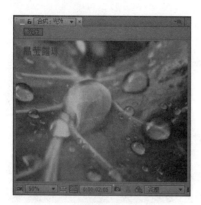

图 8-142

09 在"时间线"窗口中选择"晶莹露珠"文字图层，执行"效果 > 生成 > 梯度渐变"命令，在"效果控件"面板中设置"渐变起点"为（221,50）、"起始颜色"为（R:67,G:175,B:215）、"渐变终点"为（-38,37）、"结束颜色"为（R:255,G:255,B:255），具体参数设置及在"合成"窗口中的对应效果，如图 8-143 和图 8-144 所示。

图 8-143

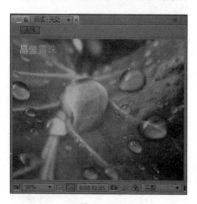

图 8-144

10 在"时间线"窗口中选择"晶莹露珠"文字图层，把时间轴移到（0:00:02:05）的位置，使用"矩形"工具，在"合成"窗口绘制如图

8-145 所示的蒙版，展开其蒙版属性并单击"设置关键帧"按钮，为"蒙版路径"属性设置一个关键帧。把时间轴移到（0:00:01:05）的位置，设置其"蒙版路径"形状，如图 8-146 所示。

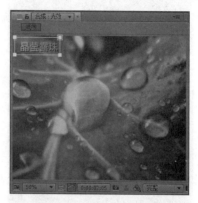

图 8-145

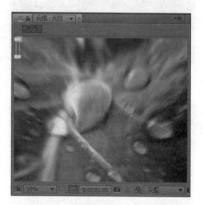

图 8-146

11 继续选择"晶莹露珠"文字图层，把时间轴移到（0:00:02:05）的位置，执行"效果 > 生成 >CC Light Sweep"命令，设置"Center（中心）"为（360,144）、"Sweep Intensity（扫光强度）"为 100，并单击"设置关键帧"按钮，为"Center（中心）"属性设置一个关键帧，具体参数设置及在"合成"窗口中的对应效果，如图 8-147 和图 8-148 所示。把时间轴移到（0:00:02:22）的位置，设置"Center（中心）"为（360,800），具体参数设置及在"合成"窗口中的对应效果，如图 8-149 和图 8-150 所示。最后把时间轴移到（0:00:03:14）的位置，设置"Center（中心）"为（360,144），具体参数设置及在"合成"窗口中的对应效果，如图 8-151 和图 8-152 所示。

图 8-147

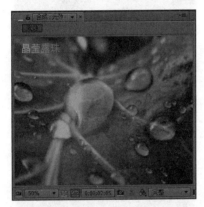

图 8-148

图 8-149

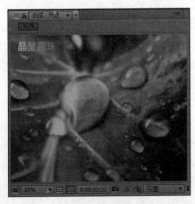

图 8-150

中设置"不透明度"为65%，具体参数设置及在"合成"窗口中的对应效果，如图8-153和图8-154所示。

图 8-151

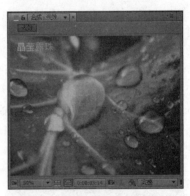

图 8-152

图 8-153

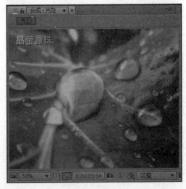

图 8-154

12 选择"晶莹露珠"文字图层，执行"效果 > 透视 > 投影"命令，并在"效果控件"面板

13 在"时间线"窗口中选择045.avi图层，把时间轴移到（0:00:00:06）的位置，单击"设置

关键帧"按钮■为"不透明度"属性设置一个
关键帧。把时间轴移到（0:00:00:00）的位置，
设置"不透明度"为0%，参数设置如图8-155
所示。把时间轴移到（0:00:02:05）的位置，单
击"添加关键帧"按钮■，为"不透明度"添
加一个关键帧，如图8-156所示。最后把时间
轴移到（0:00:02:22）的位置，设置"不透明度"
为0%，参数设置如图8-157所示。

图 8-155

图 8-156

图 8-157

14 至此本实例动画制作完毕，按小键盘上的
0键预览动画。按时间先后顺序动画的静帧效
果，如图8-158～图8-161所示。

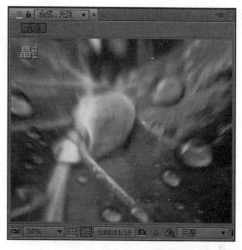

图 8-159

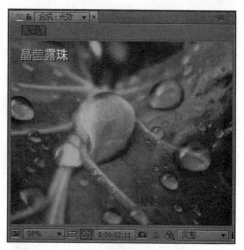

图 8-160

图 8-158

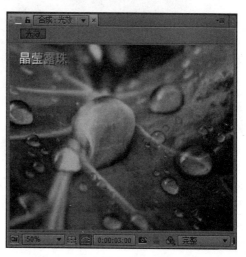

图 8-161

8.6 本章小结

本章主要讲解了几种常用的光线效果基础知识及实例应用，读者通过对本章的学习，可以快速掌握 After Effects CC 制作光效的原理和技巧，After Effects 中的光线特效有很多种，每一种都不是孤立存在的，在学习和应用过程中，要根据不同的情况综合运用各种特效的组合来制作想要的效果。

下面重温一下本章所讲的几种光效用法与参数设置面板。

在"时间线"窗口中选择作用图层，执行"效果 > 生成 > 镜头光晕 /CC Light Rays/CC Light Burst 2.5/CC Light Sweep"命令，对作用图层应用镜头光晕、CC Light Rays、CC Light Burst 2.5 或 CC Light Sweep 效果，如图 8-162 所示。添加对应的效果后，在当前层的"效果控件"面板中展开对应效果的参数面板，如图 8-163 ～图 8-166 所示。

图 8-162

图 8-163

图 8-164

图 8-165

图 8-166

After Effects 中光效参数所涉及的内容有很大的相似性，光效作用原理及光效参数调整大同小异，在学习的过程中要能够充分的理解一些相同参数命令的作用与调节方法，做到举一反三。一个相同的特效通过变化参数可能会实现完全不同的视觉效果，所以需要在理解的基础上灵活运用各个参数，以便制作出更绚丽的光线特效。

第9章 效果的编辑与应用

效果也就是特效，不同的效果可以得到不同的特效，After Effects 效果可以单独一个使用，也可以叠加多个同时使用，以实现非常丰富和震撼的视觉特效。

9.1 效果的分类与基本用法

效果是 After Effects CC 中最为强大的工具，分为内置效果和外挂效果。所谓"内置效果"就是 After Effects CC 软件中本身自带的效果，它所包含的特效达数百种之多，所以我们利用这些效果可以制作出各式各样的特效，以达到电视、电影、广告等影视后期应用领域的制作需要。另外 After Effects CC 也有很多的外挂效果，可以从网上下载、安装到 After Effects CC 软件中，因此可以制作出更丰富、更强大的特效。

9.1.1 效果的分类

After Effects CC 中内置了数百种效果，它们都被按特效类别放置于"效果和预设"面板中，如图 9-1 所示。

9.1.2 效果的基本用法

为图层添加效果的方法有三种。

（1）选择需要添加效果的图层，然后在"效果"菜单中选择所需要的效果，如图 9-2 所示。

（2）选择需要添加效果的图层，然后单击鼠标右键在弹出的"效果"子菜单中选择所需要的效果，如图 9-3 所示。

（3）在界面右侧的"效果和预设"面板中，将想要添加给作用图层的效果拖曳到需要添加效果的图层上，如图 9-4 所示。

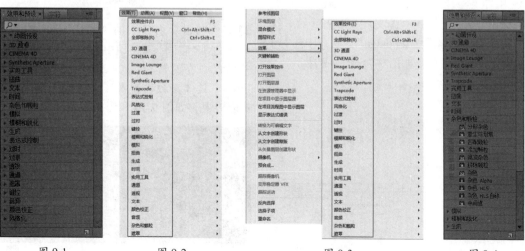

图 9-1　　　　　　　　图 9-2　　　　　　　　图 9-3　　　　　　　　图 9-4

9.1.3 实例：为图层添加多个效果

◎ **源 文 件：** 源文件 \ 第 9 章 \9.1 效果的分类与基本用法

◎ **视频文件：** 视频 \ 第 9 章 \9.1 效果的分类与基本用法 .avi

01 打开 After Effects CC，执行"合成 > 新建合成"命令，创建一个预设为 PAL D1/DV 的合成，设置持续时间为 3 秒，并将其命名为"湖景"，然后单击"确定"按钮，如图 9-5 和图 9-6 所示。

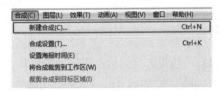

图 9-5

图 9-6

02 执行"文件 > 导入 > 文件…"命令，或按快捷键 Ctrl+I，导入"源文件 \ 第 9 章 \9.1 效果的分类与基本用法\Footage"文件夹中的"湖景 .jpg"图片素材。如图 9-7～图 9-9 所示。

图 9-7

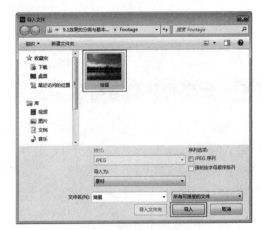

图 9-8

图 9-9

03 将"项目"窗口中的"湖景 .jpg"图片素材拖曳到"时间线"窗口中，展开其变换属性，并设置"位置"为（304,288）、"缩放"为110%，具体参数设置及在"合成"窗口中的对应效果，如图 9-10 和图 9-11 所示。

图 9-10

图 9-11

04 在"时间线"窗口中选择"湖景 .jpg"图层，执行"效果 > 颜色校正 > 色相 / 饱和度"命令，在"效果控件"面板中设置"主色相"为 0×-25°、"主饱和度"为 -23，具体参数设置及在"合成"窗口中的对应效果，如图 9-12 和图 9-13 所示。

图 9-12

图 9-13

05 在界面右侧的"效果和预设"面板中展开"生成"效果组的子菜单，选择"镜头光晕"效果并按住鼠标左键将其拖曳到"时间线"窗口中的"湖景 .jpg"图层上，如图 9-14 所示。在"效果控件"面板设置"光晕中心"为（910,18）、"光晕亮度"为 130%，具体参数设置及在"合成"窗口中的对应效果，如图 9-15 和图 9-16 所示。

图 9-14　　　　　　图 9-15

图 9-16

06 在"时间线"窗口中选择"湖景 .jpg"图层，执行"效果 > 生成 > 梯度渐变"命令，在"效果控件"面板中设置"起始颜色"为（R:0,G:144,B:255）、"结束颜色"为（R:255,G:111,B:41）、"与原始图像混合"为 80%，具体参数设置及在"合成"窗口中的对应效果，如图 9-17 和图 9-18 所示。

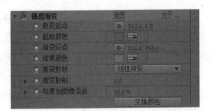

图 9-17

图 9-18

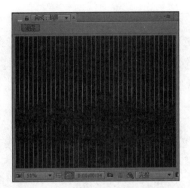

图 9-21

07 在时间线（0:00:00:00）的位置，继续选择"湖景 .jpg"图层，执行"效果 > 过渡 > 百叶窗"命令，在"效果控件"面板中设置"过渡完成"为100%并单击"设置关键帧"按钮 ，为"过渡完成"属性设置一个关键帧，具体参数设置如图 9-19 所示。把时间轴移到（0:00:01:10）的位置，设置"过渡完成"为0%，具体参数设置如图 9-20 所示。

图 9-19

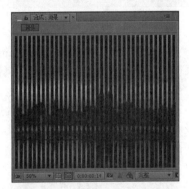

图 9-22

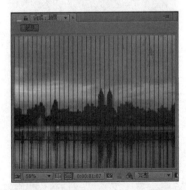

图 9-23

图 9-20

08 至此本实例动画制作完毕，按小键盘上的0 键预览动画。按时间先后顺序的动画静帧效果，如图 9-21 ～图 9-24 所示。

图 9-24

9.2　效果组

After Effects CC 软件的效果组菜单中包含了 20 多类效果，每个类别的效果中又包含若干子效果，下面将按类别对其中的各个子效果进行详细讲解。

9.2.1　3D 通道

当 3D 文件导入到 After Effects CC 中时，可以通过 3D 通道类效果来设置它的 3D 信息。3D 文件就是含有 Z 轴深度通道的图案文件，如 PIC、RLA、RPF、EI、EIZ 等。

1. 3D 通道提取

3D 通道提取效果可以以彩色图像或灰度图像来提取 Z 通道（Z 通道用黑白来分别表示物体距离摄像机的远近，在"信息"面板中可以看到 Z 通道的值）信息，通常作为其他特效的辅助特效来使用，如复合模糊。

在"时间线"窗口中选择需要添加"3D 通道提取"效果的图层，执行"效果 >3D 通道 >3D 通道提取"命令，在"效果控件"面板中展开参数设置，如图 9-25 所示。

下面对 3D 通道提取效果的各项属性参数进行详细讲解。

- 3D 通道：在其右侧的下拉列表中可以选择当前图像附加的 3D 通道的信息，包括 "Z 深度"、"对象 ID"、"纹理 UV"、"曲面法线"、"覆盖范围"、"背景 RGB"、"非固定 RGB"、"材质 ID"。
- 黑场：设置黑场处对应的通道信息数值。
- 白场：设置白场处对应的通道信息数值。

2. ExtractoR

ExtractoR（提取）效果用于在三维软件输出的图像中，根据所选区域提取画面相应的通道信息。

在"时间线"窗口中选择需要添加"ExtractoR（提取）"效果的图层，执行"效果 >3D 通道 > ExtractoR"命令，在"效果控件"面板中展开参数设置，如图 9-26 所示。

图 9-25

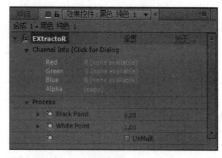

图 9-26

下面对 ExtractoR（提取）效果的各项属性参数进行详细讲解。

- Process（处理）：设置黑、白场信息数值。
- Black Point（黑场）：设置黑场处对应的信息数值。
- White Point（白场）：设置白场处对应的信息数值。
- UnMult（非倍增）：设置非倍增的信息数值。

3．ID 遮罩

ID 遮罩效果可以将 3D 素材中的元件按物体的 ID 或材质的 ID 分离显示，并可以再创建蒙版遮挡部分的 3D 元件。

在"时间线"窗口中选择需要添加"ID 遮罩"效果的图层，执行"效果 >3D 通道 >ID 遮罩"命令，在"效果控件"面板中展开参数设置，如图 9-27 所示。

下面对 ID 遮罩效果的各项属性参数进行详细讲解。

- 辅助通道：设置 ID 的类型，在其右侧的下拉列表中可以选择 ID 的类型，包括"材质 ID"和"对象 ID"两种。
- 羽化：设置羽化数值。
- 反转：勾选此选项，对 ID 遮罩进行反转。
- 使用范围：用来设置蒙版遮罩的作用范围。

4．IDentifier

IDentifier（标识符）效果主要用来提取带有通道的 3D 图像中所包含的 ID 数据。

在"时间线"窗口中选择需要添加 IDentifier 效果的图层，执行"效果 >3D 通道 >IDentifier"命令，在"效果控件"面板中展开参数设置，如图 9-28 所示。

图 9-27

图 9-28

下面对 IDentifier（标识符）效果的各项属性参数进行详细讲解。

- Channel Info（Click for Dialog）：通道信息。
- Channel Object ID：通道物体 ID 数字。
- Display（显示）：显示通道的蒙版类型。显示类型包括"Colors（颜色）"、"Luma Matte（亮度蒙版）"、"Alpha Matte（Alpha 蒙版）"、"Raw（不加蒙版）"4 种。
- ID：用来设置 ID 数值。

5．场深度

场深度效果用来模拟摄像机在 3D 场景中的景深效果，可以控制景深范围。

在"时间线"窗口中选择需要添加"场深度"效果的图层，执行"效果 >3D 通道 >场深度"命令，在"效果控件"面板中展开参数设置，如图 9-29 所示。

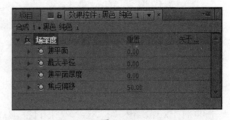

图 9-29

下面对场深度效果的各项属性参数进行详细讲解。

- 焦平面：沿 Z 轴向聚焦的 3D 场景的平面距离。
- 最大半径：用来控制聚焦平面之外部分的模糊数值，数值越小模糊效果越明显。

- 焦平面厚度：用来控制聚焦平面的厚度。
- 焦点偏移：用来设置焦点偏移的距离。

6．深度遮罩

深度遮罩效果用来读取 3D 通道图像中的 Z 深度信息，并可以沿 Z 轴任意位置获取一段图像，一般用于屏蔽指定位置以后的物体。

在"时间线"窗口中选择需要添加"深度遮罩"效果的图层，执行"效果>3D 通道>深度遮罩"命令，在"效果控件"面板中展开参数设置，如图 9-30 所示。

下面对深度遮罩效果的各项属性参数进行详细讲解。

- 深度：指定建立蒙版的 Z 轴向深度值。
- 羽化：用来设置蒙版的羽化程度。
- 反转：勾选该选项反转蒙版的内外显示。

7．雾 3D

雾 3D 效果可以沿 Z 轴方向模拟雾状的朦胧效果，使雾具有远近疏密不一样的距离感。

在"时间线"窗口中选择需要添加"雾 3D"效果的图层，执行"效果>3D 通道 > 雾 3D"命令，在"效果控件"面板中展开参数设置，如图 9-31 所示。

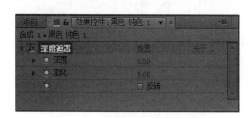

图 9-30

图 9-31

下面对雾 3D 效果的各项属性参数进行详细讲解。

- 雾颜色：用来设置雾的颜色。
- 雾开始深度：雾效果开始出现时，Z 轴的深度数值。
- 雾结束深度：雾效果结束时，Z 轴的深度数值。
- 雾不透明度：用来调节雾的不透明度。
- 散布浓度：雾散射分布的密度。
- 多雾背景：不选择时背景为透明的，勾选该选项时为雾化背景。
- 渐变图层：在时间线上选择一个图层作为参考，用来增加或减少雾的密度。
- 图层贡献：用来控制渐变参考层对雾密度的影响程度。

9.2.2　表达式控制

表达式控制是通过一些简单的语句，控制需要设置动画效果的属性，使其根据表达式的计算结果自动变化，它是实现特效和动画的一种方式。

1．3D 点控制

3D 点控制效果可以设置 3D 点控制。

在"时间线"窗口中选择需要添加"3D 点控制"效果的图层，执行"效果 > 表达式控制

>3D 点控制"命令，在"效果控件"面板中展开参数设置，如图 9-32 所示。

下面对 3D 点控制效果的各项属性参数进行详细讲解。

- 3D 点：用来设置 3D 点的位置。

2．点控制

点控制效果可以控制位置点的动画。

在"时间线"窗口中选择需要添加"点控制"效果的图层，执行"效果 > 表达式控制 > 点控制"命令，在"效果控件"面板中展开参数设置，如图 9-33 所示。

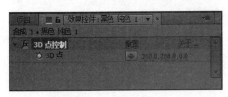
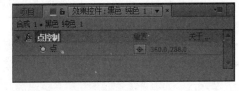

图 9-32　　　　　　　　　　　　图 9-33

下面对 3D 点控制效果的各项属性参数进行详细讲解。

- 点：用来设置控制点的位置。

3．复选框控制

复选框控制效果可以通过勾选打开和关闭参数值来控制动画特效是否启用。

在"时间线"窗口中选择需要添加"复选框控制"效果的图层，执行"效果 > 表达式控制 > 复选框控制"命令，在"效果控件"面板中展开参数设置，如图 9-34 所示。

下面对复选框控制效果的各项属性参数进行详细讲解。

- 复选框：勾选该选项开启复选框特效。

4．滑块控制

滑块控制效果可以设置表达式的数值变化。

在"时间线"窗口中选择需要添加"滑块控制"效果的图层，执行"效果 > 表达式控制 > 滑块控制"命令，在"效果控件"面板中展开参数设置，如图 9-35 所示。

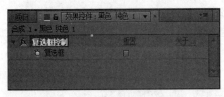

图 9-34　　　　　　　　　　　　图 9-35

下面对滑块控制效果的各项属性参数进行详细讲解。

- 滑块：用来调节滑块控制的数值大小。

5．角度控制

角度控制效果可以通过设置不同的角度数值来控制动画效果。

在"时间线"窗口中选择需要添加"角度控制"效果的图层，执行"效果 > 表达式控制 > 角度控制"命令，在"效果控件"面板中展开参数设置，如图 9-36 所示。

下面对角度控制效果的各项属性参数进行详细讲解。

- 角度：用来设置角度的数值大小。

6. 图层控制

图层控制效果可以为表达式选择一个应用图层。

在"时间线"窗口中选择需要添加"图层控制"效果的图层，执行"效果 > 表达式控制 > 图层控制"命令，在"效果控件"面板中展开参数设置，如图 9-37 所示。

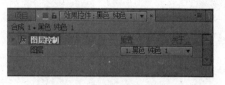

图 9-36   图 9-37

下面对图层控制效果的各项属性参数进行详细讲解。

- 图层：用来指定表达式所要控制的图层。

7. 颜色控制

颜色控制效果可以通过调节颜色参数，调整表达式的色彩或色彩变换程度。

在"时间线"窗口中选择需要添加"颜色控制"效果的图层，执行"效果 > 表达式控制 > 颜色控制"命令，在"效果控件"面板中展开参数设置，如图 9-38 所示。

图 9-38

下面对颜色控制效果的各项属性参数进行详细讲解。

- 颜色：用来调节所要控制的颜色。

9.2.3 风格化

风格化效果可以通过替换像素、增强相邻像素的对比度，使图像产生夸张的效果，从而形成各种画派的艺术风格，它是完全模拟真实艺术手法进行创作的。After Effects CC 中风格化效果组包含有 20 多种风格效果，如图 9-39 所示，下面将对每种风格效果进行详细讲解。

1. CC Block Load

CC Block Load（方块装载）效果可以通过像素块扫描的形式使素材图像逐渐变清晰。其应用效果，如图 9-40 所示。

图 9-39

在"时间线"窗口中选择素材图层，执行"效果 > 风格化 >CC Block Load"命令，在"效果控件"面板中展开参数设置，如图 9-41 所示。

  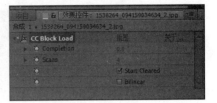

图 9-40　　　　　　　　　　　　　　　　　　图 9-41

下面对 CC Block Load（方块装载）效果的各项属性参数进行详细讲解。

- Completion（完成）：设置像素块过渡的完成比例。
- Scans（扫描）：用来设置扫描的次数。
- Start Cleared（开始清除）：勾选此选项开始清除。
- Bilinear（双线性）：勾选时显示双线扫描。

2. CC Burn Film

CC Burn Film（CC 胶片灼烧）效果可以使图像产生被灼烧的效果。其应用效果，如图 9-42 所示。

在"时间线"窗口中选择素材图层，执行"效果 > 风格化 >CC Burn Film"命令，在"效果控件"面板中展开参数设置，如图 9-43 所示。

图 9-42　　　　　　　　　　　　　　　　　　图 9-43

下面对 CC Burn Film（CC 胶片灼烧）效果的各项属性参数进行详细讲解。

- Burn（灼烧）：设置灼烧的程度。
- Center（中心）：设置产生灼烧的中心位置。
- Random Seed（随机种子）：设置灼烧的随机数值。

3. CC Glass

CC Glass（CC 玻璃）效果可以使图像产生被玻璃覆盖的效果。其应用效果，如图 9-44 所示。

在"时间线"窗口中选择素材图层，执行"效果 > 风格化 > CC Glass"命令，在"效果控件"面板中展开参数设置，如图 9-45 所示。

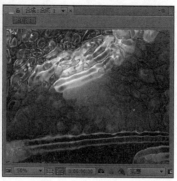

图 9-44

图 9-45

下面对 CC Glass（CC 玻璃）效果的各项属性参数进行详细讲解。

- Bump Map（凹凸贴图）：指定凹凸贴图的图层。
- Property（属性）：从右侧的下拉列表中指定玻璃属性。
- Softness（柔和度）：设置玻璃的柔和程度。
- Height（高度）：设置玻璃凹凸的深度。
- Displacement（移位）：设置图像移位效果。
- Light（灯光）：设置灯光的属性。
- Light Intensity（灯光强度）：设置灯光的强度。
- Light Color（灯光颜色）：设置灯光的颜色。
- Light Type（灯光类型）：从右侧的下拉列表中选择灯光的类型。
- Light Height（灯光高度）：设置灯光的高度。
- Light Position（灯光位置）：设置灯光的位置。
- Light Direction（灯光方向）：设置灯光的方向。
- Shading（阴影）：设置图像阴影效果。

4．CC Kaleida

CC Kaleida（CC 万花筒）效果可以使图像画面呈现万花筒的效果。其应用效果，如图 9-46 所示。

在"时间线"窗口中选择素材图层，执行"效果 > 风格化 > CC Kaleida"命令，在"效果控件"面板中展开参数设置，如图 9-47 所示。

下面对 CC Kaleida（CC 万花筒）效果的各项属性参数进行详细讲解。

- Center（中心）：设置图像的中心位置。
- Size（大小）：设置万花筒的尺寸大小。
- Mirroring（镜像）：从右侧的下拉列表中选择镜像的类型。
- Rotation（旋转）：用来调节万花筒旋转的角度。
- Floating Center（浮动中心）：勾选开启浮动中心。

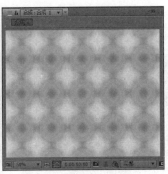

图 9-46   图 9-47

5. CC Mr.Smoothie

CC Mr.Smoothie（CC 像素溶解）效果可以使画面呈版画效果。其应用效果，如图 9-48 所示。

在"时间线"窗口中选择素材图层，执行"效果 > 风格化 >CC Mr.Smoothie"命令，在"效果控件"面板中展开参数设置，如图 9-49 所示。

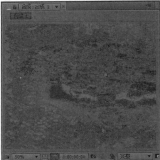

图 9-48   图 9-49

下面对 CC Mr.Smoothie（CC 像素溶解）效果的各项属性参数进行详细讲解。

- Flow Layer（流动图层）：在右侧的下拉列表中指定流动的图层。
- Property（属性）：用来设置像素溶解的属性类型，可以从右侧的下拉列表中选择一种属性类型。
- Smoothness（平滑度）：用来设置画面的平滑程度。
- Sample A（样品 A）：设置 A 点的位置。
- Sample B（样品 B）：设置 B 点的位置。
- Phase（相位）：调整相位的角度参数。
- Color Loop（颜色循环）：从右侧的下拉列表中选择颜色的循环类型。

6. CC Plastic

CC Plastic（CC 塑料）效果可以使素材图像的边缘产生高光塑料凸起效果。其应用效果，如图 9-50 所示。

在"时间线"窗口中选择素材图层，执行"效果 > 风格化 >CC Plastic"命令，在"效果控件"面板中展开参数设置，如图 9-51 所示。

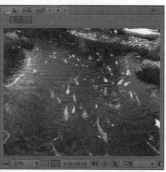

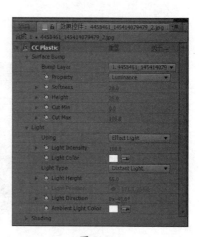

图 9-50　　　　　　　　　　　　　　　图 9-51

下面对 CC Plastic（CC 塑料）效果的各项属性参数进行详细讲解。

- Bump Layer（凸起图层）：指定凸起的图层。
- Property（属性）：从右侧的下拉列表中指定凸起属性。
- Softness（柔和度）：设置柔和程度。
- Height（高度）：设置凸起高度。
- Cut Min（剪切最小值）：设置剪切的最小数值。
- Cut Max（剪切最大值）：设置剪切的最大数值。
- Light（灯光）：设置灯光的角度和强度等属性。
- Using（使用）：设置使用灯光的模式，从右侧的下拉列表中可以选择"Effect Light（特效灯光）"或者"AE Lights（AE 灯光）"两种模式。
- Light Intensity（灯光强度）：设置灯光的强度。
- Light Color（灯光颜色）：设置灯光的颜色。
- Light Type（灯光类型）：从右侧的下拉列表中选择灯光的类型。
- Light Height（灯光高度）：设置灯光的高度。
- Light Position（灯光位置）：设置灯光的位置。
- Light Direction（灯光方向）：设置灯光的方向。
- Ambient Light Color（环境光颜色）：设置环境光颜色。
- Shading（阴影）：设置图像阴影效果。

7. CC Repe Tile

CC Repe Tile（CC 叠印）效果可以使图像画面产生叠加映射的效果。其应用效果，如图 9-52 所示。

在"时间线"窗口中选择素材图层，执行"效果 > 风格化 >CC Repe Tile"命令，在"效果控件"面板中展开参数设置，如图 9-53 所示。

下面对 CC Repe Tile（CC 叠印）效果的各项属性参数进行详细讲解。

- Expand Right（向右扩展）：设置向右扩展的参数。
- Expand Left（向左扩展）：设置向左扩展的参数。
- Expand Down（向下扩展）：设置向下扩展的参数。
- Expand Up（向上扩展）：设置向上扩展的参数。

- Tiling（叠印）：从右侧的下拉列表中选择叠印的类型。
- Blend Borders（混合边缘）：设置边缘的混合程度。

图 9-52 图 9-53

8．CC Threshold

CC Threshold（CC 阈值）效果主要用于对画面进行分色，高于阈值像素的画面会变为白色，低于阈值像素的画面则变为黑色。其应用效果，如图 9-54 所示。

在"时间线"窗口中选择素材图层，执行"效果 > 风格化 >CC Threshold"命令，在"效果控件"面板中展开参数设置，如图 9-55 所示。

图 9-54 图 9-55

下面对 CC Threshold（CC 阈值）效果的各项属性参数进行详细讲解。

- Threshold（阈值）：设置阈值大小。
- Channel（通道）：选择通道。
- Invert（反转）：勾选此项时反转。
- Blend w.Original（与原始图像混合）：设置与原始图像的混合程度。

9．CC Threshold RGB（CC 阈值 RGB）

CC 阈值 RGB 效果主要用于对画面的 RGB 进行分色，像素高于阈值的会变为红、绿、蓝色，低于阈值的则变为黑色。其应用效果，如图 9-56 所示。

在"时间线"窗口中选择素材图层，执行"效果 > 风格化 >CC Threshold RGB"命令，在"效果控件"面板中展开参数设置，如图 9-57 所示。

 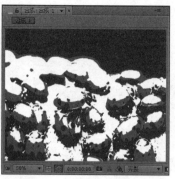 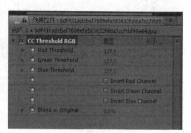

图 9-56　　　　　　　　　　　　　　　　图 9-57

下面对 CC 阈值 RGB 效果的各项属性参数进行详细讲解。

- Red/Green/Blue Threshold（红 / 绿 / 蓝阈值）：设置红、绿、蓝的阈值。
- Invert Red/Green/Blue Channel（反转红 / 绿 / 蓝通道）：勾选此项时反转红、绿、蓝的通道。
- Blend w.Original（与原始图像混合）：设置与原始图像的混合程度。

10．彩色浮雕

彩色浮雕效果可以使画面产生彩色的浮雕效果。其应用效果，如图 9-58 所示。

在"时间线"窗口中选择素材图层，执行"效果 > 风格化 > 彩色浮雕"命令，在"效果控件"面板中展开参数设置，如图 9-59 所示。

图 9-58　　　　　　　　　　　　　　　　图 9-59

下面对彩色浮雕效果的各项属性参数进行详细讲解。

- 方向：设置浮雕的方向。
- 起伏：设置浮雕的尺寸。
- 对比度：设置与原图的浮雕对比度。
- 与原始图像混合：设置与原图像的混合数值。

11．查找边缘

查找边缘效果可以通过强化过渡像素产生彩色线条。其应用效果，如图 9-60 所示。

在"时间线"窗口中选择素材图层，执行"效果 > 风格化 > 查找边缘"命令，在"效果控件"面板中展开参数设置，如图 9-61 所示。

 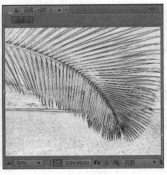 

图 9-60　　　　　　　　　　　　　　　　　　　图 9-61

下面对查找边缘效果的各项属性参数进行详细讲解。

- 反转：用于反向沟边。
- 与原始图像混合：设置与原图像的混合数值。

12．动态拼贴

动态拼贴效果可以在同一幅画面中显示多个内容相同的小画面。其应用效果，如图 9-62 所示。

在"时间线"窗口中选择素材图层，执行"效果 > 风格化 > 动态拼贴"命令，在"效果控件"面板中展开参数设置，如图 9-63 所示。

 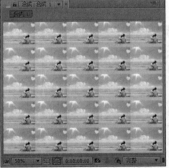 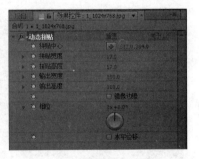

图 9-62　　　　　　　　　　　　　　　　　　　图 9-63

下面对动态拼贴效果的各项属性参数进行详细讲解。

- 拼贴中心：设置拼贴画面的中心点位置。
- 拼贴宽度：设置拼贴画面的宽度数值。
- 拼贴高度：设置拼贴画面的高度数值。
- 输出宽度：设置在屏幕中的输出宽度数值。
- 输出高度：设置在屏幕中的输出高度数值。
- 镜像边缘：在边缘产生镜像效果。
- 相位：设置拼贴画面的相位。
- 水平位移：勾选该选项，在画面中产生水平位移效果。

13．发光

发光效果经常用于图像中的文字和带有 Alpha 通道的图像，产生发光或光晕的效果。其应用效果，如图 9-64 所示。

在"时间线"窗口中选择素材图层，执行"效果 > 风格化 > 发光"命令，在"效果控件"面板中展开参数设置，如图 9-65 所示。

图 9-64　　　　　　　　　　　　　　　　　　　　　图 9-65

下面对发光效果的各项属性参数进行详细讲解。

- 发光基于：用于指定发光的作用通道，可以从右侧的下拉列表中选择"颜色通道"和"Alpha 通道"选项。
- 发光阈值：用于设置发光程度的数值，可以影响发光的覆盖面。
- 发光半径：用于设置发光的半径。
- 发光强度：用于设置发光的强度。
- 合成原始项目：与原图像混合，可以选择"顶端"、"后面"和"无"。
- 发光操作：设置与原始素材的混合模式。
- 发光颜色：用于设置发光的颜色类型。
- 颜色循环：设置色彩循环的数值。
- 色彩相位：设置光的颜色相位。
- A 和 B 中点：设置发光颜色 A 和 B 的中点比例。
- 颜色 A：选择颜色 A。
- 颜色 B：选择颜色 B。
- 发光维度：用于指定发光效果的作用方向，包括"水平和垂直"、"水平"、"垂直"3个选项。

14．浮雕

浮雕效果与彩色浮雕效果相似，该效果应用于画面的边缘。其应用效果，如图 9-66 所示。

在"时间线"窗口中选择素材图层，执行"效果 > 风格化 > 浮雕"命令，在"效果控件"面板中展开参数设置，如图 9-67 所示。

下面对浮雕效果的各项属性参数进行详细讲解。

- 方向：设置浮雕方向。
- 起伏：设置浮雕的尺寸。
- 对比度：设置与原图的浮雕对比度。
- 与原始图像混合：设置和原图像的混合数值。

图 9-66 图 9-67

15. 画笔描边

画笔描边效果可以使画面产生一种粗糙的颗粒效果，类似水彩或水粉画效果。其应用效果，如图 9-68 所示。

在"时间线"窗口中选择素材图层，执行"效果 > 风格化 > 画笔描边"命令，在"效果控件"面板中展开参数设置，如图 9-69 所示。

图 9-68 图 9-69

下面对画笔描边效果的各项属性参数进行详细讲解。

- 描边角度：设置描边笔触的角度。
- 画笔大小：设置笔触的尺寸。
- 描边长度：设置每个笔触的长度。
- 描边浓度：用来设置描边笔触的密度。
- 描边随机性：设置描边笔触的随机性。
- 绘画表面：设置笔触与画面的位置和绘画的进行方式。包括"在原始图像上绘画"、"在透明背景上绘画"、"在白色上绘画"、"在黑色上绘画"。
- 与原始图像混合：设置和原图像的混合数值。

16. 卡通

卡通效果可以将图像处理成实色填充或线描的绘画效果。其应用效果，如图 9-70 所示。

在"时间线"窗口中选择素材图层，执行"效果 > 风格化 > 卡通"命令，在"效果控件"面板中展开参数设置，如图 9-71 所示。

图 9-70 图 9-71

下面对卡通效果的各项属性参数进行详细讲解。

- 渲染：可以选择"填充"、"边缘"、"填充及边缘"。
- 细节半径：设置细节的半径。
- 细节阈值：设置细节阈值的数值。
- 填充：设置填充数值，包括"阴影步骤"和"阴影平滑度"。
- 边缘：设置边缘参数值，包括"阈值"、"宽度"、"柔和度"和"不透明度"。

17. 马赛克

马赛克效果可以使画面产生马赛克效果。其应用效果，如图 9-72 所示。

在"时间线"窗口中选择素材图层，执行"效果 > 风格化 > 马赛克"命令，在"效果控件"面板中展开参数设置，如图 9-73 所示。

图 9-72 图 9-73

下面对马赛克效果的各项属性参数进行详细讲解。

- 水平块：设置马赛克的宽度数值。
- 垂直块：设置马赛克的高度数值。
- 锐化颜色：勾选该选项对马赛克颜色进行锐化。

18. 毛边

毛边效果可以将图像边缘粗糙化，模拟腐蚀的纹理或边缘溶解的效果。其应用效果，如图 9-74 所示。

在"时间线"窗口中选择素材图层，执行"效果 > 风格化 > 毛边"命令，在"效果控件"面板中展开参数设置，如图 9-75 所示。

图 9-74　　　　　　　　　　　　　　　　　　　图 9-75

下面对毛边效果的各项属性参数进行详细讲解。

- 边缘类型：用来指定边缘类型，包括"粗糙化"、"颜色粗糙化"、"剪切"、"刺状"、"生锈"、"生锈颜色"、"影印"、"影印颜色"。
- 边缘颜色：设置边缘的颜色。
- 边界：设置边界的数值。
- 边缘锐度：设置边缘清晰度，可以影响到边缘的柔和程度与清晰度。
- 分形影响：设置不规则的影响程度。
- 比例：设置缩放数值。
- 伸缩宽度或高度：设置控制宽度和高度的延伸程度。
- 偏移（湍流）：设置效果的偏移值。
- 复杂度：设置复杂度的数值。
- 演化：设置演化角度。

19. 散布

散布效果可以将像素随机分散，产生透过毛玻璃观察的效果。其应用效果，如图 9-76 所示。

在"时间线"窗口中选择素材图层，执行"效果 > 风格化 > 散布"命令，在"效果控件"面板中展开参数设置，如图 9-77 所示。

 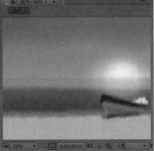 

图 9-76　　　　　　　　　　　　　　　　　　　图 9-77

下面对散布效果的各项属性参数进行详细讲解。

- 散布数量：设置像素分散数量。
- 颗粒：设置画面像素颗粒的分散方向，包括"两者"、"水平"或"垂直"。
- 散布随机性：设置随机性，勾选"随机分布每个帧"选项，可以使每帧画面重新运算。

20．色调分离

色调分离效果可以指定图像中每个通道的色调级或亮度值的数量，并将这些像素映射到最接近的匹配色调上。其应用效果，如图 9-78 所示。

在"时间线"窗口中选择素材图层，执行"效果 > 风格化 > 色调分离"命令，在"效果控件"面板中展开参数设置，如图 9-79 所示。

图 9-78　　　　　　　　　　　　　　　　　　图 9-79

下面对色调分离效果的各项属性参数进行详细讲解。

● 级别：设置划分级别的数量，数值越小，效果越明显。

21．闪光灯

闪光灯效果可以随时间变化在画面中间不断地加入一帧闪白、其他颜色或应用一帧层模式，然后立刻恢复。其应用效果，如图 9-80 所示。

在"时间线"窗口中选择素材图层，执行"效果 > 风格化 > 闪光灯"命令，在"效果控件"面板中展开参数设置，如图 9-81 所示。

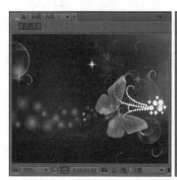 

图 9-80　　　　　　　　　　　　　　　　　　图 9-81

下面对闪光灯效果的各项属性参数进行详细讲解。

● 闪光颜色：用来设置闪烁的颜色。

● 与原始图像混合：设置与原图像的混合数值。

● 闪光持续时间（秒）：设置闪烁的周期，以"秒"为单位。

● 闪光间隔时间（秒）：设置相邻两次闪烁的时间间隔，以"秒"为单位。

● 随机闪光概率：设置闪光的随机概率。

● 闪光：设置闪烁方式，可以选择"仅对颜色操作"或"使图层透明"选项。

- 闪光运算符：选择闪光的叠加模式。
- 随机植入：设置频闪的随机性，值大时透明度高。

22．纹理化

纹理化效果可以应用其他层对本层产生浮雕的贴图效果。其应用效果，如图 9-82 所示。

在"时间线"窗口中选择素材图层，执行"效果 > 风格化 > 纹理化"命令，在"效果控件"面板中展开参数设置，如图 9-83 所示。

图 9-82

图 9-83

下面对纹理化效果的各项属性参数进行详细讲解。

- 纹理图层：选择合成中的贴图层。
- 灯光方向：设置灯光的方向。
- 纹理对比度：设置纹理的对比度。
- 纹理位置：可以选择"拼贴纹理"、"居中纹理"、"拉伸纹理以适合"3 种纹理位置。

23．阈值

阈值效果可以将一个灰度或色彩图像转换为高对比度的黑白图像。其应用效果，如图 9-84 所示。

在"时间线"窗口中选择素材图层，执行"效果 > 风格化 > 阈值"命令，在"效果控件"面板中展开参数设置，如图 9-85 所示。

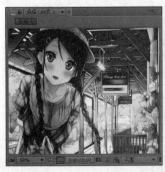

图 9-84

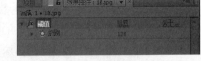

图 9-85

下面对阈值效果的各项属性参数进行详细讲解。

- 级别：设置阈值级别，低于此阈值的像素转换为黑色，高于此阈值的像素转换为白色。

9.2.4　过渡

　　After Effects 不像 Premiere，没有提供单独的转场设定，它的转场是集成在效果中的，即"过渡"效果组，After Effects CC 中"过渡"效果组中包含 17 种效果，如图 9-86 所示。利用这些效果可以制作出很多精彩的转场效果，下面就具体介绍各种过渡效果的运用方法。

1. CC Glass Wipe

　　CC Glass Wipe（玻璃擦除）效果可以使图像产生类似玻璃熔化过渡的效果。其应用效果，如图 9-87 所示。

　　在"时间线"窗口中选择素材图层，执行"效果 > 过渡 >CC Glass Wipe"命令，在"效果控件"面板中展开参数设置，如图 9-88 所示。

图 9-86

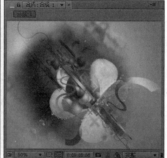

图 9-87

图 9-88

　　下面对 CC Glass Wipe（玻璃擦除）效果的各项属性参数进行详细讲解。

- Completion（完成）：用来调节图像扭曲的百分比。
- Layer to Reveal（显示层）：设置当前显示层。
- Gradient Layer（渐变层）：指定一个渐变层。
- Softness（柔化）：设置扭曲效果的柔化程度。
- Displacement Amount（偏移量）：设置扭曲的偏移程度。

2. CC Grid Wipe

　　CC Grid Wipe（CC 网格擦除）效果可以将图像分解成很多小网格，以交错网格的形式来擦除图像效果。其应用效果，如图 9-89 所示。

　　在"时间线"窗口中选择素材图层，执行"效果 > 过渡 >CC Grid Wipe"命令，在"效果控件"面板中展开参数设置，如图 9-90 所示。

　　下面对 CC Grid Wipe（CC 网格擦除）效果的各项属性参数进行详细讲解。

- Completion（完成）：用来调节图像过渡的百分比。
- Center（中心）：用于设置网格的中心点位置。
- Rotation（旋转）：用于设置网格的旋转角度。
- Border（边界）：用于设置网格的边界位置。

- Tiles（拼贴）：用于设置网格的大小。值越大，网格越小；值越小，网格越大。
- Shape（形状）：用于设置整体网格的擦除形状。从右侧的下拉列表中可以根据需要选择"Doors（门）"、"Radial（径向）"、"Rectangular（矩形）"中的一种来进行擦除。
- Reverse Transition（反转变换）：勾选复选框，可以将网格与图像区域进行转换，使擦除的形状相反。

 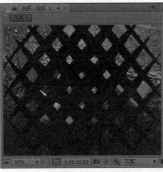 

图 9-89　　　　　　　　　　　　　　　　　　　　图 9-90

3. CC Image Wipe

CC Image Wipe（CC 图像擦除）效果是通过特效层与指定层之间像素的差异比较，从而产生指定层的图像擦除效果。其应用效果，如图 9-91 所示。

在"时间线"窗口中选择素材图层，执行"效果 > 过渡 >CC Image Wipe"命令，在"效果控件"面板中展开参数设置，如图 9-92 所示。

  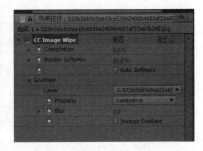

图 9-91　　　　　　　　　　　　　　　　　　　　图 9-92

下面对 CC Image Wipe（CC 图像擦除）效果的各项属性参数进行详细讲解。

- Completion（完成）：用来调节图像擦除的百分比。
- Border Softness（边界柔化）：用于设置指定层图像的边缘柔化程度。
- Auto Softness（自动柔化）：指定层的边缘柔化程度，将在 Border Softness（边界柔化）的基础上进一步柔化。
- Gradient（渐变）：指定一个渐变层。
- Layer（层）：从右侧的下拉列表中选择一层，作为擦除时的指定层。
- Property（特性）：从右侧的下拉列表中可以选择一种用于运算的通道。

- Blur（模糊）：设置指定层图像的模糊程度。
- Inverse Gradient（反转渐变）：勾选该复选框，可以将指定层的擦除图像按照其特性的设置进行反转。

4. CC Jaws

CC Jaws（CC 锯齿）效果可以将图像以锯齿形状分割开，从而进行图像切换。其应用效果，如图 9-93 所示。

在"时间线"窗口中选择素材图层，执行"效果 > 过渡 >CC Jaws"命令，在"效果控件"面板中展开参数设置，如图 9-94 所示。

图 9-93 　　　　　　　　　　　　　　　　　　图 9-94

下面对 CC Jaws（CC 锯齿）效果的各项属性参数进行详细讲解。
- Completion（完成）：用来调节图像过渡的百分比。
- Center（中心）：用于设置锯齿的中心点位置。
- Direction（方向）：设置锯齿的方向。
- Height（高度）：用于设置锯齿的高度。
- Width（宽度）：用于设置锯齿的宽度。
- Shape（形状）：用于设置锯齿的形状。从右侧的下拉列表中，可以根据需要选择一种形状来进行擦除。

5. CC Light Wipe

CC Light Wipe（CC 光效擦除）效果是通过边缘发光的图形进行擦除。其应用效果，如图 9-95 所示。

在"时间线"窗口中选择素材图层，执行"效果 > 过渡 >CC Light Wipe"命令，在"效果控件"面板中展开参数设置，如图 9-96 所示。

下面对 CC Light Wipe（CC 光效擦除）效果的各项属性参数进行详细讲解。
- Completion（完成）：用来调节图像过渡的百分比。
- Center（中心）：用于设置发光图形的中心点位置。
- Intensity（强度）：用于设置发光的强度数值。
- Shape（形状）：用于设置擦除的形状，可以选择"Doors（门）"、"Round（圆形）"、"Square（正方形）" 3 种形状。
- Direction（方向）：用于调节擦除的方向角度，只有在 Shape（形状）为"Doors（门）"或"Square（正方形）"时才能使用。

- Color from Source（颜色来源）：启用该选项，可以降低发光亮度。
- Color（颜色）：用来调节发光颜色。
- Reverse Transition（反转变换）：可以将发光擦除的黑色区域与图像区域进行转换，使擦除反转。

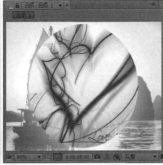

图 9-95

图 9-96

6. CC Line Sweep

CC Line Sweep（CC 直线擦除）效果可以使图像以直线的方式扫描擦除。其应用效果，如图 9-97 所示。

在"时间线"窗口中选择素材图层，执行"效果 > 过渡 > CC Line Sweep"命令，在"效果控件"面板中展开参数设置，如图 9-98 所示。

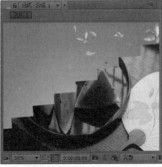

图 9-97

图 9-98

下面对 CC Line Sweep（CC 直线擦除）效果的各项属性参数进行详细讲解。

- Completion（完成）：用来调节画面扫描的百分比。
- Direction（方向）：调节画面扫描的方向。
- Thickness（密度）：用于调节扫描的密度。
- Slant（倾斜）：用于设置扫描画面的倾斜角度。
- Flip Direction（翻转方向）：勾选该选项，可以翻转扫描的方向。

7. CC Radial ScaleWipe

CC Radial ScaleWipe（径向缩放擦除）效果可以在画面中产生一个边缘扭曲的圆孔，通过缩放圆孔的大小来切换画面。其应用效果，如图 9-99 所示。

在"时间线"窗口中选择素材图层，执行"效果 > 过渡 > CC Radial ScaleWipe"命令，在"效果控件"面板中展开参数设置，如图 9-100 所示。

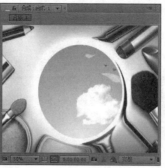

图 9-99　　　　　　　　　　　　　　　　　图 9-100

下面对 CC Radial ScaleWipe（径向缩放擦除）效果的各项属性参数进行详细讲解。
- Completion（完成）：用来设置图像过渡的百分比，值越大，圆孔越大。
- Center（中心）：用于设置圆孔的中心点位置。
- Reverse Transition（反转变换）：勾选该选项，可以使擦除反转。

8. CC Scale Wipe

CC Scale Wipe（CC 拉伸式过渡）效果可以调节拉伸中心点的位置和拉伸方向，从而擦除图像。其应用效果，如图 9-101 所示。

在"时间线"窗口中选择素材图层，执行"效果 > 过渡 >CC Scale Wipe"命令，在"效果控件"面板中展开参数设置，如图 9-102 所示。

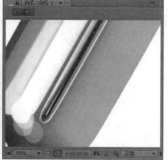

图 9-101　　　　　　　　　　　　　　　　　图 9-102

下面对 CC Scale Wipe（CC 拉伸式过渡）效果的各项属性参数进行详细讲解。
- Stretch（拉伸）：用来调节图像的拉伸幅度，数值越大，拉伸越明显。
- Center（中心）：用于设置拉伸中心点的位置。
- Direction（方向）：用于调节拉伸方向。

9. CC Twister

CC Twister（CC 扭转过渡）效果可以使图像产生扭转变形，从而达到擦除图像的效果。其应用效果，如图 9-103 所示。

在"时间线"窗口中选择素材图层，执行"效果 > 过渡 >CC Twister"命令，在"效果控件"面板中展开参数设置，如图 9-104 所示。

图 9-103   图 9-104

下面对 CC Twister（CC 扭转过渡）效果的各项属性参数进行详细讲解。

- Completion（完成）：用来调节图像扭曲的程度。
- Backside（背面）：在右侧的下拉列表中选择一个图层作为扭曲背面的图像。
- Shading（阴影）：勾选该选项，扭曲的图像将产生阴影。
- Center（中心）：用于设置扭曲图像中心点的位置。
- Axis（坐标轴）：用于调节扭曲的角度。

10．CC WarpoMatic

CC WarpoMatic（CC 变形过渡）效果可以指定显示过渡效果的图层，并调整弯曲变形的程度。其应用效果，如图 9-105 所示。

在"时间线"窗口中选择素材图层，执行"效果>过渡>CC WarpoMatic"命令，在"效果控件"面板中展开参数设置，如图 9-106 所示。

图 9-105   图 9-106

下面对 CC WarpoMatic（CC 变形过渡）效果的各项属性参数进行详细讲解。

- Completion（完成）：用来调节图像过渡的百分比。
- Layer to Reveal（层显示）：用来指定显示效果的图层。
- Reactor（反应器）：可以选择"亮度"、"对比度"、"亮度差"、"位置差"等模式。
- Smoothness（平滑）：用于设置画面的平滑度。
- Warp Amount（变形量）：用于设置变形的数量。
- Warp Direction（变形方向）：用于设置变形的方向。
- Blend Span（混合跨度）：用来设置混合的跨度参数。

11．百叶窗

百叶窗效果可以制作出类似百叶窗的条纹过渡效果。其应用效果，如图 9-107 所示。

在"时间线"窗口中选择素材图层，执行"效果 > 过渡 > 百叶窗"命令，在"效果控件"面板中展开参数设置，如图 9-108 所示。

图 9-107　　　　　　　　　　　　　　　　　图 9-108

下面对百叶窗效果的各项属性参数进行详细讲解。

- 过渡完成：用来调节图像过渡的百分比。
- 方向：用来设置百叶窗条纹的方向。
- 宽度：用来设置百叶窗条纹的宽度。
- 羽化：用来设置百叶窗条纹的羽化程度。

12．光圈擦除

光圈擦除效果是通过调节内外半径产生不同的形状来擦除图像的。其应用效果，如图 9-109 所示。

在"时间线"窗口中选择素材图层，执行"效果 > 过渡 > 光圈擦除"命令，在"效果控件"面板中展开参数设置，如图 9-110 所示。

图 9-109　　　　　　　　　　　　　　　　　图 9-110

下面对光圈擦除效果的各项属性参数进行详细讲解。

- 光圈中心：设置擦除形状的中心位置。
- 点光圈：用于调节擦除的多边形形状。
- 外径：设置外半径数值，调节擦除图形的大小。
- 内径：设置内半径数值，在勾选"使用内径"选项时才能使用。

- 旋转：用于设置多边形旋转的角度。
- 羽化：用于调节多边形的羽化程度。

13. 渐变擦除

渐变擦除效果是通过对比两个层的亮度值进行擦除的，其中作为参考的那个层称为"渐变层"。其应用效果，如图 9-111 所示。

在"时间线"窗口中选择素材图层，执行"效果 > 过渡 > 渐变擦除"命令，在"效果控件"面板中展开参数设置，如图 9-112 所示。

图 9-111   图 9-112

下面对渐变擦除效果的各项属性参数进行详细讲解。

- 过渡完成：用于调节渐变擦除过渡完成的百分比。
- 过渡柔和度：用于设置过渡边缘的柔化程度。
- 渐变图层：用于指定一个渐变层。
- 渐变位置：用于设置渐变层的放置方式，包括"拼贴渐变"、"中心渐变"、"伸缩渐变以适合" 3 种方式。
- 反转渐变：渐变层反向，使亮度参考相反。

14. 径向擦除

径向擦除效果是通过径向旋转来擦除画面的。其应用效果，如图 9-113 所示。

在"时间线"窗口中选择素材图层，执行"效果 > 过渡 > 径向擦除"命令，在"效果控件"面板中展开参数设置，如图 9-114 所示。

图 9-113   图 9-114

下面对径向擦除效果的各项属性参数进行详细讲解。

- 过渡完成：用于调节径向擦除过渡完成的百分比。
- 起始角度：用于设置径向擦除区域的角度。
- 擦除中心：用于调节扫画区域的中心点位置。
- 擦除：可以选择擦除的方式，包括"顺时针"、"逆时针"、"两者兼有"3 种方式。
- 羽化：用于调节扫画区域的羽化程度。

15. 卡片擦除

卡片擦除效果是把图像拆分成若干小卡片来完成擦除过渡的效果。其应用效果，如图 9-115 所示。

在"时间线"窗口中选择素材图层，执行"效果 > 过渡 > 卡片擦除"命令，在"效果控件"面板中展开参数设置，如图 9-116 所示。

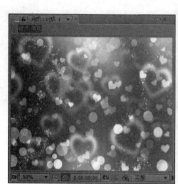
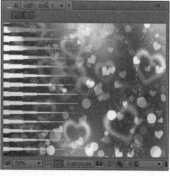

图 9-115　　　　　　　　　　　　　　图 9-116

下面对卡片擦除效果的各项属性参数进行详细讲解。

- 过渡完成：用于调节卡片擦除过渡完成的百分比。
- 过渡宽度：用于调节图像的切换面积。
- 背面图层：指定切换图像的背面显示图层。
- 行数和列数：可以选择"独立"和"列数受行数控制"两种模式。
- 行数：设置行的数量。
- 列数：设置列的数量。
- 卡片缩放：用于设置卡片的缩放比例。
- 翻转轴：设置卡片翻转的轴向，可以选择"X"、"Y"、"随机"3 种轴线模式。
- 翻转方向：设置卡片翻转的方向，可以选择"正向"、"反向"和"随机"选项。
- 翻转顺序：设置翻转的顺序，可以选择"从左到右"、"从右到左"、"自上而下"等方式。
- 渐变图层：用于指定渐变的图层。
- 随机时间：用于设置随机时间的数值。
- 随机植入：设置随机种子的数值。
- 摄像机位置：用于调节摄像机的位置。
- 灯光：用于设置灯光的类型、强度、颜色等属性。

- 材质：用于调节画面的材质参数。
- 位置抖动：设置在卡片的原位置上发生抖动，调节 X 轴、Y 轴和 Z 轴的数量与速度数值。
- 旋转抖动：设置卡片在原角度上发生抖动，调节 X 轴、Y 轴和 Z 轴的数量与速度数值。

16. 块溶解

块溶解效果是在画面中产生无数的板块或小点，以达到溶解图像的目的。其应用效果，如图 9-117 所示。

在"时间线"窗口中选择素材图层，执行"效果 > 过渡 > 块溶解"命令，在"效果控件"面板中展开参数设置，如图 9-118 所示。

图 9-117

图 9-118

下面对块溶解效果的各项属性参数进行详细讲解。

- 过渡完成：用于调节块溶解过渡完成的百分比。
- 块宽度：用于设置板块的宽度。
- 块高度：用于设置板块的高度。
- 羽化：用于调节图像的羽化程度。
- 柔化边缘（最佳品质）：勾选柔化边缘时，板块边缘更加柔和。

17. 线性擦除

线性擦除效果可以选定一个角度，然后沿着这个方向进行擦除过渡画面。其应用效果，如图 9-119 所示。

在"时间线"窗口中选择素材图层，执行"效果 > 过渡 > 线性擦除"命令，在"效果控件"面板中展开参数设置，如图 9-120 所示。

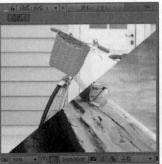

图 9-119

图 9-120

下面对线性擦除效果的各项属性参数进行详细讲解。

- 过渡完成：用于调节线性擦除过渡完成的百分比。
- 擦除角度：用于设置要擦除的直线角度。
- 羽化：设置擦除边缘的羽化程度。

9.2.5 过时

过时效果组为淘汰效果组，保留这组命令是为了兼容以前版本的工程文件，该效果组中所包含的 4 个效果（基本 3D、基本文字、路径文本、闪光）都是之前版本中存在的，不会再有较大的更新。

1. 基本 3D

基本 3D 效果用于创建虚拟的三维空间效果，让画面具有三维空间的运动属性，如旋转、倾斜、水平或垂直移动。其应用效果，如图 9-121 所示。

在"时间线"窗口中选择素材图层，执行"效果 > 过时 > 基本 3D"命令，在"效果控件"面板中展开参数设置，如图 9-122 所示。

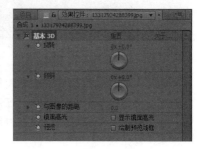

图 9-121   图 9-122

下面对基本 3D 效果的各项属性参数进行详细讲解。

- 旋转：用来调节画面在水平方向上的旋转角度。
- 倾斜：用来调节画面在垂直方向上的旋转角度。
- 与图像的距离：用来设置图像的纵深距离。
- 镜面高光：勾选"显示镜面高光"复选框，可以在画面中自动生成一束光线。
- 预览：勾选"绘制预览线框"选项后，在预览时只显示线框，以便节约资源，提高计算机的运行速度，该命令只有在草稿质量时起作用。

2. 基本文字

基本文字效果主要用来创建比较规整的文字，可以在输入文字窗口中设置文字的大小、颜色，以及文字间距等。其应用效果，如图 9-123 所示。

在"时间线"窗口中选择素材图层，执行"效果 > 过时 > 基本文字"命令，在"效果控件"面板中展开参数设置，如图 9-124 和图 9-125 所示。

下面对基本文字效果的各项属性参数进行详细讲解。

- 字体：设置文字的字体，从下拉列表中可以任意选择一种字体。
- 样式：设置文字的风格。

图 9-123

图 9-124

图 9-125

- 方向：设置文字的排列方向，"水平"或"垂直"。
- 对齐方式：可以选择"左对齐"、"居中对齐"、"右对齐"3 种对齐方式。
- 位置：用来调整文字在画面中的位置。
- 显示选项：用来设置文字的颜色和描边的显示方式，包括"仅填充"、"仅描边"、"在描边上填充"和"在填充上描边"4 种方式。
- 填充颜色：用来设置文字的填充色。
- 描边颜色：用来设置文字的描边颜色。
- 描边宽度：用来设置描边的粗细。
- 大小：调节文字的大小数值。
- 字符间距：用来设置文字间距。
- 行距：用来调整行与行之间的距离。
- 在原始图像上合成：将文本合成到原始素材层上。

3. 路径文本

路径文本效果主要是通过创建一条路径，让文字沿路径运动。其应用效果，如图 9-126 所示。

在"时间线"窗口中选择素材图层，执行"效果 > 过时 > 路径文本"命令，在"效果控件"面板中展开参数设置，如图 9-127 和图 9-128 所示。

下面对路径文本效果的各项属性参数进行详细讲解。

- 信息：用来显示字体的类型、文字的长度和路径的长度信息。
- 路径选项：可以设置路径的形状类型和控制点位置，包括"贝塞尔曲线"、"圆形"、"循环"、"线"4 种形式。

图 9-126

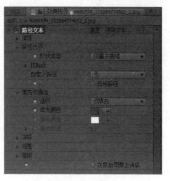

图 9-127 图 9-128

- 填充和描边：用来设置文字的填充颜色和描边颜色。
- 字符：用来设置文字的"字体大小"、"字符间距"、"方向"等字符属性。
- 段落：用来设置文字的段落属性，如"对齐方式"、"左边距"、"右边距"、"行距"、"基线偏移"。
- 高级：用来设置文字的高级属性，如"可视字符"、"淡化时间"、"抖动设置"。
- 在原始图像上合成：用来设置与原始图像合成，勾选该选项即显示原图像。

4．闪光

闪光效果可以在画面中添加光束，模拟较真实的闪电效果。其应用效果，如图 9-129 所示。

图 9-129

在"时间线"窗口中选择素材图层，执行"效果 > 过时 > 闪光"命令，在"效果控件"面板中展开参数设置，如图 9-130 所示。

图 9-130

下面对闪光效果的各项属性参数进行详细讲解。

- 起始点：用来设置闪电的开始位置。
- 结束点：用来设置闪电的结束位置。
- 区段：设置闪电的分段数，分段越多闪电越波折。
- 振幅：设置闪电的振幅数值。
- 细节级别：设置闪电的分支级别。
- 细节振幅：设置闪电分支线条的振幅数值。
- 设置分支：设置闪电分支数量。
- 再分支：设置闪电二次分支的数量。
- 分支角度：设置分支线段的角度。
- 分支线段长度：用于调节分支线段的长度数值。
- 分支线段：用于设置分支的段数。
- 分支宽度：用于设置分支的宽度。
- 速度：设置闪电的闪动速度。
- 稳定性：设置闪电变化的稳定程度，数值越小，越稳定，数值越大，闪电变化越剧烈。
- 固定端点：勾选该选项，可以固定闪电的结束点。
- 宽度：设置闪电线条的粗细。
- 宽度变化：设置闪电粗细变化的数值。
- 核心宽度：设置闪电主干线段的粗细。
- 外部颜色：设置闪电外部描边的颜色。
- 内部颜色：设置闪电内部主干的颜色。
- 拉力：设置闪电波动方向的拉力大小。
- 拉力方向：设置闪电拉力的方向。
- 随机植入：设置闪电的随机数值。
- 混合模式：设置闪电与原始图像的混合模式。
- 模拟：勾选"在每一帧处重新运行"选项，再运行一次。

9.2.6 模糊和锐化

模糊和锐化效果可以设置图像的模糊和锐化，其中包括：CC Cross Blur（CC 交叉模糊）、CC Radial Blur（CC 螺旋模糊）、CC Radial Fast Blur（CC 快速模糊）、CC Vector Blur（CC 向量区域模糊）、定向模糊、钝化蒙版、方框模糊、复合模糊、高斯模糊、减少交错闪烁、径向模糊、快速模糊、锐化、摄像机镜头模糊、双向模糊、通道模糊、智能模糊等效果。

1. CC Cross Blur（CC 交叉模糊）

CC Cross Blur（CC 交叉模糊）效果可以沿 X 轴或 Y 轴方向对素材图像进行交叉模糊处理。其应用效果，如图 9-131 所示。

在"时间线"窗口中选择素材图层，执行"效果 > 模糊和锐化 >CC Cross Blur"命令，在"效果控件"面板中展开参数设置,如图 9-132 所示。

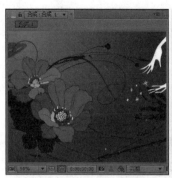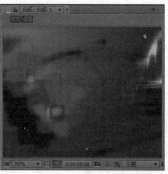

图 9-131 图 9-132

下面对 CC Cross Blur(CC 交叉模糊)效果的各项属性参数进行详细讲解。

- RadiusX(X 轴半径):设置 X 轴的半径。
- RadiusY(Y 轴半径):设置 Y 轴的半径。
- Transfer Mode(传输模式):可以在右侧的下拉列表中指定传输的混合模式。

2. CC Radial Blur(CC 螺旋模糊)

CC Radial Blur(CC 螺旋模糊)效果是通过在素材图像上指定一个中心点,并沿着该点产生螺旋状的模糊效果。其应用效果,如图 9-133 所示。

在"时间线"窗口中选择素材图层,执行"效果 > 模糊和锐化 >CC Radial Blur"命令,在"效果控件"面板中展开参数设置,如图 9-134 所示。

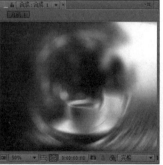

图 9-133 图 9-134

下面对 CC Radial Blur(CC 螺旋模糊)效果的各项属性参数进行详细讲解。

- Type(模糊方式):用来指定模糊的方式。在右侧的下拉列表中可以选择"StraightZoom(直线放射)"、"Fading Zoom(变焦放射)"、"Centered(居中)"、"Rotate(旋转)"和"Scratch(刮)"选项。
- Amount(数量):用于设置图像旋转层数。
- Quality(质量):用于设置模糊的程度,值越大,图像越模糊。
- Center(模糊中心):用来调节模糊中心点的位置。

3. CC Radial Fast Blur(CC 快速模糊)

CC Radial Fast Blur(CC 快速模糊)效果可以在画面中产生快速变焦的模糊效果。其应用效果，如图 9-135 所示。

在"时间线"窗口中选择素材图层，执行"效果 > 模糊和锐化 >CC Radial Fast Blur"命令，在"效果控件"面板中展开参数设置，如图 9-136 所示。

图 9-135   图 9-136

下面对 CC Radial Fast Blur（CC 快速模糊）效果的各项属性参数进行详细讲解。

- Center（模糊中心）：用于设置模糊的中心点位置。
- Amount（数量）：用于调节模糊程度，值越大图像越模糊。
- Zoom（爆炸叠加方式）：用于设置模糊叠加的方式，包括"Standard（标准）"、"Brightest（变亮）"和"Darkest（变暗）"。

4．CC Vector Blur（CC 向量区域模糊）

CC Vector Blur（CC 向量区域模糊）效果可以在画面中产生水纹交融的模糊效果。其应用效果，如图 9-137 所示。

在"时间线"窗口中选择素材图层，执行"效果 > 模糊和锐化 >CC Vector Blur"命令，在"效果控件"面板中展开参数设置，如图 9-138 所示。

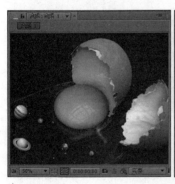 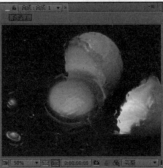

图 9-137   图 9-138

下面对 CC Vector Blur（CC 向量区域模糊）效果的各项属性参数进行详细讲解。

- Type（模糊方式）：用来指定模糊的方式。在右侧的下拉列表中可以选择"Natural（自然）"、"Constant Length（固定长度）"、"Perpendicular（垂直）"、"Direction Center（方向中心）"和"Direction Fading（方向衰减）"5 种方式。
- Amount（数量）：用于调节模糊程度，值越大图像越模糊。
- Angle Offset（角度偏移）：用于设置模糊的偏移角度。

- Ridge Smoothness（脊线平滑）：用于设置模糊的平滑程度。
- Vector Map（矢量图）：用来指定模糊的图层。
- Property（属性）：用于设置通道的方式，在右侧的下拉列表中可以选择任何一种通道方式。
- Map Softness（柔化图像）：用于设置图像的柔化程度，值越大图像越柔和。

5. 定向模糊

定向模糊效果可以使图像产生运动幻觉的效果。其应用效果，如图 9-139 所示。

在"时间线"窗口中选择素材图层，执行"效果 > 模糊和锐化 > 定向模糊"命令，在"效果控件"面板中展开参数设置，如图 9-140 所示。

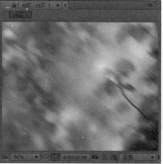

图 9-139

图 9-140

下面对定向模糊效果的各项属性参数进行详细讲解。

- 方向：用于设置图像的模糊方向。
- 模糊长度：用于设置图像的模糊强度，值越大图像越模糊。

6. 钝化蒙版

钝化蒙版效果可以通过增强色彩或亮度像素边缘对比度，来提高图像整体对比度。其应用效果，如图 9-141 所示。

在"时间线"窗口中选择素材图层，执行"效果 > 模糊和锐化 > 钝化蒙版"命令，在"效果控件"面板中展开参数设置，如图 9-142 所示。

图 9-141

图 9-142

下面对钝化蒙版效果的各项属性参数进行详细讲解。

- 数量：用于设置图像的锐化程度。

- 半径：用于调节像素的范围。
- 阈值：用于指定边界的容差度，调整图像的对比范围，避免产生杂点。

7. 方框模糊

方框模糊效果是以临近像素颜色的平均值为基准，在模糊的图像四周形成一个方框状边缘。其应用效果，如图 9-143 所示。

在"时间线"窗口中选择素材图层，执行"效果 > 模糊和锐化 > 方框模糊"命令，在"效果控件"面板中展开参数设置，如图 9-144 所示。

图 9-143   图 9-144

下面对方框模糊效果的各项属性参数进行详细讲解。

- 模糊半径：用来设置图像的模糊半径。
- 迭代：用来控制图像模糊的质量。
- 模糊方向：用来设置图像的模糊方向，从右侧的下拉列表中可以选择"水平和垂直"、"水平"、"垂直"3 种方式。
- 重复边缘像素：可以使画面的边缘清晰显示。

8. 复合模糊

复合模糊效果是依据参考层画面的亮度值对效果层的像素进行模糊处理。其应用效果，如图 9-145 所示。

在"时间线"窗口中选择素材图层，执行"效果 > 模糊和锐化 > 复合模糊"命令，在"效果控件"面板中展开参数设置，如图 9-146 所示。

图 9-145   图 9-146

下面对复合模糊效果的各项属性参数进行详细讲解。

- 模糊图层：用来指定模糊的参考图层。
- 最大模糊：用来设置图层的模糊强度。
- 如果图层大小不同：用来设置图层的大小匹配方式。
- 反转模糊：将模糊效果进行反转。

9．高斯模糊

高斯模糊效果可以用于模糊和柔化图像，去除画面中的杂点。其应用效果，如图9-147所示。

在"时间线"窗口中选择素材图层，执行"效果 > 模糊和锐化 > 高斯模糊"命令，在"效果控件"面板中展开参数设置，如图9-148所示。

图 9-147   图 9-148

下面对高斯模糊效果的各项属性参数进行详细讲解。

- 模糊度：用于设置模糊的程度。
- 模糊方向：用于调节模糊的方向，包括"水平和垂直"、"水平"、"垂直"3个方向模式。

10．减少交错闪烁

减少交错闪烁效果使用在交错媒体上，以减少高纵向频率来使图像更稳定，该效果可以添加纵向的模糊来柔化水平边界以减少闪烁。其应用效果，如图9-149所示。

在"时间线"窗口中选择素材图层，执行"效果 > 模糊和锐化 > 减少交错闪烁"命令，在"效果控件"面板中展开参数设置，如图9-150所示。

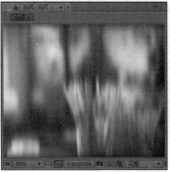

图 9-149   图 9-150

下面对减少交错闪烁效果的各项属性参数进行详细讲解。

- 柔和度：用于减少交错闪烁的柔和程度。

11. 径向模糊

径向模糊效果是围绕一个中心点产生模糊的效果，可以模拟镜头的推拉和旋转效果。其应用效果，如图 9-151 所示。

在"时间线"窗口中选择素材图层，执行"效果 > 模糊和锐化 > 径向模糊"命令，在"效果控件"面板中展开参数设置，如图 9-152 所示。

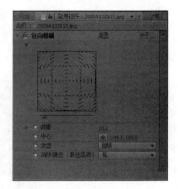

图 9-151　　　　　　　　　　　　　　　　图 9-152

下面对径向模糊效果的各项属性参数进行详细讲解。

- 数量：用于调节径向模糊的强度。
- 中心：设置径向模糊的中心位置。
- 典型：用于设置径向模糊的样式，从右侧的下拉列表中可以选择"旋转"和"缩放"两种样式。
- 消除锯齿（最佳品质）：用于调节画面图像的质量。

12. 快速模糊

快速模糊效果主要用在需要模糊面积比较大时，使用该特效对图像进行模糊应用速度较快。其应用效果，如图 9-153 所示。

在"时间线"窗口中选择素材图层，执行"效果 > 模糊和锐化 > 快速模糊"命令，在"效果控件"面板中展开参数设置，如图 9-154 所示。

图 9-153　　　　　　　　　　　　　　　　图 9-154

下面对快速模糊效果的各项属性参数进行详细讲解。

- 模糊度：用于设置模糊的程度。
- 模糊方向：用于设置模糊的方向，包括"水平和垂直"、"水平"、"垂直"3 个方向模式。
- 重置边缘像素：选中该选项时，可以使图像边缘变清晰。

13. 锐化

锐化效果可以提高素材图像边缘的对比度，使画面变得更加锐利、清晰。其应用效果，如图 9-155 所示。

在"时间线"窗口中选择素材图层，执行"效果 > 模糊和锐化 > 锐化"命令，在"效果控件"面板中展开参数设置，如图 9-156 所示。

图 9-155

图 9-156

下面对锐化效果的各项属性参数进行详细讲解。

- 锐化量：用于调节锐化的程度。

14. 摄像机镜头模糊

摄像机镜头模糊效果可以用来模拟不在摄像机聚焦平面内的物体的模糊效果。其应用效果，如图 9-157 所示。

在"时间线"窗口中选择素材图层，执行"效果 > 模糊和锐化 > 摄像机镜头模糊"命令，在"效果控件"面板中展开参数设置，如图 9-158 所示。

图 9-157

图 9-158

下面对摄像机镜头模糊效果的各项属性参数进行详细讲解。

- 模糊半径：用于设置模糊半径的数值。
- 光圈属性：该选项用于控制镜头光圈的属性，如"形状"、"圆度"、"长宽比"、"旋转"等。

- 形状：用于控制摄像机镜头的形状，从右侧的下拉列表中可以选择"三角形"、"正方形"、"五边形"、"六边形"等 8 种形状。
- 圆度：设置镜头的圆滑程度。
- 长宽比：用于设置镜头画面的长宽比。
- 旋转：控制镜头模糊的旋转角度。
- 衍射条纹：用于设置镜头模糊衍射条纹的数量。
- 模糊图：该选项用于设置模糊贴图的属性。
- 图层：用于指定镜头模糊的参考图层。
- 声道：设置模糊图像的图层通道，包括"明亮度"、"红色"、"绿色"、"蓝色"、"Alpha"5 种通道。
- 位置：用于指定模糊图像的位置。包括"居中"和"拉伸图以适合"两种位置方式。
- 模糊焦距：用于设置模糊图像焦点的距离。
- 反转模糊图：用于反转图像的焦点。
- 高光：该选项主要用于控制模糊的高亮部分属性。
- 增益：用于增加图像高亮部分的亮度。
- 阈值：用于设置图像的容差值。
- 饱和度：用于设置模糊图像的饱和度。
- 边缘特性：用于设置模糊边缘的属性，勾选"重复边缘像素"选项可以让图像边缘保持清晰。
- 使用"线性"工作空间：勾选该选项时，可以运行使用线性的工作空间。

15. 双向模糊

双向模糊效果可以在保留图像边缘和细节的情况下，自动把对比度较低的区域进行选择性模糊。其应用效果，如图 9-159 所示。

在"时间线"窗口中选择素材图层，执行"效果 > 模糊和锐化 > 双向模糊"命令，在"效果控件"面板中展开参数设置，如图 9-160 所示。

图 9-159

图 9-160

下面对双向模糊效果的各项属性参数进行详细讲解。

- 半径：用于调节模糊的半径数值。
- 阈值：用于设置模糊的容差值。
- 彩色化：用于设置图像的色彩化，勾选该选项图像为彩色模式，不勾选则图像变为黑白模式。

16．通道模糊

通道模糊效果可以分别对图像中的红色、绿色、蓝色和 Alpha 通道进行模糊。其应用效果，如图 9-161 所示。

在"时间线"窗口中选择素材图层，执行"效果 > 模糊和锐化 > 通道模糊"命令，在"效果控件"面板中展开参数设置，如图 9-162 所示。

图 9-161　　　　　　　　　　　　　　　　　　图 9-162

下面对通道模糊效果的各项属性参数进行详细讲解。

- 红色模糊度：用于设置图像红色通道的模糊强度。
- 绿色模糊度：用于设置图像绿色通道的模糊强度。
- 蓝色模糊度：用于设置图像蓝色通道的模糊强度。
- Alpha 模糊度：用于设置图像 Alpha 通道的模糊强度。
- 边缘特性：用于设置图像边缘模糊的重复值，勾选"重复边缘像素"选项可以使图像边缘变清晰。
- 模糊方向：用于设置图像的模糊方向，从右侧的下拉列表中可以选择"水平和垂直"、"水平"、"垂直" 3 种方式。

17．智能模糊

智能模糊效果能够选择图像中的部分区域进行模糊处理，对比较强的区域保持清晰，对比较弱的区域进行模糊。其应用效果，如图 9-163 所示。

在"时间线"窗口中选择素材图层，执行"效果 > 模糊和锐化 > 智能模糊"命令，在"效果控件"面板中展开参数设置，如图 9-164 所示。

图 9-163　　　　　　　　　　　　　　　　　　图 9-164

下面对智能模糊效果的各项属性参数进行详细讲解。

- 半径：用于设置智能模糊的半径。
- 阈值：设置模糊的容差值。
- 模式：设置智能模糊的模式，包括"正常"、"仅限边缘"、"叠加边缘"3 种模式。

9.2.7 模拟

模拟效果组可以模拟各种符合自然规律的粒子运动效果，如下雨、波纹、破碎、泡沫等。

1．CC Ball Action（CC 小球运动）

CC Ball Action（CC 小球运动）效果可以在画面图像中生成若干小球。其应用效果，如图 9-165 所示。

在"时间线"窗口中选择素材图层，执行"效果 > 模拟 >CC Ball Action"命令，在"效果 控件"面板中展开参数设置，如图 9-166 所示。

图 9-165　　　　　　　　　　　　　　　　　图 9-166

下面对 CC Ball Action（CC 小球运动）效果的各项属性参数进行详细讲解。

- Scatter（分散）：设置小球间的分散距离和景深效果。
- Rotation Axis（旋转轴向）：用于指定旋转的轴向。
- Rotation（旋转）：用于设置旋转的度数。
- Twist Property（扭曲属性）：用于设置扭曲的轴向属性。
- Twist Angle（扭曲角度）：设置图像沿扭曲轴向扭转的角度。
- Grid Spacing（网格间距）：用于设置网格的间距大小。
- Ball Size（小球大小）：用于设置小球的大小。
- Instability State（不稳定状态）：用于设置不稳定的角度。

2．CC Bubbles（CC 气泡）

CC Bubbles（CC 气泡）效果可以模拟飘动上升的气泡效果。其应用效果，如图 9-167 所示。

在"时间线"窗口中选择素材图层，执行"效果 > 模拟 >CC Bubbles"命令，在"效果控件" 面板中展开参数设置，如图 9-168 所示。

下面对 CC Bubbles（CC 气泡）效果的各项属性参数进行详细讲解。

- Bubbles Amount（气泡数量）：用于设置气泡的数量。
- Bubbles Speed（气泡速度）：用于设置气泡的上升速度。
- Wobble Amplitude（晃动振幅）：设置气泡上升时左右晃动的幅度。

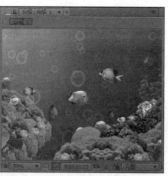

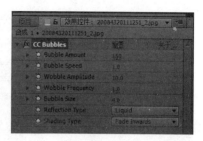

图 9-167   图 9-168

- Wobble Frequency（晃动频率）：用于设置气泡的晃动频率。
- Bubbles Size（气泡大小）：用于设置气泡的大小。
- Reflection Type（反射类型）：可以在右侧的下拉列表中选择反射的类型。
- Shading Type（着色类型）：用于设置着色的类型。

3. CC Drizzle（CC 水面落雨）

CC Drizzle（CC 水面落雨）效果用于模拟雨滴降落至水面时产生的波纹涟漪效果。其应用效果，如图 9-169 所示。

在"时间线"窗口中选择素材图层，执行"效果 > 模拟 > CC Drizzle"命令，在"效果控件"面板中展开参数设置，如图 9-170 所示。

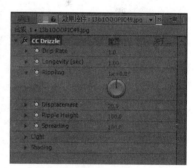

图 9-169   图 9-170

下面对 CC Drizzle（CC 水面落雨）效果的各项属性参数进行详细讲解。

- Drip Rate（滴速）：设置雨滴的速度。
- Longevity（寿命）：设置雨滴的寿命。
- Rippling（涟漪）：用于设置涟漪的圈数。
- Displacement（排量）：设置涟漪的排量大小。
- Ripple Height（波纹高度）：用于设置波纹的高度。
- Spreading（传播）：设置涟漪的传播速度。
- Light（灯光）：用于设置灯光的强度、颜色、类型及角度等属性。
- Shading（阴影）：设置涟漪的阴影属性。

4. CC Hair（CC 毛发）

CC Hair（CC 毛发）效果可以模拟毛发质感的显示效果。其应用效果，如图 9-171 所示。

在"时间线"窗口中选择素材图层，执行"效果 > 模拟 >CC Hair"命令，在"效果控件"面板中展开参数设置，如图 9-172 所示。

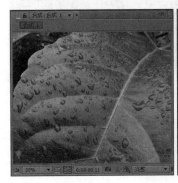

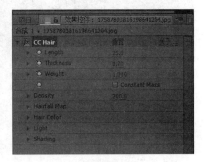

图 9-171   图 9-172

下面对 CC Hair（CC 毛发）效果的各项属性参数进行详细讲解。

- Length（长度）：用于设置毛发的长度。
- Thickness（厚度）：用于设置毛发的厚度。
- Weight（重力）：用于设置毛发的重力。
- Constant Mass（恒定量）：勾选该选项开启恒定量。
- Density（密度）：设置毛发的疏密程度。
- Hairfall Map（毛发贴图）：设置毛发的贴图属性。
- Map Strength（映射强度）：用于设置贴图映射的强度。
- Map Layer（贴图层）：用于指定贴图图层。
- Map Property（贴图属性）：用于设置贴图层的属性。
- Map Softness（贴图柔化度）：用于设置贴图层的柔化程度。
- Add Noise（增加噪波）：用于设置增加噪波的百分比。
- Hair Color（毛发颜色）：设置毛发的颜色、不透明度等属性。
- Light（灯光）：用于设置毛发的照射灯光高度和方向属性。
- Shading（阴影）：用于设置毛发的阴影属性。

5. CC Mr Mercury（CC 模仿水银流动）

CC Mr Mercury（CC 模仿水银流动）效果可以模拟水银流动的效果。其应用效果，如图 9-173 所示。

在"时间线"窗口中选择素材图层，执行"效果 > 模拟 > CC Hair"命令，在"效果控件"面板中展开参数设置，如图 9-174 所示。

下面对 CC Mr Mercury（CC 模仿水银流动）效果的各项属性参数进行详细讲解。

- Radius X（X 轴半径）：用于设置 X 轴的半径。
- Radius Y（Y 轴半径）：用于设置 Y 轴的半径。
- Producer（制作）：用于设置水银效果生成的起始位置。
- Direction（方向）：设置水银流动的方向。

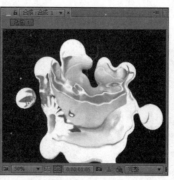

图 9-173

图 9-174

- Velocity（速度）：用于设置水银流动的速度。
- Birth Rate（出生率）：设置出生率数值。
- Longevity（sec）（寿命）：用于设置水银流动的寿命。
- Gravity（重力）：设置水银的重力大小。
- Resistance（阻力）：设置水银流动所受的阻力大小。
- Extra（附加）：用于设置附加的量。
- Animation（动画）：用于设置水银流动的动画类型。
- Blob Influence（斑点影响）：设置斑点的影响范围。
- Influence Map（影响映射）：设置影响的类型。
- Blob Birth Size（斑点出生大小）：用于设置斑点出生时的大小。
- Blob Death Size（斑点死亡大小）：用于设置斑点消亡时的大小。
- Light（灯光）：用于设置灯光的强度、颜色、类型、方向等属性。
- Shading（阴影）：用于设置水银流动的阴影属性。

6．CC Particle SystemsII（CC 粒子系统 II）

CC Particle SystemsII（CC 粒子系统 II）主要用于模拟二维粒子运动的效果，在制作数字星空背景、燃放的烟花、五彩缤纷的星星，以及镜头粒子效果的过程中非常实用。其应用效果，如图 9-175 所示。

在"时间线"窗口中选择素材图层，执行"效果 > 模拟 >CC Particle SystemsII"命令，在"效果控件"面板中展开参数设置，如图 9-176 所示。

下面对 CC Particle SystemsII（CC 粒子系统 II）效果的各项属性参数进行详细讲解。

- Birth Rate（出生率）：设置粒子的出生率数值。
- Longevity（sec）（寿命）：用于设置粒子的寿命。
- Producer（产生）：用于设置粒子产生时的位置和半径属性。
- Physics（物理）：用于设置粒子的物理属性。
- Animation（动画）：用于设置粒子动画的类型。

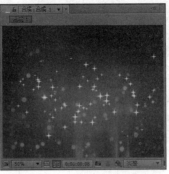

图 9-175   图 9-176

- Velocity（速度）：用于设置粒子运动时的速度。
- Inherit Velocity%（继承速度 %）：用于设置粒子的继承速度。
- Gravity（重力）：用于设置粒子所受的重力大小。
- Resistance（阻力）：设置粒子运动时所受的阻力大小。
- Direction（方向）：设置粒子的发射方向。
- Extra（附加）：用于设置附加的量。
- Particle（粒子）：用于设置粒子的类型和颜色等属性。
- Particle Type（粒子类型）：从右侧的下拉列表中选择粒子的类型。
- Birth Size（出生尺寸）：设置粒子刚产生时的大小。
- Death Size（消亡尺寸）：设置粒子消亡时的大小。
- Size Variation（大小变化）：设置粒子的大小变量。
- Opacity Map（不透明度贴图）：从右侧的下拉列表中选择不透明度贴图类型。
- Max Opacity（最大透明度）：用于设置粒子的最大透明度。
- Source Alpha Inheritance（源 Alpha 继承）：设置源 Alpha 通道的继承。
- Color Map（颜色贴图）：用于设置粒子的颜色贴图类型。
- Birth Color（出生颜色）：用于设置粒子产生时的颜色。
- Death Color（死亡颜色）：用于设置粒子消亡时的颜色。
- Transfer Mode（传输模式）：从右侧的下拉列表中指定粒子的传输模式。
- Random Seed（随机种子）：用于设置粒子的随机种子数量。

7. CC Particle World（CC 粒子世界）

CC Particle World（CC 粒子世界）效果可以用于模拟三维空间中的粒子特效制作，例如，制作火花、气泡和星光等效果。其应用效果，如图 9-177 所示。

在"时间线"窗口中选择素材图层，执行"效果 > 模拟 >CC Particle World"命令，在"效果控件"面板中展开参数设置，如图 9-178 所示。

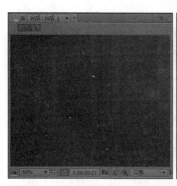

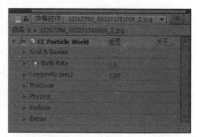

图 9-177　　　　　　　　　　　　　　　　　图 9-178

下面对 CC Particle World（CC 粒子世界）效果的各项属性参数进行详细讲解。

- Grid&Guides（网格向导）：用于显示或隐藏"位移参考"、"粒子发射半径参考"、"路径参考"向导。
- Birth Rate（出生率）：设置粒子的出生率。
- Longevity（sec）（寿命）：用于设置粒子的寿命。
- Producer（产生）：用于设置粒子产生时的位置和半径。
- Physics（物理）：用于设置粒子的物理属性。
- Particle（粒子）：用于设置粒子的类型和颜色等属性。
- Extras（附加）：用于设置附加的参数，如摄像机效果、立体深度、灯光照射方向和随机种子等。

8．CC Pixel Polly（CC 像素多边形）

CC Pixel Polly（CC 像素多边形）是制作碎块效果的粒子特效，可以使画面图像变成很多碎块并以不同的角度抛射移动。其应用效果，如图 9-179 所示。

在"时间线"窗口中选择素材图层，执行"效果 > 模拟 >CC Pixel Polly"命令，在"效果控件"面板中展开参数设置，如图 9-180 所示。

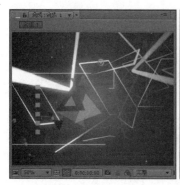
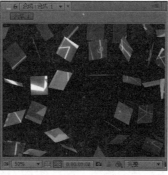

图 9-179　　　　　　　　　　　　　　　　　图 9-180

下面对 CC Pixel Polly（CC 像素多边形）效果的各项属性参数进行详细讲解。

- Force（强度）：设置碎块爆破的强度。
- Gravity（重力）：设置碎块的重力。
- Spinning（转动）：设置碎块转动的角度。

- Force Center（强度中心）：设置爆破强度的中心位置。
- Direction Randomness（方向随机）：用于设置碎块方向随机的百分比。
- Speed Randomness（速度随机）：用于设置碎块速度随机的百分比。
- Grid Spacing（网格间距）：用于设置碎块的间距。
- Object（物体）：在右侧的下拉列表中可以选择碎块的物体类型。
- Enable Depth Sort（启用深度排序）：勾选该选项启用深度排序。
- Start Time（sec）（开始时间）：用于设置爆破开始的时间，单位为"秒"。

9. CC Rainfall（CC 下雨）

CC Rainfall（CC 下雨）效果主要用于模拟真实的下雨效果。其应用效果，如图 9-181 所示。

在"时间线"窗口中选择素材图层，执行"效果 > 模拟 >CC Pixel Polly"命令，在"效果控件"面板中展开参数设置，如图 9-182 所示。

图 9-181   图 9-182

下面对 CC Rainfall（CC 下雨）效果的各项属性参数进行详细讲解。

- Drops（降落）：用于设置降落的雨滴数量。
- Size（尺寸）：设置雨滴的尺寸。
- Scene Depth（景深）：设置雨滴的景深效果。
- Speed（速度）：用于调节雨滴的降落速度。
- Wind（风向）：用于调节雨的风向。
- Variation%（Wind）：用于设置风向变化的百分比。
- Spread（散布）：设置雨的散布程度。
- Color（颜色）：设置雨滴的颜色。
- Opacity（不透明度）：用于设置雨滴的不透明度。
- Background Reflection（背景反射）：用于设置背景对雨的反射属性，如背景反射的影响、散布宽度和散布高度。
- Transfer Mode（传输模式）：从右侧的下拉列表中可以选择传输的模式。
- Composite With Original（与原始图像混合）：勾选该选项，显示背景图像，否则只在画面中显示雨滴。
- Extras（附加）：设置附加的显示、偏移、随机种子等属性。

10. CC Scatterize（CC 发散粒子化）

CC Scatterize（CC 发散粒子化）效果可以把素材图像以粒子的形式显示，类似于溶解混合模式的点状效果，还可以设置图像的扭曲程度。其应用效果，如图 9-183 所示。

在"时间线"窗口中选择素材图层，执行"效果 > 模拟 >CC Scatterize"命令，在"效果控件"面板中展开参数设置，如图 9-184 所示。

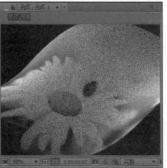

图 9-183　　　　　　　　　　　　　　　　　　图 9-184

下面对 CC Scatterize（CC 发散粒子化）效果的各项属性参数进行详细讲解。

- Scatter（分散）：用于设置粒子的分散程度。
- Right Twist（右扭曲）：设置画面右侧扭曲的角度。
- Left Twist（左扭曲）：设置画面左侧扭曲的角度。
- Transfer Mode（传输模式）：从右侧的下拉列表中可以选择分散粒子的传输模式。

11. CC Snowfall（CC 下雪）

CC Snowfall（CC 下雪）效果可以在场景画面中添加雪花，模拟真实雪花飘落的效果。其应用效果，如图 9-185 所示。

在"时间线"窗口中选择素材图层，执行"效果 > 模拟 >CC Snowfall"命令，在"效果控件"面板中展开参数设置，如图 9-186 所示。

图 9-185　　　　　　　　　　　　　　　　　　图 9-186

下面对 CC Snowfall（CC 下雪）效果的各项属性参数进行详细讲解。

- Flakes（片数）：用于设置雪花的数量。
- Size（尺寸）：用于调节雪花的尺寸。
- Variation%（Size）（变化（大小））：设置雪花的变化程度。

- Scene Depth（景深）：用于设置雪花的景深程度。
- Speed（速度）：设置雪花飘落的速度。
- Variation%（Speed）（变化（速度））：用于设置速度的变化量。
- Wind（风）：用于设置风的大小。
- Variation%（Wind）（变化（风））：用于设置风的变化量。
- Spread（散步）：设置雪花的分散程度。
- Wiggle（晃动）：用于设置雪花的颜色及不透明度。
- Background Illumination（背景亮度）：用于调整雪花背景的亮度。
- Transfer Mode（传输模式）：从右侧的下拉列表中可以选择雪花的输出模式。
- Composite With Original（与原始图像混合）：勾选该选项，显示背景图像，否则只在画面中显示雪花。
- Extras（附加）：设置附加的偏移、背景级别和随机种子等属性。

12．CC Star Burst（CC 模拟星团）

CC Star Burst（CC 模拟星团）效果可以将素材图像转化为无数的星点，用来模拟太空中的星团效果。其应用效果，如图 9-187 所示。

在"时间线"窗口中选择素材图层，执行"效果 > 模拟 >CC Star Burst"命令，在"效果控件"面板中展开参数设置，如图 9-188 所示。

图 9-187   图 9-188

下面对 CC Star Burst（CC 模拟星团）效果的各项属性参数进行详细讲解。

- Scatter（分散）：用于设置星点的分散程度。
- Speed（速度）：用于设置星点的运动速度。
- Phase（相位）：用于设置星点的相位。
- Grid Spacing（网格间距）：用于设置网格的间距。
- Size（尺寸）：用于调节星点尺寸大小。
- Blend w Original（与原始图像混合）：用于调节与原始图像的混合百分比。

13．波形环境

波形环境效果可以用于模拟波纹的效果，也可以结合一些置换贴图来制作水下效果。在"时间线"窗口中选择素材图层，执行"效果 > 模拟 > 波形环境"命令，在"效果控件"面板中展开参数设置，如图 9-189 所示。

下面对波形环境效果的各项属性参数进行详细讲解。

- 视图：用于选择波形环境的视图显示方式，从右侧的下拉列表中可以选择"高度地图"和"线框预览"两种显示方式。

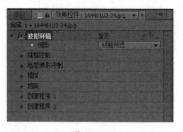

- 线框控制：用于设置线框的水平旋转、垂直旋转和垂直缩放参数。
- 高度映射控制：用于设置映射的亮度、对比度及灰度位移等数值。

图 9-189

- 模拟：用于设置效果的模拟属性，如网格分辨率、波形速度、阻尼等。
- 地面：用于指定地面贴图，设置地面的陡度、高度和波形强度。
- 创建程序 1/2：用于设置创建程序的类型、位置、宽高度、角度等属性。

14．焦散

焦散效果可以用于制作焦散、折射、反射等自然效果。其应用效果，如图 9-190 所示。

在"时间线"窗口中选择素材图层，执行"效果 > 模拟 > 焦散"命令，在"效果控件"面板中展开参数设置，如图 9-191 所示。

图 9-190

图 9-191

下面对焦散效果的各项属性参数进行详细讲解。

- 底部：用于指定焦散应用效果的底层图层。
- 缩放：用于对底层图像进行缩放。
- 重复模式：选择层的排列方式，从右侧的下拉列表中可以选择"一次"、"平铺"或"对称"3 种模式。
- 如果图层大小不同：用于调整图像大小与当前层的匹配，从右侧的下拉列表中可以选择"中心"或"伸缩以适合"选项。
- 模糊：用于调节焦散图像的模糊程度。
- 水面：从右侧的下拉列表中指定一个层，以该层的明度为基准产生水波纹理。
- 波形高度：用于调节波纹的高度数值。
- 平滑：用于设置水波纹的圆滑程度。

- 水深度：用于设置水波纹的深度。
- 折射率：设置水的折射率大小。
- 表面颜色：用于设置水面的颜色。
- 表面不透明度：调节水层表面的不透明度。
- 焦散强度：用于调节焦散的强度。
- 天空：从右侧的下拉列表中可以指定一个天空图层。
- 缩放：用于设置天空图层的图像大小。
- 强度：设置天空层的明暗度。
- 融合：用于调节放射的边缘，数值越高，边缘越复杂。
- 灯光：用于设置灯光的类型、强度、颜色、位置等属性。
- 材质：用于设置漫反射、镜面反射和高光锐度等属性。

15. 卡片动画

卡片动画效果可以将图像分成若干小卡片的形状，并对小卡片设置翻转动画。其应用效果，如图 9-192 所示。

在"时间线"窗口中选择素材图层，执行"效果 > 模拟 > 卡片动画"命令，在"效果控件"面板中展开参数设置，如图 9-193 所示。

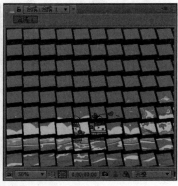

图 9-192   图 9-193

下面对卡片动画效果的各项属性参数进行详细讲解。

- 行数和列数：用于选择产生小卡片数的方式，从右侧的下拉列表中可以选择"独立"或者"列数受行数控制"选项。
- 行数：用于设置画面中小卡片的行数。
- 列数：用于设置画面中小卡片的列数。
- 背面图层：用于设置小卡片的背面图像。
- 渐变图层 1/2：用于设置小卡片的渐变图层 1/2。
- 旋转顺序：从右侧的下拉列表中可以指定小卡片的旋转顺序。
- 变换顺序：从右侧的下拉列表中可以指定小卡片的变换顺序。
- X/Y/Z 位置：用于控制小卡片在 X/Y/Z 轴上的位移属性。

- 源：从右侧的下拉列表中可以指定小卡片的素材源特性。
- 乘数：用于设置影响小卡片偏移或间距的强弱。
- 偏移：用于设置小卡片的偏移大小。
- X/Y/Z 轴旋转：用于控制小卡片在 X/Y/Z 轴上的旋转属性。
- X/Y 轴缩放：用于控制小卡片在 X/Y 轴上的缩放属性。
- 摄像机系统：指定摄像机的系统属性，包括"摄像机位置"、"边角定位"、"合成摄像机"。
- 摄像机位置：用于设置摄像机在三维空间中的位置属性，使用该选项须先在摄像机系统中选择"摄像机位置"模式。
- 边角定位：用于设置摄像机在三维空间中的位置属性，使用该选项须先在摄像机系统中选择"边角定位"模式。
- 灯光：用于设置灯光的类型、强度、颜色、位置等属性。
- 材质：用于设置漫反射、镜面反射和高光锐度等属性。

16. 粒子运动场

　　粒子运动场效果可以从物理学和数学上对各类自然效果进行描述，从而模拟各种符合自然规律的粒子运动效果，如雨、雪、火等，它也是常用的粒子动画效果。在"时间线"窗口中选择素材图层，执行"效果 > 模拟 > 粒子运动场"命令，在"效果控件"面板中展开参数设置，如图 9-194 所示。

图 9-194

　　下面对粒子运动场效果的各项属性参数进行详细讲解。

- 发射：用于设置粒子的发射属性。
- 位置：用于设置粒子发射点的位置。
- 圆筒半径：用于控制粒子活动的半径。
- 每秒粒子数：用于设置每秒粒子发射的数量。
- 方向：用于设置粒子发射的方向角度。
- 随机扩散方向用于指定粒子发射方向的随机偏移程度。
- 速率：用于调节粒子发射的速度。
- 随机扩散速率：用于设置粒子发射速度的随机变化量。
- 颜色：设置粒子的颜色。
- 粒子半径：用于控制粒子的半径。
- 网格：设置网格粒子发射器网格的中心位置、网格边框尺寸、指定圆点或文本字符颜色等属性，网格粒子发射器从一组网格交叉点产生一个连续的粒子面。
- 图层爆炸：可以将对象层分裂为粒子，模拟出爆炸效果。
- 粒子爆炸：可以分裂一个粒子成为许多新的粒子，用于设置新粒子的半径和分散速度等属性。
- 图层映射：用于指定映射图层，设置映射图层的时间偏移属性。
- 重力：该属性用于设置重力场，可以模拟现实世界中的重力现象。
- 排斥：用于设置粒子间的排斥力，以控制粒子相互排斥或吸引的强弱。
- 墙：用于为粒子设置墙属性，墙是使用遮罩工具创建出来的一个封闭区域，约束粒子在这个指定的区域中活动。

- 永久属性映射器：用于改变粒子的属性，保留最近设置的值为剩余寿命的粒子层地图，直到该粒子被排斥力、重力或墙壁等其他控制修改。
- 短暂属性映射器：在每一帧后恢复粒子属性为原始值。其参数设置方式与"永久属性映射器"相同。

17. 泡沫

泡沫效果可以模拟出气泡、水珠等真实流体效果，还可以控制泡沫粒子的形态和流动状态。其应用效果，如图 9-195 所示。

在"时间线"窗口中选择素材图层，执行"效果 > 模拟 > 泡沫"命令，在"效果控件"面板中展开参数设置，如图 9-196 所示。

图 9-195

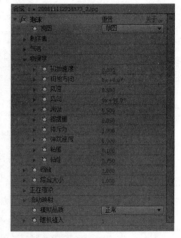

图 9-196

下面对泡沫效果的各项属性参数进行详细讲解。

- 视图：从右侧的下拉列表中可以选择一种气泡效果的显示方式。
- 制作者：用于设置气泡粒子发射器的属性。
- 气泡：用于对气泡粒子的尺寸、寿命及气泡增长速度进行设置。
- 物理学：用于设置影响粒子运动因素的数值。
- 初始速度：设置气泡粒子的初始速度。
- 初始方向：设置气泡粒子的初始方向。
- 风速：设置影响气泡粒子的风速。
- 风向：设置风吹动气泡粒子的方向。
- 渐流：用于设置气泡粒子的混乱程度，数值越大粒子发散越混乱，数值越小，粒子发散越有序。
- 摇摆量：用于设置气泡粒子的摇摆强度。
- 排斥力：用于控制气泡粒子之间的排斥力。
- 弹跳速度：用于设置气泡粒子的总速率。
- 粘度：用于影响气泡粒子间的黏性，数值越小，粒子堆积越紧密。
- 缩放：设置气泡粒子的缩放数值。
- 综合大小：用于设置气泡粒子的综合尺寸。

- 正在渲染：用于设置气泡粒子的渲染属性，包括"混合模式"、"气泡纹理"、"气泡方向"、"环境映射"等。
- 流动映射：用于选择一个图层来影响气泡粒子的效果。
- 模拟品质：用于控制气泡粒子的仿真质量，从右侧的下拉列表中可以选择"正常"、"高"或"强烈"3 种品质。
- 随机植入：用于指定随机速度，从而影响气泡粒子。

18. 碎片

碎片效果主要用于对图像进行粉碎和爆炸处理，并可以控制爆炸的位置、强度、半径等属性。其应用效果，如图 9-197 所示。

在"时间线"窗口中选择素材图层，执行"效果 > 模拟 > 碎片"命令，在"效果控件"面板中展开参数设置，如图 9-198 所示。

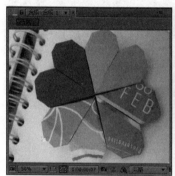 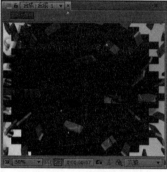 

图 9-197　　　　　　　　　　　　　　　　　　　图 9-198

下面对碎片效果的各项属性参数进行详细讲解。

- 视图：用于指定爆炸效果的显示方式，包括"已渲染"、"线框正视图"、"线框"、"线框正视图＋作用力"、"线框＋作用力"5 种显示方式。
- 渲染：用于设置渲染的类型，包括"全部"、"图层"或"块"3 种类型。
- 形状：可以对爆炸产生的碎片形状进行设置。
- 作用力 1/2：指定两个不同的爆炸力场。
- 渐变：可以指定一个图层来影响爆炸效果。
- 物理学：用于设置爆炸的物理属性。
- 纹理：设置碎片粒子的颜色、纹理等属性。
- 摄像机系统：从右侧的下拉列表中可以选择摄像机系统的模式。
- 摄像机的位置：在摄像机系统模式为"摄像机位置"时可以激活该选项，并对其属性参数进行设置。
- 边角定位：在摄像机系统模式为"边角定位"时可以激活该选项，并对其属性参数进行设置。
- 灯光：用于设置灯光类型、强度、颜色、位置等属性。
- 材质：用于设置材质属性，包括漫反射、镜面反射、高光锐度。

9.2.8 扭曲

扭曲效果是在不损坏图像质量前提下，对图像进行拉长、扭曲、挤压等变形操作。可以用来模拟出 3D 空间效果，给人以真实的立体画面。After Effects 中扭曲效果有很多种，在此仅介绍一些常用的扭曲效果。

1. CC Bend It（CC 弯曲）

CC Bend It（CC 弯曲）效果可以指定弯曲区域的始末位置，实现画面的弯曲效果，主要用于拉伸、收缩、倾斜和扭曲图像。其应用效果，如图 9-199 所示。

在"时间线"窗口中选择素材图层，执行"效果 > 扭曲 >CC Bend It"命令，在"效果控件"面板中展开参数设置，如图 9-200 所示。

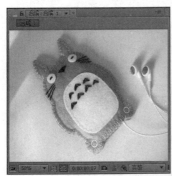  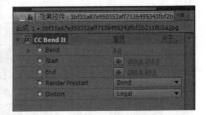

图 9-199　　　　　　　　　　　　　　　　图 9-200

下面对 CC Bend It（CC 弯曲）效果的各项属性参数进行详细讲解。

- Bend（弯曲）：用于设置图像的弯曲程度。
- Start（开始）：用于设置弯曲起始点的位置。
- End（结束）：用于设置弯曲结束点的位置。
- Render Prestart（渲染前）：从右侧的下拉列表中可以选择一种渲染前的模式，控制图像起始点状态。
- Distort（扭曲）：从右侧的下拉列表中可以选择一种渲染前的模式，控制图像结束点的状态。

2. CC Flo Motion（CC 两点紧缩变形）

CC Flo Motion（CC 两点紧缩变形）效果可以由两个定位点来决定扭曲变形的位置。其应用效果，如图 9-201 所示。

在"时间线"窗口中选择素材图层，执行"效果 > 扭曲 >CC Flo Motion"命令，在"效果控件"面板中展开参数设置，如图 9-202 所示。

 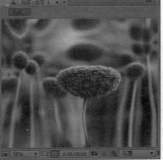

图 9-201　　　　　　　　　　　　　　　　图 9-202

下面对 CC Flo Motion（CC 两点紧缩变形）效果的各项属性参数进行详细讲解。

- Finer Controls（精细控制）控制图像扭曲方式，是由一张图像局部进行扭曲，还是将图像进行重复画面扭曲。
- Knot1/2（控制点 1/2）：用于设置控制点 1/2 的位置。
- Amount1/2（数量 1/2）：用于设置控制点 1/2 位置处，图像拉伸的重复程度。
- Tile Edges（边缘拼贴）：取消勾选该选项，图像将按照一定的边缘进行剪切。
- Antialiasing（抗锯齿）：用于设置图像拉伸的抗锯齿程度。
- Falloff（衰减）：用于设置图像的变形程度，数值越大，图像变形越小；数值越小，图像变形越大。

3．CC Griddler（CC 网格变形）

CC Griddler（CC 网格变形）效果可以将图像分割成若干网格进行变形。其应用效果，如图 9-203 所示。

在"时间线"窗口中选择素材图层，执行"效果 > 扭曲 >CC Griddler"命令，在"效果控件"面板中展开参数设置，如图 9-204 所示。

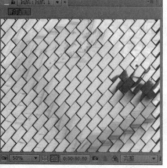

图 9-203

图 9-204

下面对 CC Griddler（CC 网格变形）效果的各项属性参数进行详细讲解。

- Horizontal Scale（水平缩放）：设置网格水平方向的缩放程度。
- Vertical Scale（垂直缩放）：设置网格垂直方向的缩放程度。
- Tile Size（拼贴大小）：设置网格的尺寸，值越大，网格越大，值越小，网格越小。
- Rotation（旋转）：用于设置网格的旋转角度。
- Cut Tiles（拼贴剪切）：勾选该选项，方格边缘出现黑边，有凸起的效果。

4．CC Page Turn（CC 翻页）

CC Page Turn（CC 翻页）效果可以对图层进行翻页效果模拟。其应用效果，如图 9-205 所示。

在"时间线"窗口中选择素材图层，执行"效果 > 扭曲 >CC Page Turn"命令，在"效果控件"面板中展开参数设置，如图 9-206 所示。

下面对 CC Page Turn（CC 翻页）效果的各项属性参数进行详细讲解。

- Controls（控制点）：从右侧的下拉列表中可以选择一个方向控制点。
- Fold Position（折叠位置）：用于设置书页卷起的程度。
- Fold Direction（折叠角度）：用于设置书页卷起的角度。

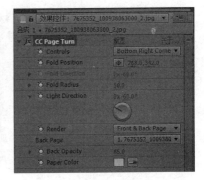

图 9-205   图 9-206

- Fold Radius（折叠半径）：用于设置书页折叠的半径。
- Light Direction（灯光方向）：设置折叠时的灯光方向。
- Render（渲染）：可以从右侧的下拉列表中选择一种方式来设置渲染部分。
- Back Opacity（背页不透明度）：用于设置书页卷起时，背面的不透明度。
- Paper Color（书页颜色）：设置书页的颜色。

5. CC Slant（CC 倾斜变形）

CC Slant（CC 倾斜变形）效果可以使素材图像倾斜变形。其应用效果，如图 9-207 所示。

在"时间线"窗口中选择素材图层，执行"效果 > 扭曲 >CC Slant"命令，在"效果控件"面板中展开参数设置，如图 9-208 所示。

图 9-207   图 9-208

下面对 CC Slant（CC 倾斜变形）效果的各项属性参数进行详细讲解。

- Slant（倾斜）：用于设置图像的倾斜程度。
- Stretching（拉伸）：决定图像在倾斜时是否进行拉伸，勾选该选项时，可以将倾斜后的图像进行拉伸。
- Height（高度）：用于设置图像倾斜后的高度。
- Floor（地面）：用于设置倾斜后图像与视图底部的距离。
- Set Color（设置颜色）：选择该选项后，下面的"色彩"按钮被激活，可以对画面进行填色。
- Color（颜色）：为图像指定填充颜色。

6. CC Smear（CC 涂抹）

CC Smear（CC 涂抹）类似 Photoshop 的"涂抹"工具，可以通过调节控制点的属性，使图像产生涂抹变形的效果。其应用效果，如图 9-209 所示。

在"时间线"窗口中选择素材图层，执行"效果 > 扭曲 >CC Smear"命令，在"效果控件"面板中展开参数设置，如图 9-210 所示。

图 9-209　　　　　　　　　　　　　　　　　　　　图 9-210

下面对 CC Smear（CC 涂抹）效果的各项属性参数进行详细讲解。

- From（开始点）：用于设置开始涂抹的位置。
- To（结束点）：用于设置涂抹结束的位置。
- Reach（涂抹拉伸）：用于将两点之间的涂抹部分进行拉伸。
- Radius（涂抹半径）：用于设置涂抹的半径。

7. CC Tiler（CC 平铺）

CC Tiler（CC 平铺）效果可以将素材图像进行重复平铺，产生多个重复画面的效果。其应用效果，如图 9-211 所示。

在"时间线"窗口中选择素材图层，执行"效果 > 扭曲 >CC Tiler"命令，在"效果控件"面板中展开参数设置，如图 9-212 所示。

图 9-211　　　　　　　　　　　　　　　　　　　　图 9-212

下面对 CC Tiler（CC 平铺）效果的各项属性参数进行详细讲解。

- Scale（缩放）：设置图像的缩放大小，值越小，图像重复平铺得越多。
- Center（中心）：用于设置图像平铺的中心点位置。
- Blend w Original（与原始图像混合）：用于设置平铺后的图像与原始图像的混合比例。

8. 贝塞尔曲线变形

贝塞尔曲线变形效果是在图像的边界上沿一条封闭的贝塞尔曲线变形图像。其应用效果，如图 9-213 所示。

在"时间线"窗口中选择素材图层，执行"效果 > 扭曲 > 贝塞尔曲线变形"命令，在"效果控件"面板中展开参数设置，如图 9-214 所示。

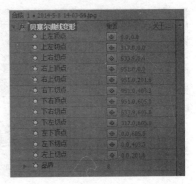

<table>
<tr><td>图 9-213</td><td>图 9-214</td></tr>
</table>

下面对贝塞尔曲线变形效果的各项属性参数进行详细讲解。

- 上左顶点：用于调节上面左侧的顶点位置。
- 上左 / 右切点：用于调节上面的左右两个切点位置。
- 右上顶点：用于调节上面右侧的顶点位置。
- 右上 / 下切点：用于调节右边上下两个切点位置。
- 下右顶点：用于调节下面右侧的顶点位置。
- 下右 / 左切点：用于调节下边左右两个切点位置。
- 左下顶点：用于调节左面下侧的顶点位置。
- 左下 / 上切点：用于调节左边上下两个切点位置。
- 品质：用于调节曲线的精细程度。

9. 变形

变形效果可以调节图像的弯曲程度，使图像产生变形的效果。其应用效果，如图 9-215 所示。

在"时间线"窗口中选择素材图层，执行"效果 > 扭曲 > 变形"命令，在"效果控件"面板中展开参数设置，如图 9-216 所示。

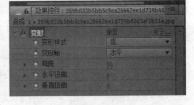

<table>
<tr><td>图 9-215</td><td>图 9-216</td></tr>
</table>

下面对变形效果的各项属性参数进行详细讲解。

- 变形样式：用于选择变形样式，在右侧的下拉列表中有 15 种变形样式可供选择。

- 变形轴：用于选择以哪个方向为轴进行变形。
- 弯曲：用于设置图像的弯曲程度。
- 水平扭曲：用于设置图像在水平方向上的扭曲程度。
- 垂直扭曲：用于设置图像在垂直方向上的扭曲程度。

10．波纹

波纹效果可以在画面上产生波纹涟漪的效果，能用于模拟湖面或水池中的波纹。其应用效果，如图 9-217 所示。

在"时间线"窗口中选择素材图层，执行"效果 > 扭曲 > 波纹"命令，在"效果控件"面板中展开参数设置，如图 9-218 所示。

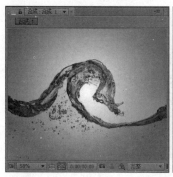
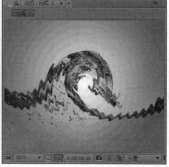

图 9-217　　　　　　　　　　　　　　　　　　图 9-218

下面对波纹效果的各项属性参数进行详细讲解。

- 半径：用于设置波纹的半径。
- 波纹中心：设置波纹中心点的位置。
- 转换类型：从右侧的下拉列表中可以选择"不对称"和"对称"两种波纹类型。
- 波形速度：用于设置波纹扩散的速度。
- 波形宽度：用于设置相邻波峰之间的距离。
- 波形高度：用于设置波纹的高度。
- 波纹相：用于设置波纹的相位属性。

11．放大

放大效果主要用于对画面局部进行放大处理，模拟放大镜效果。其应用效果，如图 9-219 所示。

在"时间线"窗口中选择素材图层，执行"效果 > 扭曲 > 放大"命令，在"效果控件"面板中展开参数设置，如图 9-220 所示。

下面对放大效果的各项属性参数进行详细讲解。

- 形状：选择被放大的区域外形，包括"圆形"和"正方形"两种。
- 中心：用于设置被放大区域的中心点位置。
- 放大率：用于设置放大的倍率百分比。
- 链接：可以从右侧的下拉列表中指定一种链接方式，包括"无"、"大小至放大率"、"大小和羽化至放大率" 3 种。

图 9-219   图 9-220

- 大小：设置被放大区域的尺寸。
- 羽化：用于羽化被放大区域的边缘。
- 不透明度：设置被放大区域的不透明度。
- 缩放：从右侧的下拉列表中可以选择"标准"、"柔和"和"散布"3 种缩放方式。
- 混合模式：用于指定被放大区域与原始图像的混合方式。

12. 镜像

镜像效果可以沿分割线划分图像并反转一边图像到另一边，在画面中形成两个镜面对称的图像效果。其应用效果，如图 9-221 所示。

在"时间线"窗口中选择素材图层，执行"效果 > 扭曲 > 镜像"命令，在"效果控件"面板中展开参数设置，如图 9-222 所示。

图 9-221   图 9-222

下面对镜像效果的各项属性参数进行详细讲解。
- 反射中心：用于设置反射参考线的位置。
- 反射角度：用于设置反射的方向角度。

13. 偏移

偏移效果可以使图像根据设定的偏量进行移动。其应用效果，如图 9-223 所示。

在"时间线"窗口中选择素材图层，执行"效果 > 扭曲 > 偏移"命令，在"效果控件"面板中展开参数设置，如图 9-224 所示。

下面对偏移效果的各项属性参数进行详细讲解。
- 将中心转换为：用于调节图像的偏移中心。

- 与原始图像混合：设置偏移图像与原始图像的混合程度。

图 9-223　　　　　　　　　　　　　　　图 9-224

14．网格变形

网格变形效果可以在图像上添加网格，然后调节网格的节点，使图像产生变形。其应用效果，如图 9-225 所示。

在"时间线"窗口中选择素材图层，执行"效果 > 扭曲 > 网格变形"命令，在"效果控件"面板中展开参数设置，如图 9-226 所示。

图 9-225　　　　　　　　　　　　　　　图 9-226

下面对网格变形效果的各项属性参数进行详细讲解。

- 行数：用于设置网格的行数。
- 列数：用于设置网格的列数。
- 品质：用于设置图像变形后的质量。
- 扭曲网格：网格值显示，用于调节分辨率。

15．旋转扭曲

旋转扭曲效果可以在画面中指定一个旋转中心，通过控制旋转角度，使画面产生旋转扭曲变形的效果。其应用效果，如图 9-227 所示。

在"时间线"窗口中选择素材图层，执行"效果 > 扭曲 > 旋转扭曲"命令，在"效果控件"面板中展开参数设置，如图 9-228 所示。

下面对旋转扭曲效果的各项属性参数进行详细讲解。

- 角度：设置扭曲的角度。

- 旋转扭曲半径：设置扭曲的半径。
- 旋转扭曲中心：用于设置旋转扭曲的中心点位置。

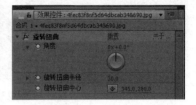

图 9-227

图 9-228

16. 液化

液化效果可以使用多个工具选项对画面的部分区域进行涂抹、扭曲、旋转，产生水波状的变形效果。其应用效果，如图 9-229 所示。

在"时间线"窗口中选择素材图层，执行"效果 > 扭曲 > 液化"命令，在"效果控件"面板中展开参数设置，如图 9-230 所示。

图 9-229

图 9-230

下面对液化效果的各项属性参数进行详细讲解。

- 工具：可以选择任意一种工具对图像画面进行变形操作，每种工具的使用能对画面产生不同的效果。
- 视图选项：用于对视图进行设置。
- 扭曲网格：用于设置扭曲网格，可以对其设置关键帧。
- 扭曲网格位移：用于设置扭曲偏移的位置。
- 扭曲百分比：用于设置扭曲程度的百分比，数值越小，越接近原始图像。

9.2.9 生成

生成效果组包含了 26 种效果，它是在后期制作中比较常用的一组效果，该类效果可以根据设定的颜色或者根据素材画面上的元素产生不同的形状，能在图像上产生各种常见的特效，如闪电、镜头光晕等，也可以对图像进行颜色填充、对路径进行描边等。

1. CC Glue Gun（CC 胶水喷枪）

CC Glue Gun（CC 胶水喷枪）效果可以模拟胶状物体作用到画面的效果。其应用效果，如图 9-231 所示。

在"时间线"窗口中选择素材图层，执行"效果 > 生成 >CC Glue Gun"命令，在"效果控件"面板中展开参数设置，如图 9-232 所示。

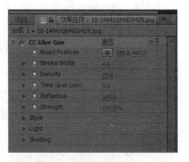

图 9-231　　　　　　　　　　　　　　　　图 9-232

下面对 CC Glue Gun（CC 胶水喷枪）效果的各项属性参数进行详细讲解。

- Brush Position（画笔位置）：用于设置画笔中心点的位置。
- Stroke Width（笔触宽度）：用于设置笔触的宽度。
- Density（密度）：用于设置笔触的密度。
- Time Span（sec）：设置每秒的时间范围。
- Reflection（反射）：使图像由四周向中心汇聚。
- Strength（强度）：可以调节图像的尺寸。
- Style（类型）：用于设置画笔的类型及属性。
- Light（灯光）：用于设置作用于画面的灯光属性。
- Shading（阴影）：用于设置画面的阴影属性。

2. CC Threads（CC 螺纹）

CC Threads（CC 螺纹）效果，可以在画面中生成交错编织的纹理效果。其应用效果，如图 9-233 所示。

在"时间线"窗口中选择素材图层，执行"效果 > 生成 > CC Threads"命令，在"效果控件"面板中展开参数设置，如图 9-234 所示。

图 9-233　　　　　　　　　　　　　　　　图 9-234

下面对 CC Threads（CC 螺纹）效果的各项属性参数进行详细讲解。

- Width（宽度）：用于设置纹理的宽度。
- Height（高度）：用于设置纹理的高度。
- Overlaps（重叠）：用于设置纹理的交错次数。
- Direction（方向）：用于设置纹理编织的方向。
- Center（中心）：设置纹理的中心点位置。
- Coverage（覆盖）：设置纹理对原始图像的覆盖程度。
- Shadowing（阴影）：用于设置纹理的阴影属性。
- Texture（纹理）：设置纹理的数量。

3. 单元格图案

单元格图案效果可以在画面中生成类似蜂窝状的纹理效果。其应用效果，如图 9-235 所示。

在"时间线"窗口中选择素材图层，执行"效果 > 生成 > 单元格图案"命令，在"效果控件"面板中展开参数设置，如图 9-236 所示。

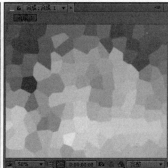

图 9-235   图 9-236

下面对单元格图案效果的各项属性参数进行详细讲解。

- 单元格图案：从右侧的下拉列表中，可以指定单元格图案类型。
- 反转：勾选该选项对单元格图案进行反转。
- 对比度：用于调整单元格图案的对比强度。
- 溢出：用于设置溢出数值，从右侧的下拉列表中可以选择"剪切"、"柔和固定"和"反绕"3 种溢出方式。
- 分散：用于设置单元图案的分散程度。
- 大小：设置单元图案的尺寸。
- 偏移：设置图案的上、下、左、右偏移程度。
- 平铺选项：勾选"启用平铺"选项时使用此效果，并可以设置"水平单元格"和"垂直单元格"的数目。
- 演化：用于设置动画，并记录动画效果。
- 演化选项：用于设置演化的"循环次数"和"随机植入"等属性。

4. 高级闪电

高级闪电效果用于模拟真实的闪电效果，可以调节闪电的各种形状。其应用效果，如图 9-237 所示。

在"时间线"窗口中选择素材图层，执行"效果 > 生成 > 高级闪电"命令，在"效果控件"面板中展开参数设置，如图 9-238 所示。

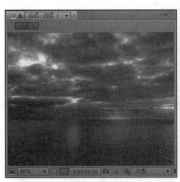

图 9-237　　　　　　　　　　　　　　　　　图 9-238

下面对高级闪电效果的各项属性参数进行详细讲解。

- 闪电类型：可以从右侧的下拉列表中选择一种闪电类型。
- 源点：用于设置闪电的开始位置。
- 方向：用于设置闪电的结束位置。
- 传导率状态：用于设置闪电传导的随机性。
- 核心设置：用于设置闪电的核心半径、核心不透明度和核心颜色属性。
- 发光设置：用于设置闪电的发光半径、发光不透明度和发光颜色属性。
- Alpha 障碍：用于设置 Alpha 通道对闪电的影响程度。
- 湍流：指定闪电路径中的湍流数量。值越高，击打越复杂，其中包含的分支和分叉越多；值越低，击打越简单，其中包含的分支越少。
- 分叉：用于设置闪电分支百分比。
- 衰减：指定闪电强度连续衰减或消散的数量，将影响分叉不透明度开始淡化的位置。
- 主核心衰减：勾选该选项设置闪电主核心的衰减。
- 在原始图像上合成：勾选该选项，显示原始图像和闪电，取消该选项则在画面中只显示闪电。
- 专家设置：用于设置闪电的高级属性，如复杂度、最小分叉距离、终止阈值等。
- 复杂度：设置闪电的复杂程度。
- 最小分叉距离：指定新分叉之间的最小像素距离。值越低，闪电中的分叉越多。值越高，分叉越少。
- 终止阈值：设置分支的阈值百分比。
- 分形类型：从右侧的下拉列表中可以选择一种分支类型，包括"线性"、"半线性"和"样条"3 种类型。
- 核心消耗：设置每创建一个分支，核心消耗的百分比。
- 分叉强度：设置分支强度百分比。
- 分叉变化：设置分支变化的频率数值。

5．勾画

勾画可以在对象周围生成航行灯和其他基于路径的脉冲动画。其应用效果，如图9-239所示。

在"时间线"窗口中选择素材图层，执行"效果 > 生成 > 勾画"命令，在"效果控件"面板中展开参数设置，如图9-240所示。

图 9-239　　　　　　　　　　　　　　　　　　　图 9-240

下面对勾画效果的各项属性参数进行详细讲解。

- 描边：用于选择描边类型，包括"图像等高线"和"蒙版 / 路径"。
- 图像等高线：当在"描边"菜单中选择"图像等高线"时激活此项，可以指定在其中获取图像等高线的图层，以及如何解释输入图层。
- 蒙版 / 路径：当在"描边"菜单中选择"蒙版 / 路径"时激活此项，可以对选择的遮罩或者路径进行描边。
- 片段：用于指定创建各描边等高线所用的段数。
- 长度：确定与可能最大的长度有关的区段的描边长度。
- 片段分布：用于设置片段的间距。
- 旋转：为等高线周围的片段设置动画。
- 混合模式：用于确定描边应用到图层的方式。
- 颜色：在不选择"模板"作为"混合模式"时，指定描边的颜色。
- 宽度：设置描边宽度。
- 硬度：用于设置描边边缘的锐化程度或模糊程度。
- 起始点不透明度：用于设置描边起始点的不透明度。
- 中点不透明度：用于设置描边中点的不透明度。
- 中点位置：指定片段内中点的位置：值越低，中点越接近起始点；值越高，中点越接近结束点。
- 结束点不透明度：用于设置描边结束点的不透明度。

6．描边

描边效果可以对路径或遮罩进行描边，以产生线或点的描边效果。其应用效果，如图9-241所示。

在"时间线"窗口中选择素材图层，执行"效果 > 生成 > 描边"命令，在"效果控件"面板中展开参数设置，如图 9-242 所示。

  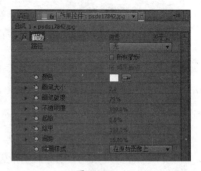

图 9-241　　　　　　　　　　　　　　　　　　图 9-242

下面对描边效果的各项属性参数进行详细讲解。

- 颜色：用于设置描边的颜色。
- 画笔大小：设置画笔的尺寸。
- 画笔硬度：设置画笔硬度，调整笔触边缘质量。
- 不透明度：用于设置描边的不透明度。
- 起始：设置描边的起始值。
- 结束：设置描边的结束值。
- 间距：用于设置描边点之间的距离。
- 绘画样式：从右侧的下拉列表中选择描边的表现形式。

7. 棋盘

棋盘效果可以在图层上创建矩形的棋盘图案，其中一半是透明的。其应用效果，如图 9-243 所示。

在"时间线"窗口中选择素材图层，执行"效果 > 生成 > 棋盘"命令，在"效果控件"面板中展开参数设置，如图 9-244 所示。

图 9-243　　　　　　　　　　　　　　　　　　图 9-244

下面对棋盘效果的各项属性参数进行详细讲解。

- 锚点：用于调节棋盘上、下、左、右的偏移位置。
- 大小依据：从右侧的下拉列表中可以选择棋盘的尺寸方式，包括"边角点"、"宽度滑块"、"宽度和高度滑块"。

- 边角：从大小依据中选择"边角点"选项即可启用该选项，用于设置棋盘矩形大小。
- 宽度：从大小依据中选择"宽度滑块"选项即可启用该选项，可以对棋盘矩形进行等比例缩放。
- 高度：从大小依据中选择"宽度和高度滑块"选项即可启用该选项，可以设置棋盘矩形的高度。
- 羽化：棋盘图案中羽化边缘的粗细。
- 颜色：设置不透明的矩形颜色。
- 混合模式：从右侧的下拉列表中可以选择棋盘与原图像的混合类型。

8. 四色渐变

四色渐变效果可产生四色渐变结果。渐变效果由 4 个效果点定义，后者的位置和颜色均使用"位置和颜色"控件设置动画。渐变效果由混合在一起的 4 个纯色圆形组成，每个圆形均使用一个效果点作为中心。其应用效果，如图 9-245 所示。

在"时间线"窗口中选择素材图层，执行"效果 > 生成 > 四色渐变"命令，在"效果控件"面板中展开参数设置，如图 9-246 所示。

图 9-245   图 9-246

下面对四色渐变效果的各项属性参数进行详细讲解。

- 点 1/2/3/4：用于设置控制点 1/2/3/4 的位置。
- 颜色 1/2/3/4：用于设置控制点 1/2/3/4 所对应的颜色。
- 混合：用于设置颜色过渡，值越高，颜色之间的逐渐过渡层次越多。
- 抖动：设置渐变中抖动（杂色）的数量。抖动可减少条纹，它仅影响可能出现条纹的区域。
- 不透明度：用于设置渐变的不透明度，以图层"不透明度"值的百分比形式显示。
- 混合模式：用于合并渐变效果和图层的混合模式。

9. 梯度渐变

梯度渐变效果可以在素材上创建线性或径向的颜色渐变效果。其应用效果，如图 9-247 所示。

在"时间线"窗口中选择素材图层，执行"效果 > 生成 > 梯度渐变"命令，在"效果控件"面板中展开参数设置，如图 9-248 所示。

下面对梯度渐变效果的各项属性参数进行详细讲解。

- 渐变起点：用于设置渐变的起始位置。
- 起始颜色：用于设置起始渐变的颜色。

- 渐变终点：用于设置渐变的终点位置。
- 结束颜色：用于设置渐变结束时的颜色。
- 渐变形状：用于指定渐变的类型，包括"线性渐变"和"径向渐变"两种。
- 渐变散射：可以将渐变颜色分散并消除光带条纹。
- 与原始图像混合：设置渐变效果与原始图像的混合程度。
- 交换颜色：单击该按钮可以将"起始颜色"与"结束颜色"互换。

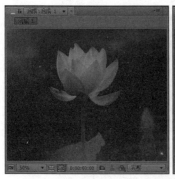

图 9-247

图 9-248

10．填充

填充效果可以向指定的遮罩内填充指定的颜色。在"时间线"窗口中选择素材图层，执行"效果 > 生成 > 填充"命令，在"效果控件"面板中展开参数设置，如图 9-249 所示。

下面对填充效果的各项属性参数进行详细讲解。

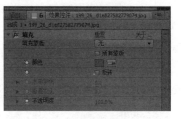

图 9-249

- 填充蒙版：用于指定填充的蒙版图层。
- 所有蒙版：勾选该选项，开启"水平羽化"和"垂直羽化"属性。
- 颜色：设置填充的颜色。
- 水平羽化：用于设置水平边缘的羽化值。
- 垂直羽化：用于设置垂直边缘的羽化值。
- 不透明度：设置填充颜色的不透明度。

11．椭圆

椭圆效果可以在素材图像上生成一个椭圆，并可以调节椭圆的形状、大小、颜色等属性。其应用效果，如图 9-250 所示。

在"时间线"窗口中选择素材图层，执行"效果 > 生成 > 椭圆"命令，在"效果控件"面板中展开参数设置，如图 9-251 所示。

下面对椭圆效果的各项属性参数进行详细讲解。

- 中心：用于设置椭圆的中心位置。
- 宽度：设置椭圆的宽度。
- 高度：设置椭圆的高度。
- 厚度：设置椭圆的粗细程度。

- 柔和度：设置椭圆的柔化程度。
- 内部颜色：设置椭圆中间线条的颜色。
- 外部颜色：设置椭圆外部线条的颜色。
- 在原始图像上合成：勾选该选项，显示原始素材画面和椭圆，否则仅显示椭圆。

图 9-250   图 9-251

12. 网格

网格效果可以在画面中创建自定义网格，此效果适合生成设计元素和遮罩，并在这些设计元素和遮罩中应用其他效果。其应用效果，如图 9-252 所示。

在"时间线"窗口中选择素材图层，执行"效果 > 生成 > 网格"命令，在"效果控件"面板中展开参数设置，如图 9-253 所示。

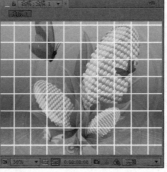

图 9-252   图 9-253

下面对网格效果的各项属性参数进行详细讲解。

- 锚点：用于设置网格的位置。
- 大小依据：用于选择网格的尺寸类型，包括"边角点"、"宽度滑块"、"宽度和高度滑块"3 种类型。
- 边角：可以调节网格的宽高，可以分别调节网格的宽或高。在"大小依据"类型中选择"边角点"选项时方可使用。
- 宽度：用于等比例调节网格的宽高，在"大小依据"类型中选择"宽度滑块"选项时方可使用。
- 高度：用于分别调节网格的宽度和高度，在"大小依据"类型中选择"宽度和高度滑块"选项时方可使用。

- 边界：用于设置网格线的粗细程度。
- 羽化：用于设置网格的柔化程度。
- 反转网格：勾选该选项反转网格。
- 颜色：用于设置网格线的颜色。
- 不透明度：设置网格的透明程度。
- 混合模式：用于指定网格与原素材的混合模式。

13．无线电波

无线电波效果可从一个固定中心点或动画效果控制点创建向外扩散的辐射波。其应用效果，如图 9-254 所示。在"时间线"窗口中选择素材图层，执行"效果 > 生成 > 无线电波"命令，在"效果控件"面板中展开参数设置，如图 9-255 所示。

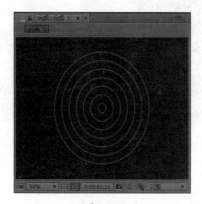

图 9-254　　　　　　　　　　　　　　图 9-255

下面对无线电波效果的各项属性参数进行详细讲解。

- 产生点：用于设置波形出现的起始位置。
- 参数设置为：指定是否针对单个波形为参数设置动画，从右侧的下拉列表中可以选择"生成"或"每帧"两种方式。
- 渲染品质：设置输出时的质量。
- 波浪类型：用于指定波形基于的对象，包括"多边形"、"图像等高线"和"蒙版"。
- 多边形：当波浪类型为"多边形"时方可使用，可以设置"边"、"曲线大小"、"曲线弯曲度"等属性。
- 图像等高线：当波浪类型为"图像等高线"时方可使用，可以对图像等高线的各种属性进行设置。
- 蒙版：当波浪类型为"蒙版"时方可使用，用于指定创建波形所用的蒙版。
- 波动：用于控制波形的运动。
- 描边：用于指定波形描边的外观。
- 配置文件：控制定义形状的描边外观。在从效果点发射的波形中，为形状的轮廓设置动画。描边的品质可定义为 3D 波浪类型。
- 颜色：用于设置电波描边的颜色。
- 淡入时间：设置电波从无到 100% 不透明度显示所需的时间。
- 淡出时间：设置电波从 100% 不透明度显示过渡到无所需的时间。

- 开始宽度：用于设置电波刚产生时的宽度。
- 末端宽度：用于设置电波在寿命结束时的宽度。

14. 吸管填充

吸管填充效果可以采样素材图像上的颜色，作为填充颜色对素材进行填充。其应用效果，如图 9-256 所示。

在"时间线"窗口中选择素材图层，执行"效果 > 生成 > 吸管填充"命令，在"效果控件"面板中展开参数设置，如图 9-257 所示。

 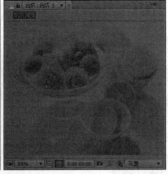 

图 9-256　　　　　　　　　　　　　　　图 9-257

下面对吸管填充效果的各项属性参数进行详细讲解。

- 采样点：用于设置采样点的位置，即所需吸取颜色的位置点。
- 采用半径：用于设置采样区域的半径。
- 平均像素颜色：用于设置对哪些颜色值进行采样。
- 保持原始 Alpha：保持原始图层的 Alpha 通道不变。如果在"平均像素颜色"菜单中选择"包括 Alpha"选项，则在采样颜色基础上添加原始 Alpha 通道。
- 与原始图像混合：设置填充颜色与原始图像的混合程度。

15. 写入

写入效果可以模拟手写字效果，如模拟草书文本或签名的笔迹动作。其应用效果，如图 9-258 所示。

在"时间线"窗口中选择素材图层，执行"效果 > 生成 > 写入"命令，在"效果控件"面板中展开参数设置，如图 9-259 所示。

图 9-258　　　　　　　　　　　　　　　图 9-259

下面对写入效果的各项属性参数进行详细讲解。

- 画笔位置：用于设置笔触的位置，可对其设置关键帧，每写一个笔触设一个关键帧。
- 颜色：用于设置笔触的颜色。
- 画笔大小：设置笔触的粗细。
- 画笔硬度：设置画笔的边缘硬度。
- 画笔不透明度：用于设置笔触的不透明程度。
- 描边长度（秒）：每个笔触标记的持续时间，以"秒"为单位。如果此值为 0，则笔触标记的持续时间无限。使用单个非零的常量值可创建蛇形移动的描边。为此值设置动画可使描边扩展和收缩。
- 描边间距（秒）：笔触标记之间的时间间隔，以"秒"为单位。值越小，绘画描边越平滑，但渲染时间越长。
- 绘画时间属性／画笔时间属性：用于指定是将绘画属性和画笔属性应用到每个笔触标记，还是整个描边。
- 绘画样式：用于指定绘画描边与原素材图像相互作用的关系。

16．音频波形

音频波形效果可以在图层上生成一条波动的音频线，用于模拟跳动音频轨的效果。其应用效果，如图 9-260 所示。

在"时间线"窗口中选择素材图层，执行"效果 > 生成 > 音频波形"命令，在"效果控件"面板中展开参数设置，如图 9-261 所示。

图 9-260　　　　　　　　　　　　　　　　　　图 9-261

下面对音频波形效果的各项属性参数进行详细讲解。

- 音频层：用于指定要以波形形式显示的音频层。
- 起始点：指定音频线开始的位置。
- 结束点：指定音频线结束的位置。
- 路径：选择层上的一个路径，让音频线沿着路径变化，如果设置为"无"，则音频波形沿图层的路径显示。
- 显示的范例：显示在波形中的样本数量。
- 最大高度：用于显示音频线的最大振幅。
- 音频持续时间（毫秒）：用于计算波形音频的持续时间，以"毫秒"为单位。

- 音频偏移（毫秒）：用于检索音频的时间偏移量，以"毫秒"为单位。
- 厚度：设置音频线的宽度。
- 柔和度：设置音频线的羽化和模糊程度。
- 随机植入（模拟）：设置音频线随机数量。
- 内部颜色：设置音频线的内部线条颜色。
- 外部颜色：设置音频线的外部边缘颜色。
- 波形选项：用于设置波形的显示方式。
- 显示选项：从右侧的下拉列表中可以选择"数字"、"模拟谱线"和"模拟频点"3种模式。
- 在原始图像上合成：勾选该选项，在画面中显示原始图像。

17. 油漆桶

油漆桶效果是使用纯色填充指定区域的非破坏性绘画效果。它与 Photoshop 的"油漆桶"工具很相似。油漆桶效果可用于为卡通型轮廓的绘图着色，或替换图像中的颜色区域。其应用效果，如图 9-262 所示。

在"时间线"窗口中选择素材图层，执行"效果 > 生成 > 油漆桶"命令，在"效果控件"面板中展开参数设置，如图 9-263 所示。

图 9-262   图 9-263

下面对油漆桶效果的各项属性参数进行详细讲解。

- 填充点：用于设置需要填充的位置。
- 填充选择器：用于设置填充的类型，包括"颜色和 Alpha"、"直接颜色"、"透明度"、"不透明度"、"Alpha 通道"。
- 容差：设置颜色的容差数值，值越高，效果填充像素的范围越大。
- 查看阈值：显示匹配的像素，也就是说，这些像素在"填充点"像素颜色值的"容差"值以内。此选项对跟踪漏洞特别有用。如果存在小间隙，则颜色会溢出，并且填充区域不能进行填充。
- 描边：选择填充边缘的类型。
- 反转填充：勾选该选项时，将反转当前的填充区域。
- 颜色：设置填充的颜色。
- 不透明度：设置填充颜色的不透明度。
- 混合模式：设置填充颜色区域与原素材图像的混合模式。

18. 圆形

圆形效果可以在素材画面中生成一个实心圆形或环形效果。其应用效果，如图 9-264 所示。

在"时间线"窗口中选择素材图层，执行"效果 > 生成 > 圆形"命令，在"效果控件"面板中展开参数设置，如图 9-265 所示。

图 9-264　　　　　　　　　　　　　　　　　图 9-265

下面对圆形效果的各项属性参数进行详细讲解。

- 中心：设置圆形的中心点位置。
- 半径：用于设置圆形半径。
- 边缘：从右侧的下拉列表中可以选择边缘的表现方式，"无"用于创建实心圆形。其他选项都可创建环形。每个选项均对应一组不同的属性，这些属性可确定环形的形状和边缘处理。
- 羽化：用于设置边缘的羽化程度。
- 反转圆形：勾选该选项可以将圆形反转。
- 颜色：用于设置圆形的颜色。
- 不透明度：设置圆形的不透明度。
- 混合模式：用于设置圆形和原始图像的混合模式。

9.2.10　通道

通道效果可以用于控制抽取、插入和转换一个图像色彩的通道，从而使素材图层产生效果。通道包含各自的颜色分量（RGB）、计算颜色值（HSL）和透明度（Alpha）。该效果最大的优势就是常常与其他效果配合，并产生奇妙的效果。

1. CC Composite（CC 混合模式处理）

CC Composite（CC 混合模式处理）效果可以对图层自身进行混合模式处理，并可为该效果设置动画。其应用效果，如图 9-266 所示。

在"时间线"窗口中选择素材图层，执行"效果 > 通道 >CC Composite"命令，在"效果控件"面板中展开参数设置，如图 9-267 所示。

下面对 CC Composite（CC 混合模式处理）效果的各项属性参数进行详细讲解。

- Opacity（不透明度）：用于调节混合图像的不透明度。
- Composite Original（与原始图像混合）：从右侧的下拉列表中可以选择一种混合模式对自身图像进行混合处理。
- RGB Only（仅 RGB）：仅影响 RGB 色彩。

图 9-266　　　　　　　　　　　　　　　　图 9-267

2. 反转

反转效果可以反转素材图像的颜色信息，模拟相片底片效果。其应用效果，如图 9-268 所示。

在"时间线"窗口中选择素材图层，执行"效果 > 通道 > 反转"命令，在"效果控件"面板中展开参数设置，如图 9-269 所示。

图 9-268　　　　　　　　　　　　　　　　图 9-269

下面对反转效果的各项属性参数进行详细讲解。

- 通道：从右侧的下拉列表中可以选择要反转的通道。每个项目组均在特定颜色空间中运行，因此可以反转该颜色空间中的整个图像，也可以仅反转单个通道。
- 与原始图像混合：设置反转图像与原素材图像的混合程度。

3. 复合运算

复合运算效果可以通过数学运算的方式合并应用效果的图层和控件图层。其应用效果，如图 9-270 所示。

在"时间线"窗口中选择素材图层，执行"效果 > 通道 > 复合运算"命令，在"效果控件"面板中展开参数设置，如图 9-271 所示。

下面对复合运算效果的各项属性参数进行详细讲解。

- 第二个源图层：指定运算中与当前图层一起使用的图层。
- 运算符：用于指定在两个图层之间执行的运算方式。
- 在通道上运算：用于选择向其应用效果的通道。
- 溢出特性：设置效果重映射超出 0 ～ 255 灰度范围值的方式，包括"剪切"、"回绕"和"缩放"。

- 伸缩第二个源以适合：如果两个层的尺寸不同，自动缩放第二个图层以匹配当前图层的大小。
- 与原始图像混合：设置效果图像与原素材图像的混合程度。

图 9-270　　　　　　　　　　　　　　　　　　图 9-271

4. 固态层合成

固态层合成效果可以将任意一种颜色与原始素材进行混合。其应用效果，如图 9-272 所示。

在"时间线"窗口中选择素材图层，执行"效果 > 通道 > 固态层合成"命令，在"效果控件"面板中展开参数设置，如图 9-273 所示。

图 9-272　　　　　　　　　　　　　　　　　　图 9-273

下面对固态层合成效果的各项属性参数进行详细讲解。

- 源不透明度：用于设置原始素材图层的不透明度。
- 颜色：用于设置固态层的颜色。
- 不透明度：用于设置固态层的不透明度，当数值为 0 时，固态层完全透明。
- 混合模式：用于设置固态层与原始图层的叠加模式。

5. 混合

混合效果可使用 5 种模式之一，混合两个不同的图层，并可以设置混合量动画。其应用效果，如图 9-274 所示。

在"时间线"窗口中选择素材图层，执行"效果 > 通道 > 混合"命令，在"效果控件"面板中展开参数设置，如图 9-275 所示。

图 9-274   图 9-275

下面对混合效果的各项属性参数进行详细讲解。

- 与图层混合：用于指定与原始图层混合的图层。
- 模式：指定一种混合模式，包括"交叉淡化"、"仅颜色"、"仅色调"、"仅变暗"、"仅变亮"。
- 与原始图像混合：设置原始图层与所指定的图层的混合百分比。
- 如果图层大小不同：从右侧的下拉列表中可选择层尺寸不一致时的处理方式，包括"居中"和"伸缩以适合"两种方式。

6. 计算

计算效果可将一个图层的通道与第二个图层的通道进行融合运算，得到运算后的图像颜色。其应用效果，如图 9-276 所示。

在"时间线"窗口中选择素材图层，执行"效果 > 通道 > 计算"命令，在"效果控件"面板中展开参数设置，如图 9-277 所示。

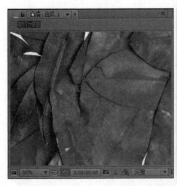
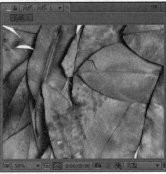

图 9-276   图 9-277

下面对计算效果的各项属性参数进行详细讲解。

- 输入通道：从右侧的下拉列表中选择要提取的通道，可用作混合运算的输入通道。包括"RGBA"、"灰色"、"红色"、"绿色"、"蓝色"、"Alpha" 6 种通道。
- 反转输入：勾选该选项，反向输入颜色的通道。
- 第二个图层：指定要与原始图层混合的控件图层。
- 第二个图层通道：设置控件图层的颜色通道。
- 第二个图层不透明度：设置控件图层的不透明度数值。

- 反转第二个图层：将控件图层进行反转。
- 伸缩第二个图层以适：拉伸或缩小控件图层，直到与原始图层尺寸相匹配为止。
- 混合模式：选择原始图层与控件图层的混合模式。
- 保持透明度：确保未修改原始图层的 Alpha 通道。

7. 设置通道

设置通道效果可将其他图层的通道复制到当前图层的红色、绿色、蓝色、和 Alpha 通道中。其应用效果，如图 9-278 所示。

在"时间线"窗口中选择素材图层，执行"效果 > 通道 > 设置通道"命令，在"效果控件"面板中展开参数设置，如图 9-279 所示。

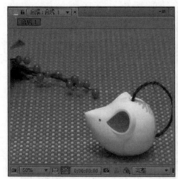 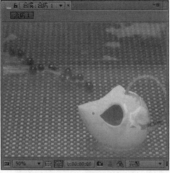

图 9-278   图 9-279

下面对设置通道效果的各项属性参数进行详细讲解。

- 源图层 1/2/3/4：可以分别将本层的 R、G、B、A 四个通道改为其他层。
- 将源 1/2/3/4 设置为红色 / 绿色 / 蓝色 /Alpha：用于选择本层要被替换的 R、G、B、A 通道。
- 如果图层大小不同：如果两层图像尺寸不同，勾选"伸缩图层以适合"选项，使两层的尺寸相匹配。

8. 设置遮罩

设置遮罩效果可将某图层的 Alpha 通道替换为该图层上面的另一图层的通道，以此创建运动遮罩效果。其应用效果，如图 9-280 所示。

在"时间线"窗口中选择素材图层，执行"效果 > 通道 > 设置遮罩"命令，在"效果控件"面板中展开参数设置，如图 9-281 所示。

图 9-280   图 9-281

下面对设置遮罩效果的各项属性参数进行详细讲解。

- 从图层获取遮罩：指定要应用遮罩的图层。
- 用于遮罩：从右侧的下拉列表中选择作为本层遮罩的通道。
- 反转遮罩：勾选该选项对遮罩进行反向。
- 如果图层大小不同：如果两层图像尺寸不同，可以勾选"伸缩遮罩以适合"选项，使两层尺寸统一。
- 将遮罩与原始图像：遮罩与原图像进行透明度混合。
- 预乘遮罩图层：将新遮罩图层预乘当前图层。

9. 算术

算术效果是对图像的红色、绿色和蓝色通道进行各种简单的数学运算。其应用效果，如图 9-282 所示。

在"时间线"窗口中选择素材图层，执行"效果 > 通道 > 算术"命令，在"效果控件"面板中展开参数设置，如图 9-283 所示。

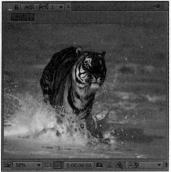

图 9-282

图 9-283

下面对算术效果的各项属性参数进行详细讲解。

- 运算符：用于选择不同的运算方法。
- 红色值：设置应用到计算中的红色通道数值。
- 绿色值：设置应用到计算中的绿色通道数值。
- 蓝色值：设置应用到计算中的蓝色通道数值。
- 剪切：勾选"剪切结果值"选项，可以防止设置的颜色值超出限定范围。

10. 通道合成器

通道合成器效果可用来提取、显示和调整图层的通道值。其应用效果，如图 9-284 所示。

在"时间线"窗口中选择素材图层，执行"效果 > 通道 > 通道合成器"命令，在"效果控件"面板中展开参数设置，如图 9-285 所示。

下面对通道合成器效果的各项属性参数进行详细讲解。

- 使用第二个图层：从源图层检索值，源图层可以是合成中的任意图层。
- 源图层：在勾选"使用第二个图层"选项时，方可使用"源图层"，在右侧的下拉列表中选择一个图层作为源图层。
- 自：选择来源信息和被改变后的信息。
- 反转：勾选该选项可以反转所选的信息。

- 纯色 Alpha：勾选该选项，使整个图层的 Alpha 通道值为 1.0（完全不透明）。

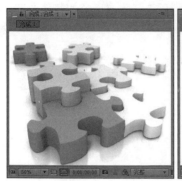

图 9-284

图 9-285

11．移除颜色遮罩

移除颜色遮罩效果可从带有预乘颜色通道的图层中移除色边（色晕），也可以消除或改变遮罩的颜色。将此效果与创建透明度的效果（如抠像效果）结合使用，可增强对部分透明区域外观的控制。在"时间线"窗口中选择素材图层，执行"效果 > 通道 > 移除颜色遮罩"命令，在"效果控件"面板中展开参数设置，如图 9-286 所示。

图 9-286

下面对移除颜色遮罩效果的各项属性参数进行详细讲解。

- 背景颜色：用于选择要消除的背景颜色。
- 剪切：用于设置是否剪切 HDR 结果。

12．转换通道

转换通道效果可将图像中的红色、绿色、蓝色和 Alpha 通道替换为其他通道的值，可以对图像的色彩和亮度产生效果，也可以用来消除某种颜色。其应用效果，如图 9-287 所示。

在"时间线"窗口中选择素材图层，执行"效果 > 通道 > 转换通道"命令，在"效果控件"面板中展开参数设置，如图 9-288 所示。

图 9-287

图 9-288

下面对转换通道效果的各项属性参数进行详细讲解。

- 从获取 Alpha/红色/绿色/蓝色：从右侧的下拉列表中可以选择本层所需的其他通道，并分别应用到 Alpha/红色/绿色/蓝色通道中。

13. 最小/最大

最小/最大效果可以对指定的通道进行像素计算，并为每个通道分配指定半径内该通道的最小值或最大值。其应用效果，如图 9-289 所示。

在"时间线"窗口中选择素材图层，执行"效果>通道>最小/最大"命令，在"效果控件"面板中展开参数设置，如图 9-290 所示。

图 9-289

图 9-290

下面对最小/最大效果的各项属性参数进行详细讲解。

- 操作：用于选择作用的方式，包括"最小值"、"最大值"、"先最小值再最大值"、"先最大值再最小值"4 种方式。
- 半径：用于设置作用半径，半径越大效果越强烈。
- 通道：可以从右侧的下拉列表中选择一种应用通道，对 R、G、B 和 Alpha 通道单独产生作用，而不影响画面的其他元素。
- 方向：用于设置作用方向，包括"水平和垂直"、"仅水平"和"仅垂直"3 种方向模式。
- 不要收缩边缘：勾选该选项，取消收缩边缘。

9.2.11 透视

透视效果是专门对素材进行各种三维透视变化的一组特效，包括：3D 摄像机跟踪器、3D 眼镜、CC Cylinder（CC 圆柱体）、CC Environment（CC 环境贴图）、CC Sphere（CC 球体）、CC Spotlight（CC 聚光灯）、边缘斜面、径向阴影、投影和斜面 Alpha，10 种效果，如图 9-291 所示。下面将对每种效果进行详细讲解。

1. 3D 摄像机跟踪器

3D 摄像机跟踪器效果可以对视频序列进行分析，以提取摄像机运动和 3D 场景数据。其应用效果，如图 9-292 所示。在"时间线"窗口中选择素材图层，执行"效果>透视>3D 摄像机跟踪器"命令，在"效果控件"面板中展开参数设置，如图 9-293 所示。

下面对 3D 摄像机跟踪器效果的各项属性参数进行详细讲解。

- 分析/取消：用于设置开始或停止素材的后台分析。在分析期间，状态显示为素材上的一个横幅画面，并且位于"取消"按钮旁。

图 9-291　　　　　　　　　　图 9-292　　　　　　　　　图 9-293

- 拍摄类型：用于指定是以视图的固定角度、变量缩放，还是以指定视角来捕捉素材。更改此设置需要解析。
- 显示轨迹点：将检测到的特性显示为带透视提示的 3D 点（已解析的 3D）或由特性跟踪捕捉的 2D 点（2D 源）。
- 渲染跟踪点：用于设置是否渲染跟踪点。
- 跟踪点大小：用于设置跟踪点的显示大小。
- 目标大小：用于设置目标的大小。
- 高级：用于设置 3D 摄像机跟踪器效果的高级控件。

2．3D 眼镜

　　3D 眼镜效果可以把两种图像作为空间内的两个元素物体，再通过指定左右视图的图层，将两种图像在新空间融合为一体。其应用效果，如图 9-294 所示。

　　在"时间线"窗口中选择素材图层，执行"效果 > 透视 >3D 眼镜"命令，在"效果控件"面板中展开参数设置，如图 9-295 所示。

图 9-294　　　　　　　　　　　　　　　　　图 9-295

　　下面对 3D 眼镜效果的各项属性参数进行详细讲解。

- 左视图：选择在左侧显示的图层。
- 右视图：选择在右侧显示的图层。
- 场景融合：用于设置画面的融合程度。
- 垂直对齐：用于设置左右视图相对的垂直偏移数值。
- 单位：用于设置偏移的单位。

- 左右互换：勾选该选项，将左右视图互换。
- 3D 视图：用于指定 3D 视图模式。
- 平衡：设置画面的平衡程度。

3. CC Cylinder

CC Cylinder（CC 圆柱体）效果可以把二维图像卷成一个圆柱，模拟三维圆柱体效果。其应用效果，如图 9-296 所示。

在"时间线"窗口中选择素材图层，执行"效果 > 透视 >CC Cylinder"命令，在"效果控件"面板中展开参数设置，如图 9-297 所示。

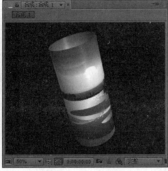

图 9-296

图 9-297

下面对 CC Cylinder（CC 圆柱体）效果的各项属性参数进行详细讲解。

- Radius（半径）：用于设置圆柱体的半径。
- Position（位置）：用于设置圆柱体在画面中的位置。
- Rotation（旋转）：设置圆柱体的旋转属性。
- Render（渲染）：用于设置圆柱体在视图中的显示方式，包括："Full（全部）"、"Outside（外面）"、"Inside（里面）"3 种。
- Light（灯光）：用于设置圆柱体的灯光属性，包括灯光强度、灯光颜色、灯光高度和灯光方向。
- Shading（阴影）：用于设置阴影属性，包括漫反射、固有色、高光、粗糙程度和材质。

4. CC Environment

CC Environment（CC 环境贴图）效果可以为素材图像指定一个环境贴图图层，模拟环境贴图效果。在"时间线"窗口中选择素材图层，执行"效果 > 透视 >CC Environment"命令，在"效果控件"面板中展开参数设置，如图 9-298 所示。

图 9-298

下面对 CC Environment（CC 环境贴图）效果的各项属性参数进行详细讲解。

- Environment（环境）：用于指定需要环境贴图的图层。
- Mapping（贴图）：用于设置贴图模式，包括"Spherical（球形）"、"Probe（探针）"和"Vertical Cross（垂直交叉）"3 种模式。
- Horizontal Pan（水平偏移）：设置水平移动数值。

● Filter Environment（过滤环境）：勾选该选项过滤环境。

5. CC Sphere

CC Sphere（CC 球体）效果可以把素材图像卷起为一个球体，模拟三维球体效果。其应用效果，如图 9-299 所示。

在"时间线"窗口中选择素材图层，执行"效果 > 透视 >CC Sphere"命令，在"效果控件"面板中展开参数设置，如图 9-300 所示。

图 9-299   图 9-300

下面对 CC Sphere（CC 球体）效果的各项属性参数进行详细讲解。

● Radius（半径）：用于设置球体的半径。
● Offset（偏移）：用于设置球体在画面中的偏移。
● Render（渲染）：用于设置球体在视图中的显示方式，包括"Full（全部）"、"Outside（外面）"、"Inside（里面）"3 种。
● Light（灯光）：用于设置球体的灯光属性，包括灯光强度、灯光颜色、灯光高度和灯光方向。
● Shading（阴影）：用于设置阴影属性，包括漫反射、固有色、高光、粗糙程度等属性。

6. CC Spotlight

CC Spotlight（CC 聚光灯）效果可以在素材图像上产生一个光圈，模拟聚光灯照射的效果。其应用效果，如图 9-301 所示。

在"时间线"窗口中选择素材图层，执行"效果 > 透视 >CC Spotlight"命令，在"效果控件"面板中展开参数设置，如图 9-302 所示。

图 9-301   图 9-302

下面对 CC Spotlight（CC 聚光灯）效果的各项属性参数进行详细讲解。

- From（从）：用于设置聚光灯的开始点位置。
- To（到）：用于设置聚光灯的结束点位置。
- Height（高度）：设置聚光灯的高度。
- Cons Angle（锥角）：用于设置聚光灯的光圈大小。
- Edge Softness（边缘柔化）：用于设置灯光边缘柔化的程度。
- Color（颜色）：用于设置灯光的颜色。
- Intensity（强度）：设置聚光灯的强度。
- Render（渲染）：从右侧的下拉列表中，可以指定灯光的显示方式。
- Gel Layer（影响层）：用于指定一个影响图层。

7. 边缘斜面

边缘斜面效果可以对素材图像的四周边缘产生倒角效果，一般只应用在矩形图像上。其应用效果，如图 9-303 所示。

在"时间线"窗口中选择素材图层，执行"效果 > 透视 > 边缘斜面"命令，在"效果控件"面板中展开参数设置，如图 9-304 所示。

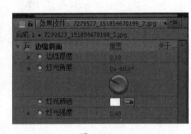

图 9-303   图 9-304

下面对边缘斜面效果的各项属性参数进行详细讲解。

- 边缘厚度：用于设置边缘倒角的大小。
- 灯光角度：设置灯光照射的角度，可以影响阴影方向。
- 灯光颜色：设置灯光的颜色。
- 灯光强度：用于调节灯光的强弱数值。

8. 径向阴影

径向阴影效果可以在素材图像背后产生投射阴影，并可以对阴影的颜色、投射角度、投射距离等属性进行设置。其应用效果，如图 9-305 所示。

在"时间线"窗口中选择素材图层，执行"效果 > 透视 > 径向阴影"命令，在"效果控件"面板中展开参数设置，如图 9-306 所示。

下面对径向阴影效果的各项属性参数进行详细讲解。

- 阴影颜色：用于设置阴影显示的颜色。
- 不透明度：设置阴影的不透明度。

图 9-305　　　　　　　　　　　　　　　　　图 9-306

- 光源：用于调节阴影的投射角度。
- 投影距离：用于调节阴影的投射距离。
- 柔和度：用于设置阴影的柔化程度。
- 渲染：设置阴影的显示方式，包括"常规"和"玻璃边缘"两种显示方式。
- 颜色影响：用于设置颜色对阴影的影响程度。
- 仅阴影：勾选该选项，在画面中只显示阴影，原始素材图像将被隐藏。
- 调整图层大小：用于调整阴影图层的尺寸。

9．投影

投影效果可添加显示在图层后面的阴影，经常被用于文字图层制作文字阴影效果，图层的 Alpha 通道将确定阴影的形状。其应用效果，如图 9-307 所示。

在"时间线"窗口中选择素材图层，执行"效果 > 透视 > 投影"命令，在"效果控件"面板中展开参数设置，如图 9-308 所示。

图 9-307　　　　　　　　　　　　　　　　　图 9-308

下面对投影效果的各项属性参数进行详细讲解。

- 阴影颜色：用于设置阴影显示的颜色。
- 不透明度：设置阴影的不透明度。
- 方向：用于调节阴影的投射角度。
- 距离：用于调节阴影的距离。
- 柔和度：用于设置阴影的柔化程度。
- 仅阴影：勾选该选项，在画面中只显示阴影，原始素材图像将被隐藏。

10．斜面 Alpha

斜面 Alpha 效果可为图像的 Alpha 边界增添凿刻、明亮的外观，通常为 2D 元素增添 3D 外观。其应用效果，如图 9-309 所示。

在"时间线"窗口中选择素材图层，执行"效果 > 透视 > 斜面 Alpha"命令，在"效果控件"面板中展开参数设置，如图 9-310 所示。

图 9-309

图 9-310

下面对斜面 Alpha 效果的各项属性参数进行详细讲解。

- 边缘厚度：用于设置边缘的厚度。
- 灯光角度：用于设置灯光的方向。
- 灯光颜色：用于调节灯光的颜色。
- 灯光强度：用于设置灯光的强弱程度。

9.2.12　文本

文本效果组包括编号和时间码两种效果，它们都是用于辅助文字工具，以便制作更丰富、更绚丽的文字特效，下面将分别对这两种效果进行详细讲解。

1．编号

编号效果可以生成不同格式的随机数或序数，例如小数、日期和时间码，甚至是当前日期和时间（在渲染时）。其应用效果，如图 9-311 所示。

在"时间线"窗口中选择素材图层，执行"效果 > 文本 > 编号"命令，在"效果控件"面板中展开参数设置，如图 9-312 所示。

图 9-311

图 9-312

下面对编号效果的各项属性参数进行详细讲解。

- 类型：从右侧的下拉列表中指定文本的类型。
- 随机值：勾选该选项，使数字随机变化。
- 数值 / 位移 / 随机：用于设置数字随机离散范围，因所选类型及是否选择了"随机值"而异。
- 小数位数：设置数字文本小数点的位置。
- 当前时间 / 日期：用计算机系统当前的时间 / 日期显示数字。
- 填充和描边：用于设置文字填充和描边的属性。
- 位置：用于调整数字在画面中的位置。
- 显示选项：可以指定文字的显示方式，包括"仅填充"、"仅描边"、"在描边上填充"、"在填充上描边"4 种方式。
- 填充颜色：设置文字的填充颜色。
- 描边颜色：用于设置文字描边的颜色。
- 描边宽度：设置文字描边的宽度。
- 大小：用于设置文字的尺寸。
- 字符间距：用于设置字符之间平均距离。
- 比例间距：数字使用比例间隔，而不是等宽间隔。
- 在原始图像上合成：勾选该选项，显示原始素材，否则画面中背景为黑色。

2. 时间码

时间码效果用于在图层上显示时间码或帧编号信息，也可以用于渲染输出后的其他制作。其应用效果，如图 9-313 所示。

在"时间线"窗口中选择素材图层，执行"效果 > 文本 > 时间码"命令，在"效果控件"面板中展开参数设置，如图 9-314 所示。

图 9-313　　　　　　　　　　　　　　　　　　　　　图 9-314

下面对时间码效果的各项属性参数进行详细讲解。

- 显示格式：用于设置时间码的显示格式，包括"SMPTE 时：分：秒：帧"、"帧编号"、"英尺＋帧（35 毫米）"、"英尺＋帧（16 毫米）"4 种格式。
- 时间源：设置用于效果的源，从右侧的下拉列表中可以选择"图层源"、"合成"、"自定义"选项。
- 文本位置：用于设置时间编码在合成画面中的位置。
- 文字大小：设置时间码文字的尺寸。

- 文本颜色：用于设置时间码的颜色。
- 方框颜色：用于设置时间码背景框的颜色。
- 不透明度：设置时间码的不透明度。
- 在原始图像上合成：勾选该选项，显示原始素材，否则画面中背景为黑色。

9.2.13　杂色和颗粒

杂色和颗粒效果可以用于为素材画面添加杂色和颗粒，模拟斑点、刮痕、噪波等效果。杂色和颗粒效果组中包含了 11 种效果，如图 9-315 所示。下面将对这些效果进行详细讲解。

图 9-315

1．分形杂色

分形杂色效果可使用柏林杂色创建用于自然景观背景、置换图和纹理的灰度杂色，可以模拟云、火、蒸汽或流水等效果。其应用效果，如图 9-316 所示。

在"时间线"窗口中选择素材图层，执行"效果 > 杂色和颗粒 > 分形杂色"命令，在"效果控件"面板中展开参数设置，如图 9-317 所示。

图 9-316

图 9-317

下面对分形杂色效果的各项属性参数进行详细讲解。

- 分形类型：从右侧的下拉列表中可以指定分形的类型。
- 杂色类型：选择杂色的类型，包括"块"、"线性"、"柔和线性"、"样条"4 种类型。
- 反转：勾选该选项对图像的颜色进行反转。
- 对比度：设置添加杂色的图像对比度。
- 亮度：调节杂色的亮度。
- 溢出：从右侧的下拉列表中选择溢出的方式，包括"剪切"、"柔和固定"、"反绕"和"允许 HDR 结果"4 种溢出方式。
- 变换：设置杂色的旋转、缩放和偏移等属性。
- 复杂度：用于设置杂色图案的复杂程度。
- 子设置：设置杂色的子属性，如"子影响"、"子缩放"和"子旋转"等。
- 演化：用于设置杂色的演化角度。
- 演化选项：对杂色变化的"循环演化"、"随机植入"等属性进行设置。
- 不透明度：设置杂色图像的不透明度。

- 混合模式：用于指定杂色图像与原始图像的混合模式。

2．蒙尘与划痕

蒙尘与划痕效果可以用于减少杂色和瑕疵，具体方法是更改指定半径内的不同像素，使其更像邻近像素。其应用效果，如图 9-318 所示。

在"时间线"窗口中选择素材图层，执行"效果 > 杂色和颗粒 > 蒙尘与划痕"命令，在"效果控件"面板中展开参数设置，如图 9-319 所示。

图 9-318　　　　　　　　　　　　　　　　　　　图 9-319

下面对蒙尘与划痕效果的各项属性参数进行详细讲解。

- 半径：用于设置蒙尘与划痕的半径，值越大图像会变得越模糊。
- 阈值：用于设置图像的阈值。

3．匹配颗粒

匹配颗粒效果可匹配两个图像之间的杂色。此效果对合成和蓝屏／绿屏工作非常有用。其应用效果，如图 9-320 所示。

在"时间线"窗口中选择素材图层，执行"效果 > 杂色和颗粒 > 匹配颗粒"命令，在"效果控件"面板中展开参数设置，如图 9-321 所示。

图 9-320　　　　　　　　　　　　　　　　　　　图 9-321

下面对匹配颗粒效果的各项属性参数进行详细讲解。

- 查看模式：用于设置效果的显示模式，包括"预览"、"杂色样本"、"补偿范例"、"混合遮罩"和"最终输出"5 种显示模式。
- 杂色源图层：用于指定作为采样层的原层。

- 预览区域：用于设置查看模式中"预览"的属性数值。
- 补偿现有杂色：用于设置弥补现有杂色的百分比。
- 微调：用于微调杂点的"强度"、"大小"、"柔和度"等属性值。
- 颜色：用于设置杂点的颜色属性。
- 应用：用于设置杂点与原始画面的混合模式属性。
- 采样：设置杂点的采样数值，对原层进行采样。
- 动画：用于设置杂点的动画数值，包括"动画速度"、"动画流畅"和"随机植入"。
- 与原始图像混合：用于设置杂点与原始图像混合的各种属性数值。

4. 添加颗粒

添加颗粒效果可以在素材画面上生成新的杂点，并能对杂点设置动画。其应用效果，如图 9-322 所示。

在"时间线"窗口中选择素材图层，执行"效果 > 杂色和颗粒 > 添加颗粒"命令，在"效果控件"面板中展开参数设置，如图 9-323 所示。

图 9-322   图 9-323

下面对添加颗粒效果的各项属性参数进行详细讲解。

- 查看模式：用于设置效果的显示模式，包括"预览"、"混合遮罩"和"最终输出"3 种显示模式。
- 预设：用于从右侧的下拉列表中选择杂点类型。
- 预览区域：用于设置查看模式中"预览"的属性数值。
- 微调：用于调节杂点的"强度"、"大小"、"柔和度"、"长宽比"等属性数值。
- 颜色：用于设置杂点的显示颜色。
- 应用：用于设置杂点与原始画面的混合模式。
- 动画：用于设置杂点的动画属性，包括"动画速度"、"动画流畅"和"随机植入"。
- 与原始图像混合：用于设置杂点与原始图像混合的各种属性数值。

5. 湍流杂色

湍流杂色效果与分形杂色效果相似，都可使用柏林杂色创建用于自然景观背景、置换图和纹理的灰度杂色，可以模拟云、火、蒸汽或流水等效果。其应用效果，如图 9-324 所示。

在"时间线"窗口中选择素材图层，执行"效果 > 杂色和颗粒 > 湍流杂色"命令，在"效果控件"面板中展开参数设置，如图 9-325 所示。

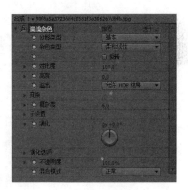

图 9-324　　　　　　　　　　　　　　　　图 9-325

下面对湍流杂色效果的各项属性参数进行详细讲解。

* 分形类型：从右侧的下拉列表中可以指定分形的类型。
* 杂色类型：选择杂色的类型，包括"块"、"线性"、"柔和线性"、"样条"4 种类型。
* 反转：勾选该选项对图像的颜色进行反转。
* 对比度：设置添加杂色的图像对比度。
* 亮度：调节杂色的亮度。
* 溢出：从右侧的下拉列表中选择溢出方式，包括"剪切"、"柔和固定"、"反绕"和"允许 HDR 结果"4 种溢出方式。
* 变换：设置杂色的旋转、缩放和偏移等属性。
* 复杂度：用于设置杂色图案的复杂程度。
* 子设置：设置杂色的子属性，如"子影响"和"子缩放"。
* 演化：用于设置杂色的演化角度。
* 演化选项：对杂色变化的"湍流因素"、"随机植入"等属性进行设置。
* 不透明度：设置杂色图像的不透明度。
* 混合模式：用于指定杂色图像与原始图像的混合模式。

6. 移除颗粒

移除颗粒效果可以用于移除画面中的颗粒或可见杂色。其应用效果，如图 9-326 所示。

在"时间线"窗口中选择素材图层，执行"效果 > 杂色和颗粒 > 移除颗粒"命令，在"效果控件"面板中展开参数设置，如图 9-327 所示。

图 9-326　　　　　　　　　　　　　　　　图 9-327

下面对移除颗粒效果的各项属性参数进行详细讲解。

- 查看模式：用于设置效果的显示模式，包括"预览"、"杂色样本"、"混合遮罩"和"最终输出"4种显示模式。
- 预览区域：用于设置查看模式中"预览"的属性数值。
- 杂色深度减低设置：用于设置杂色减低的各项属性数值。
- 微调：用于对该选项组中的"色度抑制"、"纹理"、"杂点大小偏差"和"清理固态区域"属性进行精细调节。
- 临时过滤：用于设置是否开启临时过滤功能，并控制过滤的数量和运动敏感度。
- 钝化蒙版：用于设置锐化蒙版的"数量"、"半径"和"阈值"属性数值，从而控制图像的反锐化蒙版程度。
- 采样：用于控制采样情况，如源帧、样本数量、样本大小和采样框颜色等。
- 与原始图像混合：用于设置与原始图像混合的各种属性数值。

7. 杂色

杂色效果可随机更改整个图像的像素值，并在画面中添加细小的杂点。其应用效果，如图9-328所示。

在"时间线"窗口中选择素材图层，执行"效果 > 杂色和颗粒 > 杂色"命令，在"效果控件"面板中展开参数设置，如图9-329所示。

图 9-328

图 9-329

下面对杂色效果的各项属性参数进行详细讲解。

- 杂色数量：用于调节杂色的数量，数值越大，在画面中产生的杂点越多。
- 杂色类型：用于设置是否使用杂色，勾选"使用杂色"可使杂色应用彩色像素。
- 剪切：勾选"剪切结果值"选项，可以使原像素和彩色像素交互出现。

8. 杂色 Alpha

杂色 Alpha 效果可将杂色添加到 Alpha 通道中。其应用效果，如图9-330所示。

在"时间线"窗口中选择素材图层，执行"效果 > 杂色和颗粒 > 杂色 Alpha"命令，在"效果控件"面板中展开参数设置，如图9-331所示。

下面对杂色 Alpha 效果的各项属性参数进行详细讲解。

- 杂色：从右侧的下拉列表中选择杂色的类型，包括"统一随机"、"方形随机"、"统一动画"、"方形动画"4种类型。

图 9-330　　　　　　　　　　　　　　　　　　　图 9-331

- 数量：用于设置杂色的数量。
- 原始 Alpha：从右侧的下拉列表中，选择杂色的原始 Alpha 通道，包括"相加"、"固定"、"缩放"和"边缘"。
- 溢出：用于选择杂色溢出的方式，包括"剪切"、"反绕"和"回绕"3 种方式。
- 随机植入：用于设置杂色的随机度。
- 杂色选项（动画）：用于设置杂色的循环属性。

9. 杂色 HLS

杂色 HLS 效果可将杂色添加到图像的色相、亮度和饱和度分量中。其应用效果，如图 9-332 所示。

在"时间线"窗口中选择素材图层，执行"效果 > 杂色和颗粒 > 杂色 HLS"命令，在"效果控件"面板中展开参数设置，如图 9-333 所示。

图 9-332　　　　　　　　　　　　　　　　　　　图 9-333

下面对杂色 HLS 效果的各项属性参数进行详细讲解。

- 杂色：从右侧的下拉列表中选择杂色的类型，包括"统一"、"方形"、"颗粒"3 种类型。
- 色相：用于设置添加到色相值的杂色数量。
- 亮度：用于设置添加到亮度值的杂色数量。
- 饱和度：用于设置添加到饱和度值的杂色数量。
- 颗粒大小：用于设置杂点的尺寸。
- 杂色相位：用于设置杂色的相位，在设置"杂色相位"的关键帧后，此效果会循环使用这些相位以创建动画杂色。关键帧之间的差值越大，杂色动画的速度越快。

10. 杂色 HLS 自动

杂色 HLS 自动效果与杂色 HLS 的应用效果相似，只是生成的杂色是自动设置动画的。其应用效果，如图 9-334 所示。

在"时间线"窗口中选择素材图层，执行"效果 > 杂色和颗粒 > 杂色 HLS 自动"命令，在"效果控件"面板中展开参数设置，如图 9-335 所示。

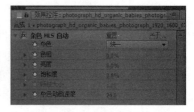

图 9-334

图 9-335

下面对杂色 HLS 自动效果的各项属性参数进行详细讲解。

- 杂色：从右侧的下拉列表中选择杂色的类型，包括"统一"、"方形"、"颗粒"3 种类型。
- 色相：用于设置添加到色相值的杂色数量。
- 亮度：用于设置添加到亮度值的杂色数量。
- 饱和度：用于设置添加到饱和度值的杂色数量。
- 颗粒大小：用于设置杂点的尺寸。
- 杂色动画速度：用于设置杂色随机变化的速度。

11. 中间值

中间值效果可将每个像素替换为具有指定半径相邻像素的中间颜色值的像素，以此来去除杂色。"半径"值较低时，此效果可用于降低某些类型的杂色深度；"半径"值较高时，此效果可为图像提供艺术外观。其应用效果，如图 9-336 所示。

在"时间线"窗口中选择素材图层，执行"效果 > 杂色和颗粒 > 中间值"命令，在"效果控件"面板中展开参数设置，如图 9-337 所示。

图 9-336

图 9-337

下面对中间值效果的各项属性参数进行详细讲解。

- 半径：用于设置像素半径。
- 在 Alpha 通道上运算：设置是否在 Alpha 通道上运算。

9.2.14　遮罩

遮罩效果组包含了 5 种效果，如图 9-338 所示。它们可以创建遮罩，并用于配合键控效果对素材图像进行抠像。下面将对各个遮罩效果进行详细讲解。

1. mocha shape

mocha shape（mocha 形状）效果可以将 mocha 中的路径转换为遮罩。在"时间线"窗口中选择素材图层，执行"效果 > 遮罩 >mocha shape"命令，在"效果控件"面板中展开参数设置，如图 9-339 所示。

图 9-338 　　　　　　　　　　　图 9-339

下面对 mocha shape（mocha 形状）效果的各项属性参数进行详细讲解。

- Blend mode（混合模式）：用于设置遮罩的混合模式。
- Invert（反转）：反转遮罩。
- Render edge width（渲染边缘宽度）：勾选该选项可以渲染边缘的宽度。
- Render type（渲染方式）：从右侧的下拉列表中选择渲染方式。
- Shape colour（形状颜色）：用于设置形状的颜色。
- Opacity（不透明度）：用于设置遮罩的不透明度。

2. 调整柔和遮罩

调整柔和遮罩效果可以使遮罩边缘变柔和，用于制作遮罩边缘的柔化效果。其应用效果，如图 9-340 所示。

在"时间线"窗口中选择素材图层，执行"效果 > 遮罩 > 调整柔和遮罩"命令，在"效果控件"面板中展开参数设置，如图 9-341 所示。

下面对调整柔和遮罩效果的各项属性参数进行详细讲解。

- 计算边缘细节：勾选该选项能对遮罩边缘进行精确计算，产生不规则的边缘。
- 其他边缘半径：用于设置遮罩边缘的半径，只有在勾选"计算边缘细节"选项时才能使用。
- 查看边缘区域：勾选该选项可以将遮罩进行描边。
- 平滑：用于设置遮罩边缘的平滑程度。
- 羽化：用于调节遮罩边缘的羽化程度。
- 对比度：用于调节遮罩边缘的对比强度。
- 移动边缘：用于收缩或扩展遮罩边缘。

图 9-340   图 9-341

- 震颤减少：从右侧的下拉列表中选择减少震颤的方式，包括"关闭"、"更详细"、"更平滑（更慢）"。
- 减少震颤：用于设置减少震颤的数值，只有在"震颤减少"方式为非"关闭"状态才能使用。
- 更多运动模糊：勾选该选项可以开启"运动模糊"选项。
- 运动模糊：用于设置遮罩边缘运动模糊的相关属性。
- 净化边缘颜色：勾选该选项可以开启"净化"选项。
- 净化：用于设置遮罩边缘净化的相关属性。
- 净化数量：用于设置遮罩边缘的净化程度。
- 扩展平滑的地方：勾选该选项可以扩展遮罩边缘平滑的地方。
- 增加净化半径：用于加大遮罩边缘的净化半径范围。
- 查看净化地图：勾选该选项可以查看当前净化半径的范围。

3. 调整实边遮罩

调整实边遮罩效果可平滑锐利或颤动的 Alpha 通道边缘。其应用效果，如图 9-342 所示。

在"时间线"窗口中选择素材图层，执行"效果 > 遮罩 > 调整实边遮罩"命令，在"效果控件"面板中展开参数设置，如图 9-343 所示。

图 9-342   图 9-343

下面对调整实边遮罩效果的各项属性参数进行详细讲解。
- 羽化：用于调节遮罩边缘的羽化程度。
- 对比度：用于调节遮罩边缘的对比强度。
- 移动边缘：用于收缩或扩展遮罩边缘。

- 减少震颤：用于设置减少震颤的数值。
- 使用运动模糊：勾选该选项，可以开启"运动模糊"选项。
- 运动模糊：用于设置遮罩边缘运动模糊的相关属性。
- 净化边缘颜色：勾选该选项可以开启"净化"选项。
- 净化：用于设置遮罩边缘净化的相关属性。
- 净化数量：用于设置遮罩边缘的净化程度。
- 扩展平滑的地方：勾选该选项可以扩展遮罩边缘平滑的地方。
- 增加净化半径：用于加大遮罩边缘的净化半径范围。
- 查看净化地图：勾选该选项可以查看当前净化半径的范围。

4．简单阻塞工具

简单阻塞工具效果可以小增量缩小或扩展遮罩边缘，以便创建更整洁的遮罩。其应用效果，如图 9-344 所示。

在"时间线"窗口中选择素材图层，执行"效果 > 遮罩 > 简单阻塞工具"命令，在"效果控件"面板中展开参数设置，如图 9-345 所示。

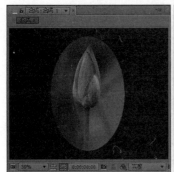
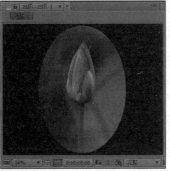

图 9-344　　　　　　　　　　　　　　　　　　　　图 9-345

下面对简单阻塞工具效果的各项属性参数进行详细讲解。

- 视图：从右侧的下拉列表中可以指定视图的类型，包括"最终输出"和"遮罩"两种视图类型。"最终输出"视图用于显示应用此效果的图像；"遮罩"视图用于为包含黑色区域（表示透明度）和白色区域（表示不透明度）的图像提供黑白视图。
- 阻塞遮罩：用于调整遮罩边缘的扩展或缩小数值。正值缩小遮罩边缘，负值扩展遮罩边缘。

5．遮罩阻塞工具

遮罩阻塞工具效果可重复一连串阻塞和扩展遮罩操作，以在不透明区域填充不需要的缺口。其应用效果，如图 9-346 所示。

在"时间线"窗口中选择素材图层，执行"效果 > 遮罩 > 遮罩阻塞工具"命令，在"效果控件"面板中展开参数设置，如图 9-347 所示。

下面对遮罩阻塞工具效果的各项属性参数进行详细讲解。

- 几何柔和度 1/2：用于指定最大扩展或收缩量（以"像素"为单位）。
- 阻塞 1/2：用于设置阻塞数量。负值用于扩展遮罩；正值用于收缩遮罩。
- 灰色阶柔和度 1/2：用于设置遮罩边缘的柔和程度。
- 迭代：用于指定重复阻塞和扩展遮罩边缘的次数。

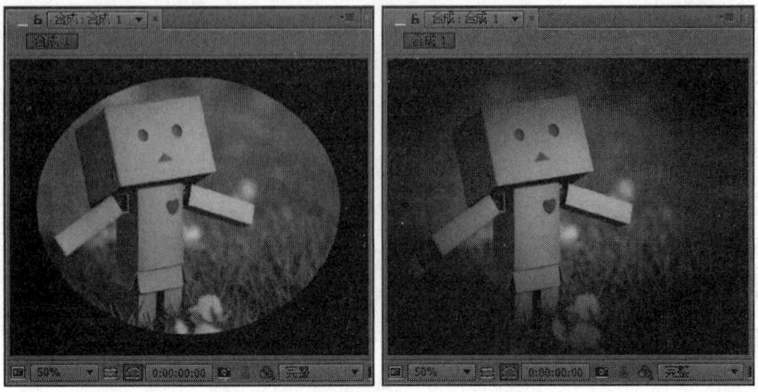

图 9-346

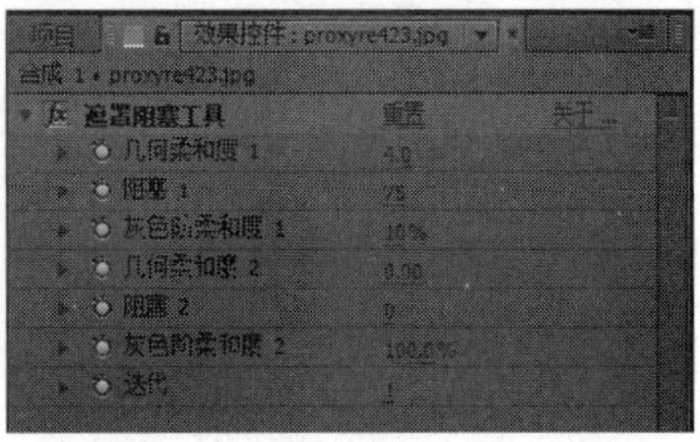

图 9-347

9.2.15 实例：效果的综合运用——天空效果

◎ 源 文 件：源文件 \ 第 9 章 \9.2 效果组

◎ 视频文件：视频 \ 第 9 章 \9.2 效果组 .avi

01 打开 After Effects CC，执行“合成 > 新建合成”命令，创建一个预设为 PAL D1/DV 的合成，设置持续时间为 5 秒，并将其命名为“天空 1”，然后单击“确定”按钮，如图 9-348 和图 9-349 所示。

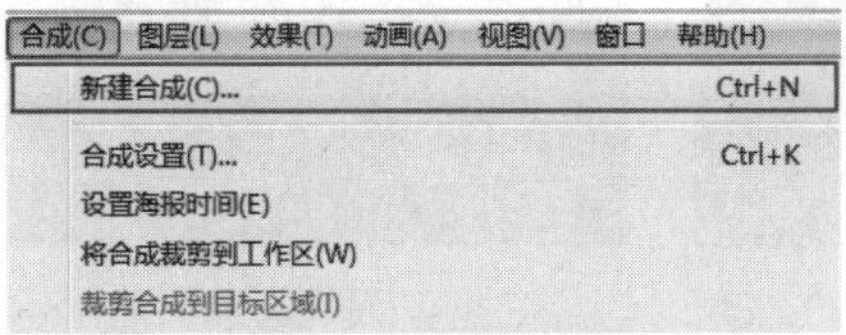

图 9-348

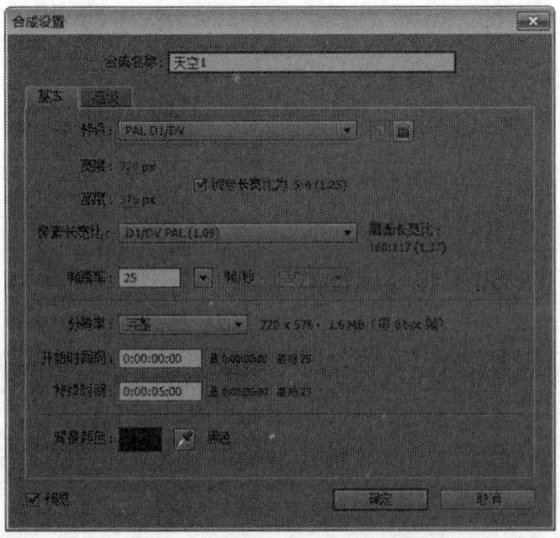

图 9-349

02 在“天空 1”合成的“时间线”窗口”中创建一个纯色层，然后将其命名为“天空”，接着设置“大小”为 720 像素 ×576 像素，最后设置“颜色”为黑色。如图 9-350 所示。

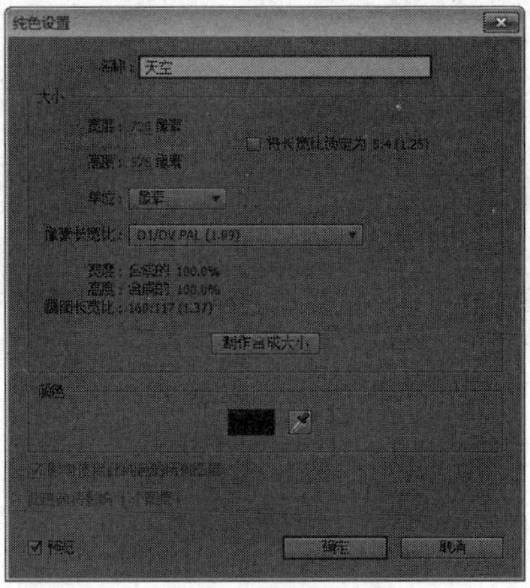

图 9-350

03 在“时间线”窗口选择“天空”图层，然后执行“效果 > 杂色和颗粒 > 分形杂色”命令，展开“效果控件”面板，设置“分形类型”为“辅助比例”、“对比度”为 200、“溢出”为“剪切”，接着展开变换参数，设置“缩放宽度”为 200、“缩放高度”为 100，最后展开“子设置”参数，设置“子影响（%）”为 60、“子缩放”为 50。具体参数设置，如图 9-351 所示。

04 展开分形杂色属性栏，在时间线的（0:00:00:00）位置设置“偏移（湍流）”为（208,382）、“子旋转”为（0×+0°）、“演化”为（0×+0°），并分别为其设置关键帧。将时间轴移动到

（0:00:04:24）的位置，设置"偏移（湍流）"为（524,122）、"子旋转"为（0×-5°）、"演化"为（0×+180°），具体参数设置及在"合成"窗口中的对应效果，如图 9-352 和图 9-353 所示。

图 9-351

图 9-352

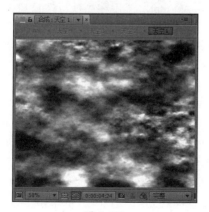

图 9-353

05 按快捷键 Ctrl+N，创建一个合成，将其命名为"天空 2"，然后在"项目"窗口将"天空 1"合成拖曳到"天空 2"合成的"时间线"

窗口中，接着选择"天空 1"合成，按快捷键 Ctrl+D 复制出一个图层，最后设置复制出的图层起点在第 3 秒，如图 9-354 所示。

图 9-354

06 按快捷键 Ctrl+N，创建一个新合成，并将其命名为"天空 3"，在"项目"窗口将"天空 2"合成拖入到"天空 3"合成的"时间线"窗口中，接着按快捷键 Ctrl+Y，创建一个纯色层，并将其命名为"背景"，最后设置"颜色"为黑色。

07 打开"天空 2"图层的三维开关，然后执行"图层 > 新建 > 摄像机"命令，创建一个摄像机，接着设置摄像机"位置"为（402,250,-222），最后选择"天空 2"图层，设置"方向"为（50°,0°,0°）如图 9-355 所示。

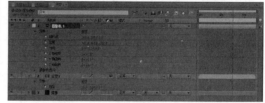

图 9-355

08 按快捷键 Ctrl+N，创建一个新的合成，并将其命名为"天空 4"，然后在"项目"窗口将"天空 3"合成拖入到"天空 4"合成的"时间线"窗口中，接着使用"矩形"工具绘制一个如图 9-356 所示的蒙版，最后设置"蒙版羽化"为（0,200 像素）。

09 继续按快捷键 Ctrl+N，创建一个新的合成，并将其命名为"天空 5"，然后在"项目"窗口将"天空 4"合成拖入到"天空 5"合成的"时间线"窗口中，接着选择"天空 4"图层，执行"效果 > 颜色校正 > 色阶"命令，在"效果控件"面板中设置"通道"为 Alpha、"Alpha 输入黑色"为 67、"Alpha 输入白色"为 122。具体参数设置，如图 9-357 所示。

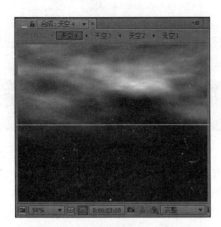

图 9-356

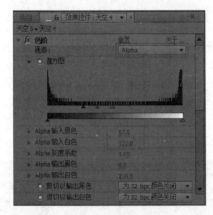

图 9-357

10 继续选择"天空 4"图层，然后执行"效果 > 颜色校正 > 色相 / 饱和度"命令，在"效果控件"面板中设置"主色相"为（0×+20°），具体参数设置如图 9-358 所示。

11 按快捷键 Ctrl+N，创建一个新的合成，并将其命名为"天空 6"，按 Ctrl+Y 组合键，创建一个纯色层，并将其命名为"天空"，然后选择"天空"图层，接着执行"效果 > 生成 > 梯度渐变"命令，在"效果控件"面板设置"渐变起点"为（360，0）、"渐变终点"为（360，576）、"起始颜色"为（R:43,G:170,B:251）、"结束颜色"为（R:250,G:167,B:229）。具体参数设置，如图 9-359 所示。

12 选择"天空"图层，然后执行"效果 > 生成 > 镜头光晕"命令，在"效果控件"面板中设置"光晕中心"为（128,520）、"光晕

亮度"为160%，具体参数设置如图 9-360 所示。

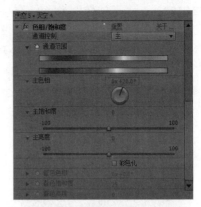

图 9-358

图 9-359

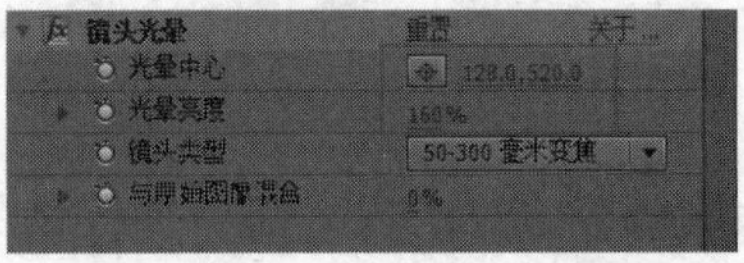

图 9-360

13 按快捷键 Ctrl+N，创建一个新合成，并将其命名为 Final，然后在"项目"窗口将"天空 4"、"天空 5"和"天空 6"合成拖入到 Final 合成的"时间线"窗口中，然后选择"天空 4"图层，重新命名为"天空 4-1"，然后按快捷键 Ctrl+D 复制出两个图层，复制后的图层分别为"天空 4-2"和"天空 4-3"。接着选择"天空 4-1"图层，执行"效果 > 生成 > 梯度渐变"命令，在"效果控件"面板设置"渐变起点"为（360,0）、"渐变终点"为（360，480）、"起始颜色"为白色（R:255,G:255,B:255）、"结束颜色"为蓝色（R:120,G:195,B:255）。具体参数设置，如图 9-361 所示。

14 调节各个图层的位置，然后设置"天空 4-3"图层的叠加模式为"柔光"，"天空 4-2"图

层的叠加模式为"屏幕"、"天空 4-1"图层的叠加模式为"相乘"，"天空 5"图层的叠加模式为"叠加"，如图 9-362 所示。

图 9-361

图 9-362

15 至此本实例动画制作完毕，按小键盘上的 0 键预览动画。按时间先后顺序的动画静帧效果，如图 9-363 ～图 9-366 所示。

图 9-363

图 9-364

图 9-365

图 9-366

9.3 综合实战——雨夜特效

◎ 源　文　件：源文件 \ 第 9 章 \9.3 综合实战

◎ 视频文件：视频 \ 第 9 章 \9.3 综合实战 .avi

01 打开 After Effects CC，执行"合成 > 新建合成"命令，创建一个预设为 PAL D1/DV 的合成，设置持续时间为3秒，并将其命名为"雨夜"，然后单击"确定"按钮，如图 9-367 和图 9-368 所示。

图 9-367

图 9-368

02 执行"文件 > 导入 > 文件…"命令，或按快捷键 Ctrl+I，导入"源文件 \ 第 9 章 \9.3 综合实战 \Footage"文件夹中的"湖湘文化 .avi"视频素材。如图 9-369 ～图 9-371 所示。

03 将"项目"窗口中的"湖湘文化 .avi"视频素材拖曳到"时间线"窗口中，展开其变换属性，并设置"缩放"为（89,100%），具体参数设置及在"合成"窗口中的对应效果，如图 9-372 和图 9-373 所示。

图 9-369

图 9-370

图 9-371

图 9-372

图 9-373

04 在"时间线"窗口中选择"湖湘文化 .avi"图层，执行"效果 > 颜色校正 > 曝光度"命令，

在"效果控件"面板中设置"曝光度"为 -1.0、
"灰度系数校正"为 0.8，具体参数设置及在
"合成"窗口中的对应效果，如图 9-374 和图
9-375 所示。

图 9-374

图 9-375

05 继续选择"湖湘文化 .avi"图层，执行"效
果 > 模拟 >CC Rainfall"命令，在"效果控件"
面板中设置"Drops（降落）"为 12000、"Opacity
（不透明度）"为 20，具体参数设置及在"合成"
窗口中的对应效果，如图 9-376 和图 9-377
所示。

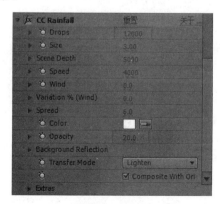

图 9-376

图 9-377

06 选择"湖湘文化 .avi"图层，然后执行"效
果 > 模糊和锐化 > 方框模糊"命令，在"效
果控件"面板中设置"模糊半径"为 2，然后
勾选"重复边缘像素"选项，具体参数设置
及在"合成"窗口中的对应效果，如图 9-378
和图 9-379 所示。

图 9-378

图 9-379

07 至此本实例动画制作完毕，按小键盘上的
0 键预览动画。按时间先后顺序的动画静帧效
果，如图 9-380 ～图 9-383 所示。

图 9-380

图 9-382

图 9-381

图 9-383

9.4 本章小结

本章主要为大家详细介绍了 After Effects CC 中的"效果"模块，通过对本章的学习，可以快速掌握在 After Effects CC 软件中添加效果、使用效果，以及怎样调节各种效果参数的方法。这是本书最核心的章节，只有熟练掌握每种效果的应用方法和技巧，才能在影视特效项目制作中得心应手，并提高制作效率。

第 *10* 章　After Effects CC 中的三维空间效果

在影视后期制作中，三维空间效果是经常用到的，三维空间中的合成对象为我们提供了更广阔的想象空间，同时也让影视特效制作更为丰富多彩，从而制作出更多震撼、绚丽的效果。

10.1　初识三维空间效果

三维空间（也称为"三次元"、"3D"），日常生活中可指由长、宽、高三个维度所构成的空间。"维"这里表示方向。由一个方向确立的直线模式是一维空间，如图 10-1 所示，一维空间具有单向性，由 X 轴向两头无限延伸而确立。由两个方向确立的平面模式是二维空间，如图 10-2 所示，二维空间具有双向性，由 X、Y 轴两向交错构成一个平面，由双向无限延伸而确立。同理，三维空间呈立体性，具有三向性，三维空间的物体除了 X、Y 轴向之外，还有一个纵深的 Z 轴，如图 10-3 所示，这是三维空间与二维平面的区别之处，由三向无限延伸而确立。

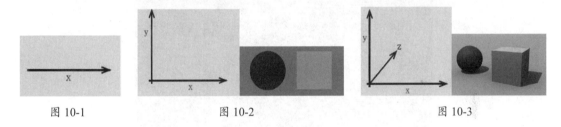

图 10-1　　　　　　　　　　图 10-2　　　　　　　　　　图 10-3

10.2　After Effects CC 中的三维空间效果制作

随着影视后期制作软件的不断更新和发展，现在大部分的专业影视后期特效制作软件，如 After Effects、Combustion 和 Digital Fusion 都具备了三维空间的处理功能，其中 After Effects 软件在三维空间处理功能已经非常完善，越来越多的三维效果都可以在 After Effects 软件中制作出来。

10.2.1　三维图层属性

在"时间线"窗口中，通过单击图层后面的"3D 图层"按钮，可以将任意二维图层转换为三维图层，如图 10-4 所示。在 After Effects 中，将二维图层转换为三维图层后，它的图层属性发生了一些变化，下面将简要介绍三维图层属性与二维图层属性的区别。

图 10-4

二维图层的层属性内容比较简单,只包含:锚点、位置、缩放、旋转和不透明度,5种基本的变换属性,如图10-5所示。通过调节这些属性参数,可以控制物体在二维空间中的位置、大小、旋转和透明度属性。

图 10-5

三维图层的层属性内容比二维图层略为复杂。三维图层和二维图层的变换属性是大体一致的,不同的是所有这些属性参数都比之前增加了一个Z轴(纵深轴向)选项,另外每个图层还会增加一个"材质选项"属性,通过这个属性可以调节三维图层与灯光的关系等,如图10-6所示。

图 10-6

10.2.2 灯光和摄像机

灯光和摄像机在三维空间中的作用是非常大的,灯光能够为三维空间增添现实生活中的光线,使物体更具真实感,摄像机可以为三维空间增添视角震撼力,使物体更具立体感。

After Effects中提供了效果逼真的灯光和摄像机效果,下面简要介绍在After Effects CC软件中应用灯光和摄像机的方法。

- 灯光的应用:执行"图层>新建>灯光"命令,弹出"灯光设置"对话框,如图10-7所示。可以在该对话框中设置灯光的名称、类型、颜色、强度等参数,最后单击"确定"按钮,此时在"时间线"窗口中会自动新建一个灯光层,其灯光属性面板,如图10-8所示。选项中包含灯光类型、强度、颜色、角度、羽化值、阴影及相关设置等内容,利用这些属性设置可以很便捷地模拟现实世界中的灯光效果。
- 摄像机的应用:执行"图层>新建>摄像机"命令,弹出"摄像机设置"对话框,如图10-9所示。可以在该对话框中设置摄像机的名称、预设、缩放、视角等参数,最后单击"确定"按钮,此时在"时间线"窗口会自动新建一个摄像机层,其摄像机属性面板,如图 10-10 所示。在其参数选项中包含了缩放、景深、焦距、光圈和模糊层次等选项。通过对这些参数的调节，可以创建真实的三维摄像机效果。

图 10-7

图 10-8

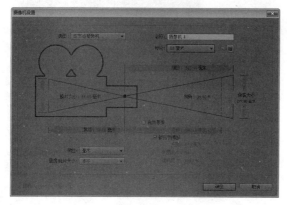

图 10-9

图 10-10

10.3　综合实战——三维空间效果

◯ 源　文　件：源文件 \ 第 10 章 \10.3 综合实战

◯ 视频文件：视频 \ 第 10 章 \10.3 综合实战 .avi

01 打开 After Effects CC，执行"合成 > 新建合成"命令，创建一个预设为 PAL D1/DV 的合成，设置持续时间为 5 秒，并将其命名为"文字"，然后单击"确定"按钮，如图 10-11 和图 10-12 所示。

图 10-11

图 10-12

02 使用"文字"工具输入"三维空间效果"字样，然后在"字符"面板中设置文字的"字体"为微软雅黑、"字体大小"为70、"填充颜色"为白色、"字符间距"为58，接着在"时间线"窗口设置其"位置"为（170,300）。具体参数设置及在"合成"窗口中的对应效果，如图10-13和图10-14所示。

图 10-13

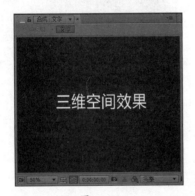

图 10-14

03 选择"文字"图层，然后按快捷键Ctrl+D复制一个图层，接着选择复制出的"文字"图层，将其移到底层，最后设置"缩放"为（100,-100%），并调节其父子关系，如图10-15所示。

图 10-15

04 选择复制出的"文字"图层，然后执行"效果>过渡>线性擦除"命令，在"效果控件"面板中设置"过渡完成"为46%、"擦除角度"为（0×+0°）、"羽化"为100，具体参数

设置及在"合成"窗口中的对应效果，如图10-16和图10-17所示。

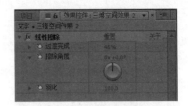

图 10-16

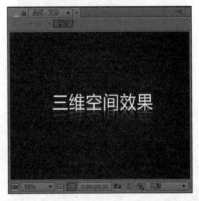

图 10-17

05 按快捷键Ctrl+N，创建一个合成，将其命名为"3D反射"，然后创建一个纯色层，设置其"颜色"为黑色，并将其命名为"背景"，接着选择"背景"图层，执行"效果>生成>梯度渐变"命令，在"效果控件"面板中设置"渐变起点"为（360,-96）、"渐变终点"为（360,358），如图10-18所示。

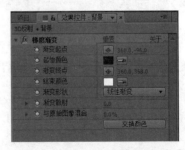

图 10-18

06 按快捷键Ctrl+Y，创建一个新的纯色层，设置其"颜色"为（R:0,G:24,B:47），然后将其命名为"地面"，打开它的三维开关，设置"方向"为（270,0,0）、"缩放"为（291,291,291），接着执行"图层>新建>摄像机"命令，创建一个"预设"为50毫米的摄像机，设置"目标点"

为（360,296,94）、"位置"为（717,8,-1045）。具体参数设置，如图 10-19 所示。

图 10-19

07 选择"地面"图层然后按快捷键 Ctrl+D 复制出一个图层，将复制得到的图层命名为"地面 2"，执行"效果 > 杂色和颗粒 > 分形杂色"命令，在"效果控件"面板中设置"对比度"为 40、"溢出"为剪切，取消勾选"统一缩放"选项，设置"缩放宽度"为 1、"缩放高度"为 300、"复杂度"为 1，如图 10-20 所示。

08 选择"地面 2"图层，然后展开其变换属性，设置"不透明度"为 25%，接着将"文字"合成导入到"3D 反射"合成中，并打开其三维开关，如图 10-21 所示。

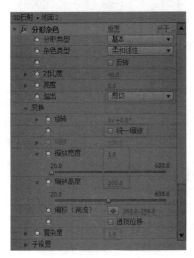

图 10-20

图 10-21

09 执行"图层 > 新建 > 灯光"命令，创建一个灯光层，然后设置"灯光类型"为"点"，"颜色"为白色，接着设置"强度"为 300%、"阴影深度"为 100%、"阴影扩散"为 32，如图 10-22 所示。

图 10-22

10 展开灯光 1 参数栏，在时间线（0:00:00:00）处设置"位置"为（-266,243,90）并创建关键帧，把时间轴移到（0:00:04:00）处，设置"位置"为（716,263,220）。具体参数设置，如图 10-23 所示。

图 10-23

11 继续创建一个灯光图层，接着设置"灯光类型"为"环境"，"颜色"为白色，然后设置"强度"为 80%，参数设置如图 10-24 所示。

图 10-24

12 选择摄像机图层，然后展开摄像机1属性栏，在时间线（0:00:00:00）处设置"位置"为（717, 8,-1045）并创建关键帧，把时间轴移到（0:00:04:00）处，设置"位置"为（498,152,-853）。具体参数设置，如图10-25所示。

图 10-25

13 继续创建一个调整图层，在"时间线"窗口中将其放置在"文字"图层的下面，如图10-26所示。

图 10-26

14 至此本实例动画制作完毕，按小键盘上的0键预览动画。按时间先后顺序的动画静帧效果，如图10-27～图10-30所示。

图 10-27

图 10-28

图 10-29

图 10-30

10.4 本章小结

本章主要学习了 After Effects CC 中三维空间效果的处理方法，其中包括三维图层和二维图层属性的技术、三维灯光与摄像机的应用。After Effects 的三维图层应用是其传统的二维图层效果的突破，同时也是平面视觉艺术的突破，所以需要熟练掌握三维图层处理技术，以制作出更为立体、逼真的影视效果。

第 *11* 章 声音特效的导入与编辑

声音元素包括语言、音乐、音响三大类，在影视制作中，合理地加入一些声音对画面可起到辅助作用，能更好地表现主题内涵。一段好听的旋律，在人们心中唤起的联想可能比一幅画面所唤起的联想更为丰富和生动。因为音乐更具抽象性，它给人的不是抽象的概念，而是富有理性的美感情绪，它可以使每位观众根据自己的体验、志趣和爱好去展开联想，通过联想而补充丰富画面，使画面更加生动、更富有表现力。

11.1 导入声音

在 After Effects CC 中可以直接将声音素材导入到软件中，下面具体讲解在 After Effects CC 中导入声音的方法。

执行"文件 > 导入 > 文件"命令，或按快捷键 Ctrl+I，在弹出的"导入文件"窗口中选择所需要导入的声音素材，如图 11-1 所示；单击"导入"按钮，即将声音导入到 After Effects CC 中的"项目"窗口，如图 11-2 所示。

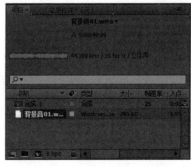

图 11-1　　　　　　　　　　　　　　　图 11-2

还可以直接在"项目"窗口中的空白处双击鼠标，在弹出的"导入文件"窗口选择需要导入的声音素材，然后单击"导入"按钮，即将声音导入到 After Effects CC 中的"项目"窗口中。

11.2 音频效果

在 After Effects CC 中的"效果和预设"面板中，包括 10 种音频效果，如图 11-3 所示。下面将对每种音频效果进行详细讲解。

11.2.1 变调与和声

变调与和声效果包含两个独立的音频效果。变调是通过复制原始声音，然后再对原频率进行位移变化；和声是使单个语音或乐器听起来像合唱的效果。

在"时间线"窗口中选择素材图层，执行"效果 > 音频 > 变调与合声"命令，在"效果控件"面板中展开参数设置，如图 11-4 所示。

图 11-3 图 11-4

下面对变调与合声效果的各项属性参数进行详细讲解。

- 语音分离时间：分离各语音的时间，以"毫秒"为单位。每个语音都是原始声音的延迟版本。对于变调效果，使用 6 或更低的值；对于和声效果，使用更高的值。
- 语音：用于设置和声的数量。
- 调制速率：调制循环的速率，以"赫兹"为单位。
- 调制深度：用于调整调制的深度百分比。
- 语音相变：每个后续语音之间的调制相位差，以"度"为单位。360 除以语音数可获得最佳值。
- 干出：不经过修饰的声音（即原音）输出。
- 湿出：经过修饰的声音（即效果音）输出。

11.2.2 参数均衡

参数均衡效果可增强或减弱特定频率范围，用于增强音乐效果，如提升低频以调出低音。

在"时间线"窗口中选择素材图层，执行"效果 > 音频 > 参数均衡"命令，在"效果控件"面板中展开参数设置，如图 11-5 所示。

下面对参数均衡效果的各项属性参数进行详细讲解。

- 频率：频率响应曲线，水平方向表示频率范围，垂直方向表示增益值。
- 带宽：要修改的频带宽度。
- 推进 / 剪切：要提高或削减指定带内频率振幅的数量。正值表示提高；负值表示削减。

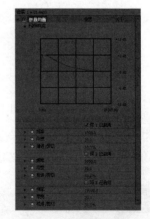

图 11-5

11.2.3 倒放

倒放效果用于将声音素材反向播放，即从最后一帧开始播放至第一帧，在"时间线"窗口中帧的排列顺序保持不变。

在"时间线"窗口选择素材图层，执行"效果 >
音频 > 倒放"命令，在"效果控件"面板中展开参数
设置，如图 11-6 所示。

图 11-6

下面对倒放效果的各项属性参数进行详细讲解。

- 互换声道：勾选该选项可以交换左、右声道。

11.2.4　低音和高音

低音和高音效果可提高或削减音频的低频（低音）或高频（高音）。为增强控制，须使用
参数均衡效果。

在"时间线"窗口中选择素材图层，执行"效果 > 音频 > 低音和高音"命令，在"效果控
件"面板中展开参数设置，如图 11-7 所示。

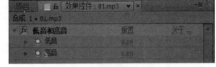

图 11-7

下面对低音和高音效果的各项属性参数进行详细
讲解。

- 低音：用于提高或降低低音。
- 高音：用于提高或降低高音。

11.2.5　调制器

调制器效果通过调制（改变）频率和振幅，将颤
音和震音添加到音频中。

在"时间线"窗口中选择素材图层，执行"效果
> 音频 > 调制器"命令，在"效果控件"面板中展开
参数设置，如图 11-8 所示。

图 11-8

下面对调制器效果的各项属性参数进行详细讲解。

- 调制类型：从右侧的下拉列表中选择调制的类型，包括"正玄"和"三角形"。
- 调制速度：调制的速率，以"赫兹"为单位。
- 调制深度：用于设置调制的深度百分比。
- 振幅变调：用于设置振幅变调量的百分比。

11.2.6　高通 / 低通

高通 / 低通效果可以滤除高于或低于一个频率的
声音，还可以单独输出高音和低音。

在"时间线"窗口中选择素材图层，执行"效果
> 音频 > 高通 / 低通"命令，在"效果控件"面板中
展开参数设置，如图 11-9 所示。

图 11-9

下面对高通 / 低通效果的各项属性参数进行详细讲解。

- 滤镜选项：用于设置滤镜的类型，从右侧下拉列表中可以选择"高通"或"低通"两种类型。
- 屏蔽频率：用于消除频率，屏蔽频率以下（高通）或以上（低通）的所有频率都将被移除。
- 干输出：不经过修饰的声音（即原音）输出。
- 湿输出：经过修饰的声音（即效果音）输出。

11.2.7 混响

混响效果是通过模拟从某表面随机反射的声音，从而模拟开阔的室内效果或真实的室内效果。

在"时间线"窗口中选择素材图层，执行"效果 > 音频 > 混响"命令，在"效果控件"面板中展开参数设置，如图 11-10 所示。

下面对混响效果的各项属性参数进行详细讲解。

图 11-10

- 混响时间（毫秒）：用于设置原始音频和混响音频之间的平均时间，以"毫秒"为单位。
- 扩散：用于设置扩散量，值越大则越有远离的效果。
- 衰减：用于设置效果消失过程的时间，值越大产生的空间效果越大。
- 亮度：指定留存的原始音频中的细节量。亮度值越大，模拟的室内反射声音效果越大。
- 干输出：不经过修饰的声音（即原音）输出。
- 湿输出：经过修饰的声音（即效果音）输出。

11.2.8 立体声混合器

立体声混合器效果可混合音频的左、右通道，并将完整的信号从一个通道平移到另一个通道。

在"时间线"窗口中选择素材图层，执行"效果 > 音频 > 立体声混合器"命令，在"效果控件"面板中展开参数设置，如图 11-11 所示。

下面对立体声混合器效果的各项属性参数进行详细讲解。

图 11-11

- 左声道级别：用于设置左声道的音量。
- 右声道级别：用于设置右声道的音量。
- 向左平移：用于设置左声道的相位平移程度。
- 向右平移：用于设置右声道的相位平移程度。
- 反转相位：勾选该选项反转左、右声道的状态，以防止两种相同频率的音频互相掩盖。

11.2.9 延迟

延迟效果可以将音频素材的声音在一段时间后重复。常用于模拟声音从某表面（如墙壁）弹回的声音。

在"时间线"窗口中选择素材图层，执行"效果 > 音频 > 延迟"命令，在"效果控件"面板中展开参数设置，如图 11-12 所示。

下面对延迟效果的各项属性参数进行详细讲解。

图 11-12

- 延迟时间（毫秒）：原始声音及其回音之间的时间，以"毫秒"为单位。
- 延迟量：延迟的数量百分比。
- 反馈：为创建后续回音反馈到延迟线的回音量。
- 干输出：不经过修饰的声音（即原音）输出。
- 湿输出：经过修饰的声音（即效果音）输出。

11.2.10 音调

音调效果可以模拟简单合音，如潜水艇低沉的隆隆声、背景电话铃声、汽笛或激光波的声音。每个实例最多能增加 5 个音调来创建合音。

在"时间线"窗口中选择素材图层，执行"效果 > 音频 > 音调"命令，在"效果控件"面板中展开参数设置，如图 11-13 所示。

图 11-13

下面对音调效果的各项属性参数进行详细讲解。

- 波形选项：从右侧的下拉列表中可以指定要使用的波形类型。包括"正弦"、"三角形"、"锯子"、"正方形" 4 种波形。正弦波可产生最纯的音调；方形波可产生最扭曲的音调；三角形波具有正弦波和方形波的元素，但更接近于正弦波；锯子波具有正弦波和方形波的元素，但更接近于方形波。
- 频率 1/2/3/4/5：用于分别设置 5 个音调的频率点，当频率点为 0 时则关闭该频率。
- 级别：用于调整此效果实例中所有音调的振幅。要避免剪切和爆音，如果预览时出现警告声，说明级别设置过高，可以使用不超过以下范围的级别值：100 除以使用的频率数。例如，如果用完 5 个频率，则指定 20%。

11.3 综合实战——为动画添加合适的背景音乐

◎ 源 文 件：源文件 \ 第 11 章 \11.3 综合实战

◎ 视频文件：视频 \ 第 11 章 \11.3 综合实战 .avi

01 打开 After Effects CC，执行"文件 > 导入 > 文件…"命令，或按快捷键 Ctrl+I，导入"源文件 \ 第 11 章 \11.3 综合实战 \Footage"文件夹中的"视频 .MPEG4"素材和"音频 .MPEG4"素材。如图 11-14 ～图 11-16 所示。

02 将"项目"窗口中的"视频 .MPEG4"素材拖曳到"时间线"窗口中，效果如图 11-17 所示。接着将"音频 .MPEG4"素材也拖曳到"时间线"窗口中，并放置在"视频 .MPEG4"图层下方，如图 11-18 所示。

图 11-15

图 11-14

图 11-16

图 11-17

图 11-18

03 在"时间线"窗口中选择"音频 .MPEG4"图层，执行"效果 > 音频 > 延迟"命令，如图 11-19 所示，在"效果控件"面板中设置"延迟量"为 65%，具体参数设置如图 11-20 所示。

图 11-19

图 11-20

04 至此本实例动画制作完毕，按小键盘上的 0 键预览动画。按时间先后顺序的动画静帧效果，如图 11-21 ～图 11-24 所示。

图 11-21

图 11-22

图 11-23

图 11-24

11.4 本章小结

本章学习了影视制作中声音的导入方法，以及为声音添加各种音频效果，并详细介绍了音频效果组中的 10 种音频特效。通过对本章的学习，可以为视频画面添加音乐，并为音乐增加各种音频效果，增强视频画面的表现力和感染力。

第 *12* 章　After Effects CC 中的第三方插件应用

After Effects 是一个很强大的影视后期特效软件，它与 Photoshop、Illustrator 和 3ds Max 等多种二维或三维软件具有良好的兼容性。它除了自身附带的上百种特效外，还可以兼容第三方插件特效，实现软件本身不能实现的功能，本章将介绍两种最常用的插件：3D Stroke（3D 描边）和 Shine（扫光）。

12.1　3D Stroke（3D 描边）插件

3D Stroke（3D 描边）是 Trapcode 公司开发的 After Effects 特效插件，它是一款描绘三维路径的特效插件，可以将图层中的蒙版路径转换为线条，在三维空间中可以自由地移动或旋转这些线条，并且可以为这些线条设置各种关键帧动画。效果如图 12-1 和图 12-2 所示。

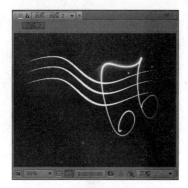

图 12-1

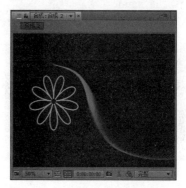

图 12-2

12.1.1　3D Stroke（3D 描边）使用技法

在"时间线"窗口中选择素材图层，执行"效果 >Trapcode>3D Stroke"命令，在"效果控件"面板中展开参数设置，如图 12-3 所示。

下面对 3D Stroke（3D 描边）效果的各项属性参数进行详细讲解。

- Path（路径）：用于指定绘制的蒙版作为描边路径。
- Presets（预设）：从右侧的下拉列表中可以选择任意一种系统内置的描边效果。
- Use All Paths（使用所有路径）：勾选该选项将图层中所有的蒙版作为描边路径。
- Stroke Sequentially（描边顺序）：勾选该选项，将所有的蒙版按顺序进行描边。

图 12-3

- Color（颜色）：控制 3D Stroke 描边颜色的选项。
- Thickness（粗细）：控制描边线条粗细的选项。
- Feather（羽化）：用于设置描边路径边缘的羽化程度。
- Start（开始）：用于设置描边的开始位置。
- End（结束）：用于设置描边的结束位置。
- Offset（偏移）：设置描边位置的偏移程度。
- Loop（循环）：设置描边路径是否循环连续。
- Taper（锥度）：设置描边线条两端的锥形程度，参数面板如图 12-4 所示。
    - Enable（开启）：勾选该选项可以开启锥度效果设置。
    - Compress to fit（压缩适合）：设置锥度是否压缩至适合大小。
    - Start Thickness（开始粗细）：设置描边线条开始位置的粗细。
    - End Thickness（结束粗细）：设置描边线条结束位置的粗细。
    - Taper Start（锥化开始）：设置描边线条锥化开始的位置。
    - Taper End（锥化结束）：设置描边线条锥化结束的位置。
    - Step Adjust Method（调整方式）：设置锥度效果的调整方式，包括"None（不做调整）"和"Dynamic（动态调整）"。
- Transform（变换）：调整描边线条的位移、旋转和弯曲等属性，参数面板如图 12-5 所示。

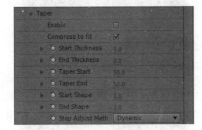

图 12-4

图 12-5

- Bend（弯曲）：用于设置描边线条的弯曲程度。
- Bend Axis（弯曲轴向）：控制描边线条弯曲的轴向。
- Bend Around Cen（围绕中心弯曲）：用于设置是否围绕中心位置进行弯曲。
- XY Position、Z Position（X、Y、Z 轴的位置）：设置描边线条的位置。
- X/Y/Z Rotation（X、Y、Z 轴的旋转）：设置描边线条的旋转。
- Order（顺序）：用于设置描边线条位置和旋转的顺序。
- Repeater（重复）：用于调整描边线条的重复状态，参数面板如图 12-6 所示。
    - Enable（开启）：勾选该选项可以开启描边的重复设置。
    - Symmetric Doubler（对称复制）：用于设置描边线条是否对称复制。
    - Instances（重复）：用于设置描边线条的数量。
    - Opacity（不透明度）：用于设置描边线条的不透明度。

图 12-6

- Scale（缩放）：用于设置描边线条的缩放效果。
- Factor（因数）：用于设置描边线条的伸展因数。
- X/Y/Z Displace（X/Y/Z 偏移）：用于设置 X/Y/Z 轴的偏移效果。
- X/Y/Z Rotation（X/Y/Z 旋转）：用于设置 X/Y/Z 轴的旋转数值。

- Advanced（高级）：调整线条的高光、暗调的透明度、对比度和色度等属性，参数面板如图 12-7 所示。

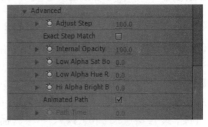

图 12-7

  - Adjust Step（调节步幅）：用于调节描边步幅。数值越大，描边线条显示为圆点且间距越大。
  - Exact Step Match（精确匹配）：勾选该选项，将精确匹配描边步幅。
  - Internal Opacity（内部的不透明度）：用于设置描边线条内部的不透明度。
  - Low Alpha Sat Bo（Alpha 饱和度）：用于设置描边线条的 Alpha 饱和度。
  - Low Alpha Hue Rotation（Alpha 色调旋转）：用于设置描边线条的 Alpha 色调旋转数值。
  - Hi Alpha Bright B（Alpha 亮度）：用于设置描边线条的 Alpha 亮度。
  - Animated Path（全局时间）：勾选该选项开启全局时间。
  - Path Time（路径时间）：用于设置描边路径的时间。

- Camera（摄像机）：用于调整摄像机视角的选项，参数面板如图 12-8 所示。

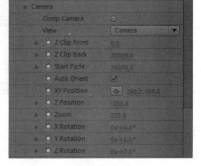

图 12-8

  - Comp Camera（合成中的摄像机）：勾选该选项，使用合成中的摄像机。
  - View（视图）：从右侧的下拉列表中，可以选择摄像机的显示视图。
  - Z clip Front（前面的剪切平面）：用于设置 Z 轴深度方向前面的剪切平面数值。
  - Z clip Back（后面的剪切平面）：用于设置 Z 轴深度方向后面的剪切平面数值。
  - Start Fade（淡出）：用于设置剪切平面的淡出数值。
  - Auto Orient（自动定位）：用于设置是否开启摄像机的自动定位。
  - XY Position、Z Position（X、Y、Z 轴的位置）：设置摄像机的 X、Y、Z 轴位置。
  - Zoom（缩放）：设置摄像机的缩放比例。
  - X/Y/Z Rotation（X、Y、Z 轴的旋转）：设置摄像机的 X、Y、Z 轴旋转。

- Motion Blur（运动模糊）：用于设置描边线条运动模糊效果，参数面板如图 12-9 所示。

图 12-9

  - Motion Blur（运动模糊）：用于设置运动模糊是否开启或使用合成中的运动模糊设置。
  - Shutter Angle（快门的角度）：用于设置摄像机的快门角度。
  - Shutter Phase（快门的相位）：用于设置摄像机快门的相位。
  - Levels（平衡）：用于设置摄像机的平衡程度。

- Opacity（不透明度）：用于设置描边线条的不透明度。
  - Transfer Mode（混合模式）：从右侧下拉列表中可以选择描边线条与当前图层的混合模式。

12.1.2　实例：3D Stroke（3D 描边）特效的应用——飞舞的光线

◎ **源 文 件**：源文件 \ 第 12 章 \12.1 3D Stroke（3D 描边）插件
◎ **视频文件**：视频 \ 第 12 章 \12.1 3D Stroke（3D 描边）插件

01 打开 After Effects CC，执行"合成 > 新建合成"命令，创建一个预设为 PAL D1/DV 的合成，设置持续时间为 5 秒，并将其命名为"光线 01"，然后单击"确定"按钮，如图 12-10 所示。

在"效果控件"面板中设置"Thickness（粗细）"为 5，再展开"Taper（锥度）"参数项，勾选"Enable（开启）"选项，最后设置"Start Shape（起始大小）"为 5、"End Shape（终止大小）"为 5，具体参数设置及在"合成"窗口中的对应效果，如图 12-12 和图 12-13 所示。

图 12-10

图 12-12

02 按快捷键 Ctrl+Y，在"光线 01"合成的"时间线"窗口中创建一个纯色层，然后将其命名为"光线"，接着使用"钢笔"工具为其绘制一个蒙版，如图 12-11 所示。

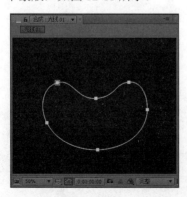

图 12-11

图 12-13

03 在"时间线"窗口中选择"光线"图层，然后执行"效果 >Trapcode>3D Stroke"命令，

04 在"效果控件"面板中展开"Transform（变换）"参数项，然后设置"Bend（弯曲）"为 2、"Bend Axis（弯曲轴向）"为（0×+45°），

接着展开"Repeater（重复）"参数项，并勾选"Enable（开启）"选项和"Symmetric Doubler（对称复制）"选项，最后设置"X Rotation（X 轴的旋转）"为（0×+60°）、"Y Rotation（Y 轴的旋转）"为（0×-60°）、"Z Rotation（Z 轴的旋转）"为（0×+90°），具体参数设置及在"合成"窗口中的对应效果，如图 12-14 和图 12-15 所示。

图 12-14

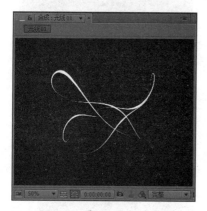

图 12-15

05 在"时间线"窗口中选择"光线"图层，然后执行"效果 >Trapcode>Starglow"命令，在"效果控件"面板中设置 Streak Length（光线长度）为 10，再展开"Individual Lengths（各个方向光线长度）"参数项，最后设置"Up（上）"、"Down（下）"和"Up Right（右上）"都为 1，具体参数设置及在"合成"窗口中的对应效果，如图 12-16 和图 12-17 所示。

图 12-16

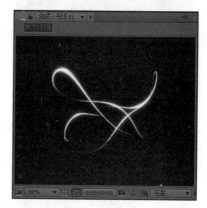

图 12-17

06 继续选择"光线"图层，然后在时间线的（0:00:00:00）位置设置 3D Stroke（3D 描边）中的"Offset（偏移）"为 -80、"Bend（弯曲）"为 2、"Z Rotation（Z 轴的旋转）"为（0×+45°）、"Scale（缩放）"为 180，并设置关键帧。接着将时间轴移到（0:00:02:00）位置，设置"Offset（偏移）"为 80、"Bend（弯曲）"为 0、"Z Rotation（Z 轴的旋转）"为（0×+0°）、"Scale（缩放）"为 1。具体参数设置，如图 12-18 所示。

图 12-18

07 按快捷键 Ctrl+N，创建一个新的合成，然后将其命名为"光线 02"，如图 12-19 所示，接着按快捷键 Ctrl+Y，创建一个纯色层，并将其命名为"光线"，再选择"光线"图层，最后使用"钢笔"工具绘制一个如图 12-20 所示的形状蒙版。

图 12-19

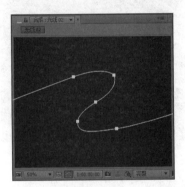

图 12-20

08 选择"光线"图层，然后执行"效果>Trapcode>3D Stroke"命令，在"效果控件"面板中设置"Thickness（粗细）"为 4，接着展开"Taper（锥度）"参数项，勾选"Enable（开启）"选项，设置"Start Shape（起始大小）"为 5、"End Shape（终止大小）"为 5，具体参数设置及在"合成"窗口中的对应效果，如图 12-21 和图 12-22 所示。

09 在"效果控件"面板中展开"Transform（变换）"参数项，然后设置"Bend（弯曲）"为 2、"Bend Axis（弯曲轴向）"为（0×+90°），接着展开"Repeater（重复）"参数项，并勾选"Enable（开启）"选项，取消勾选"Symmetric Doubler（对称复制）"选项，最后设置"Instances

（重复）"为 3、"Scale（缩放）"为 120、"Z Displace（Z 偏移）"为 120、"X Rotation（X 轴的旋转）"为（0×-220°）、"Y Rotation（Y 轴的旋转）"为（0×-25°）、"Z Rotation（Z 轴的旋转）"为（0×-25°），具体参数设置及在"合成"窗口中的对应效果，如图 12-23 和图 12-24 所示。

图 12-21

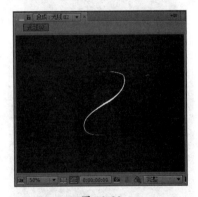

图 12-22

图 12-23

图 12-24

10 在"时间线"窗口中继续选择"光线"图层，然后执行"效果 >Trapcode>Starglow"命令，在"效果控件"面板中设置"Streak Length（光线长度）"为 10，再展开"Individual Lengths（各个方向光线长度）"参数项，最后设置"Up（上）"、"Down（下）"和"Up Right（右上）"都为 1，具体参数设置及在"合成"窗口中的对应效果，如图 12-25 和图 12-26 所示。

图 12-25

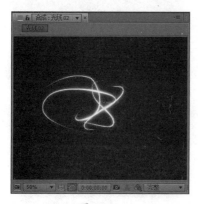

图 12-26

11 再次选择"光线"图层，然后在时间线的（0:00:00:00）位置设置 3D Stroke（3D 描边）中的"Offset（偏移）"为 -80，单击"设置关键帧"按钮 ，为其设置一个关键帧。将时间轴移到（0:00:02:00）的位置，设置"Offset（偏移）"为 80。具体参数设置，如图 12-27 所示。

图 12-27

12 按快捷键 Ctrl+N，创建一个新的合成，将其命名为"文字"，接着在"合成"面板中输入文字"飞舞的光线"，最后在"字符"面板中设置"字体"为微软雅黑、"字体大小"为 80、"填充颜色"为白色，展开其变换属性，并设置其"位置"为（172,314），具体参数设置及在"合成"窗口中的对应效果，如图 12-28 和图 12-29 所示。

图 12-28

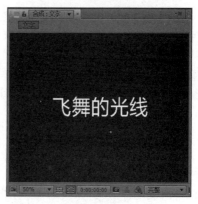

图 12-29

13 按快捷键 Ctrl+N，创建一个新的合成，将其命名为"Final"，然后在"项目"窗口中将"光线 01"、"光线 02"和"文字"合成拖入到"Final"合成中，接着创建一个纯色层，并将其命名为"背景"，再选择"背景"图层，执行"效果 > 生成 > 梯度渐变"命令，在"效果控件"面板中设置"渐变起点"为（-245,-210）、"渐变终点"为（780,610）、"起始颜色"为黄绿色（R:160,G:210,B:0）、"结束颜色"为黑色，最后设置"渐变形状"为径向渐变，具体参数设置及在"合成"窗口中的对应效果，如图 12-30 和图 12-31 所示。

色（R:160,G:210,B:0）、"结束颜色"为白色，具体参数设置及在"合成"窗口中的对应效果，如图 12-34 和图 12-35 所示。

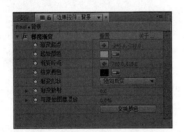

图 12-30

图 12-31

14 在"时间线"窗口中选择"文字"图层，然后使用"矩形"工具为其绘制一个蒙版，接着将时间轴移动到（0:00:01:09）位置，并设置蒙版形状，如图 12-32 所示，并单击蒙版路径的"关键帧"按钮。最后将时间轴移动到（0:00:01:15）位置，调整蒙版形状，如图 12-33 所示。

15 选择"文字"图层，然后执行"效果 > 生成 > 梯度渐变"命令，在"效果控件"面板中设置"渐变起点"为（360,310）、"渐变终点"为（360,280）、"起始颜色"为黄绿

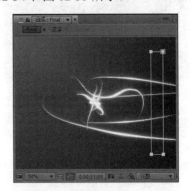

图 12-32

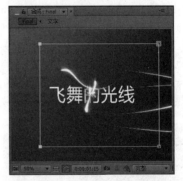

图 12-33

图 12-34

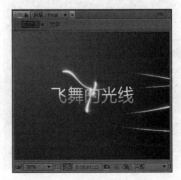

图 12-35

16 继续选择"文字"图层，然后执行"效果 > 透视 > 投影"命令，在"效果控件"面板中设置"不透明度"为 100%、"距离"为 0、"柔和度"为 8；然后再选择"投影"效果，按快捷键 Ctrl+D 复制一个图层，接着设置"距离"为 8、"柔和度"为 10，具体参数设置及在"合成"窗口中的对应效果，如图 12-36 和图 12-37 所示。

果，如图 12-39 ～图 12-42 所示。

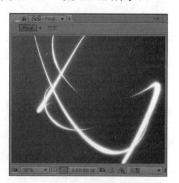

图 12-39

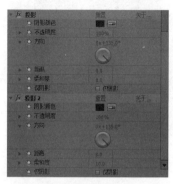

图 12-36

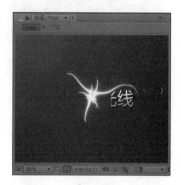

图 12-40

图 12-37

17 在"时间线"窗口中选择"光线 02"图层，然后设置其在（0:00:01:15）处开始，最后选择"背景"图层，设置"不透明度"为 70%。具体参数设置，如图 12-38 所示。

图 12-41

图 12-38

18 至此本实例动画制作完毕，按小键盘上的 0 键预览动画。按时间先后顺序的动画静帧效

图 12-42

12.2 Shine（扫光）插件

　　Shine（扫光）插件也是 Trapcode 公司开发的 After Effects 插件，常用于制作文字、标志和物体发光的效果，它的开发为制作片头和特效带来了极大的便利，其应用效果如图 12-43 和图 12-44 所示。

图 12-43

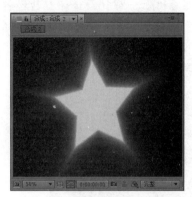
图 12-44

12.2.1 Shine（扫光）使用技法

　　在"时间线"窗口中选择素材图层，执行"效果 >Trapcode>Shine"命令，在"效果控件"面板中展开参数设置，如图 12-45 所示。

　　下面对 Shine（扫光）效果的各项属性参数进行详细讲解。

- Pre-Process（预置程序）：在应用 Shine（扫光）效果之前需要预设的功能属性，参数面板如图 12-46 所示。

图 12-45

图 12-46

  - Threshold（阈值）：用于分离 Shine（扫光）的作用区域，阈值不同，光束效果也不同。
  - Use Mask（使用遮罩）：勾选该选项使用遮罩效果。
  - Mask Radius（遮罩半径）：用于设置遮罩的半径。
  - Mask Feather（遮罩羽化）：用于设置遮罩的羽化程度。
  - Source Point（光源点）：用于调整光效的发光点位置。
- Ray Length（光线发射长度）：用于设置光线的长度，数值越大，光线越长；数值越小，光线越短。
- Shimmer（微光）：主要用于设置光线发射数量、细节、相位等属性，参数面板如图 12-47 所示。

- ■ Amount（数量）：用于设置微光发射的数量。
- ■ Detail（细节）：用于设置微光的细节。
- ■ Source Point affect（光束影响）：设置光束中心对微光是否产生影响。
- ■ Radius（半径）：用于设置微光受光束中心影响的半径。
- ■ Reduce flickering（减少闪烁）：用于减少微光发射时的闪烁频率。
- ■ Phase（相位）：用于设置微光的相位。
- ■ Use Loop（使用循环）：用于设置是否使用效果循环。
- ■ Revolutions in Loop（循环中旋转）：用于设置微光效果循环中的旋转圈数。
- ● Boost Light（光线亮度）：用于设置光线发射时的亮度。
- ● Colorize（色彩化）：用于调整 Shine 光线色彩的参数，但是光线色彩的调整是比较复杂的，需要分别调整高光、中间调和阴影颜色，来共同决定光线的颜色。参数面板如图 12-48 所示。

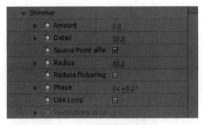

图 12-47

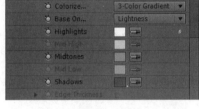

图 12-48

- ■ Colorize（颜色模式）：用于设置颜色的模式，在右侧的下拉列表中可以选择任意一种颜色模式。
- ■ Base On（依据）：用于设置输入通道的模式，在右侧的下拉列表中共有 7 种模式，包括 Lightness（明度）、Luminance（亮度）、Alpha（通道）、Alpha Edges（通道边缘）、Red（红色）、Green（绿色）、Blue（蓝色）模式。
- ■ Highlights（高光）：用于设置高光颜色。
- ■ Mid High（中间高光）：用于设置中间高光的颜色。
- ■ Midtones（中间色）：用于设置中间色。
- ■ Mid Low（中间阴影）：用于设置中间阴影的颜色。
- ■ Shadows（阴影）：用于设置阴影颜色。
- ■ Edge Thickness（边缘厚度）：用于设置光线边缘的厚度。
- ● Source Opacity（源素材不透明度）：用于调节源素材的不透明度数值。
- ● Shine Opacity（光线不透明度）：用于调节光线的不透明度。
- ● Transfer Mode（混合模式）：用于设置 Shine 光线的混合模式。

12.2.2　实例：Shine（扫光）特效的应用——云层透光效果

◎ **源 文 件：源文件 \ 第 12 章 \12.2 Shine（扫光）插件**

◎ **视频文件：视频 \ 第 12 章 \12.2 Shine（扫光）插件**

01 打开 After Effects CC，执行"合成 > 新建合成"命令，创建一个预设为 PAL D1/DV 的合成，设置持续时间为 5 秒，并将其命名为"云层"，然后单击"确定"按钮，如图 12-49 所示。

图 12-49

02 执行"文件 > 导入 > 文件…"命令，或按快捷键 Ctrl+I，导入"源文件 \ 第 12 章 \12.2 Shine（扫光）插件 \Footage"文件夹中的"云层 .jpg"素材。如图 12-50 ～图 12-52 所示。

图 12-50

图 12-51

图 12-52

03 将"项目"窗口中的"云层 .jpg"素材拖曳到"时间线"窗口中，展开其变换属性，并设置"缩放"为82%，具体参数设置及在"合成"窗口中的对应效果，如图 12-53 和图 12-54 所示。

图 12-53

图 12-54

04 在"时间线"窗口中选择"云层 .jpg"图层，然后执行"效果 >Trapcode>Shine"命令，在"效果控件"面板中展开"Colorize（色彩化）"模式参数项，最后设置"Colorize（颜色模式）"为 None（无）、"Transfer Mode（混合模式）"为"Add（叠加）"，具体参数设置及在"合成"窗口中的对应效果，如图 12-55 和图 12-56 所示。

图 12-55

图 12-56

05 在"效果控件"面板中展开"Pre-Process（预置程序）"参数项，然后设置"Threshold（阈值）"为 232、"Source Point（光源点）"为（901,41），具体参数设置及在"合成"窗口中的对应效果，如图 12-57 和图 12-58 所示。

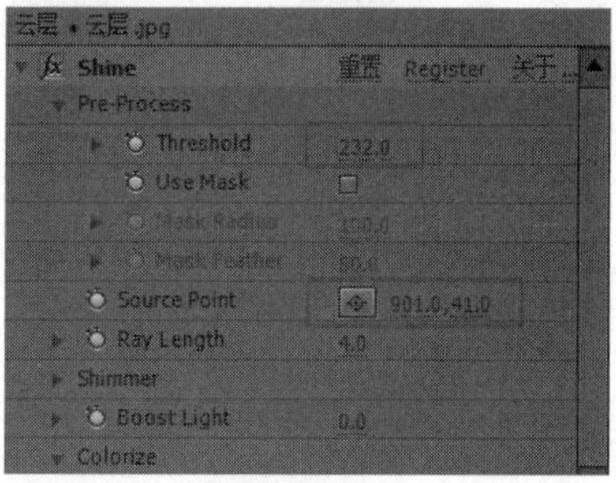

图 12-59

图 12-57

图 12-60

07 在"时间线"窗口中选择"云层 .jpg"图层，然后展开 Shine（扫光）效果，接着在时间线（0:00:00:00）的位置设置"Threshold（阈值）"为 255、"Source Point（光源点）"为（492,238），并单击"设置关键帧"按钮 ◎ ，为"Threshold（阈值）"和"Source Point（光源点）"属性各设置一个关键帧；然后将时间轴移到（0:00:03:09）的位置，设置"Threshold（阈值）"为 232、"Source Point（光源点）"为（901,41）。具体参数设置，如图 12-61 所示。

图 12-58

06 在"效果控件"面板中展开"Shimmer（微光）"参数项，然后设置"Amount（数量）"为 300、"Detail（细节）"为 40，具体参数设置及在"合成"窗口中的对应效果，如图 12-59 和图 12-60 所示。

图 12-61

08 至此本实例动画制作完毕，按小键盘上的 0 键预览动画。按时间先后顺序的动画静帧效果，如图 12-62 ～图 12-65 所示。

图 12-62

图 12-64

图 12-63

图 12-65

12.3 综合实战——流动光线

○ **源 文 件：源文件 \ 第 12 章 \12.3 综合实战——流动光线**

○ **视频文件：视频 \ 第 12 章 \12.3 综合实战——流动光线**

01 打开 After Effects CC，执行"合成 > 新建合成"命令，创建一个预设为 PAL D1/DV 的合成，设置持续时间为 5 秒，并将其命名为"光线"，然后单击"确定"按钮，如图 12-66 所示。

02 执行"文件 > 导入 > 文件…"命令，或按快捷键 Ctrl+I，导入"源文件 \ 第 12 章 \12.3 综合实战—流动光线 \Footage"文件夹中的"背景 .jpg"素材。如图 12-67 ～图 12-69 所示。

图 12-66

图 12-67

图 12-68

图 12-69

03 将"项目"窗口中的"背景.jpg"素材拖曳到"时间线"窗口中,展开其变换属性,并设置"位置"为(360,68)、"缩放"为108%,具体参数设置及在"合成"窗口中的对应效果,如图 12-70 和图 12-71 所示。

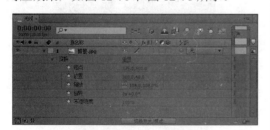

图 12-70

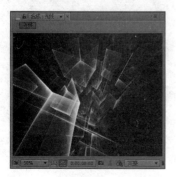

图 12-71

04 按快捷键 Ctrl+Y,创建一个纯色层,然后将其命名为"线条",接着设置"颜色"为黑色,如图 12-72 所示。然后使用"钢笔"工具在"合成"窗口中绘制一个封闭且不规则的路径,如图 12-73 所示。

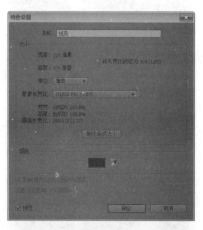

图 12-72

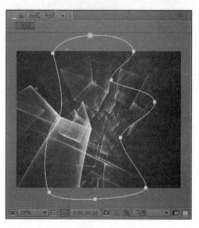

图 12-73

05 在"时间线"窗口中选择"线条"图层,然后执行"效果 >Trapcode>3D Stroke"命令,在"效果控件"面板中设置"Thickness(粗细)"为 6,接着展开"Taper(锥度)"参数项,勾选"Enable(开启)"选项,具体参数设置及在"合成"窗口中的对应效果,如图 12-74 和图 12-75 所示。

06 在"效果控件"面板中展开"Transform(变换)"参数项,然后设置"Bend(弯曲)"为 8、"Bend Axis(弯曲轴向)"为(0×+135°),接着展开"Repeater(重复)"

参数项，并勾选"Enable（开启）"选项，最后设置"Instances（重复）"为2，具体参数设置及在"合成"窗口中的对应效果，如图12-76和图12-77所示。

图 12-74

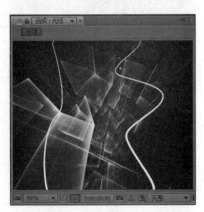

图 12-75

图 12-76

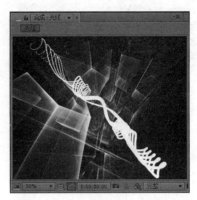

图 12-77

07 选择"线条"图层，然后执行"效果>Trapcode>Shine"命令，在"效果控件"面板中设置"Ray Length（光线发射长度）"为8、"Boost Light（光线亮度）"为8、"Colorize（颜色模式）"为Spirit、"Transfer Mode（混合模式）"为"Add（叠加）"，具体参数设置及在"合成"窗口中的对应效果，如图12-78和图12-79所示。

图 12-78

图 12-79

08 观察预览效果发现"线条"高光区显示过亮，为降低其亮度，展开 3D Stroke 效果中的"Advanced（高级）"参数项，接着设置"Internal Opacity（内部的不透明度）"为 10，具体参数设置及在"合成"窗口中的对应效果，如图 12-80 和图 12-81 所示。

图 12-80

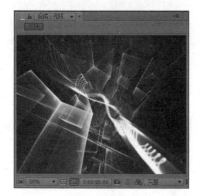

图 12-81

09 继续选择"线条"图层，然后在时间线（0:00:00:00）的位置设置"Offset（偏移）"为 -100，并单击"设置关键帧"按钮 ，为其设置一个关键帧。然后将时间轴移到（0:00:04:24）的位置，设置"Offset（偏移）"为 100，具体参数设置如图 12-82 所示。

图 12-82

10 至此本实例动画制作完毕，按小键盘上的 0 键预览动画。按时间先后顺序的动画静帧效果，如图 12-83 ～图 12-86 所示。

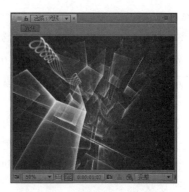

图 12-83

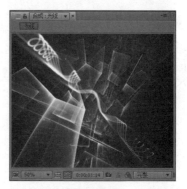

图 12-84

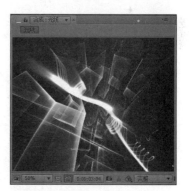

图 12-85

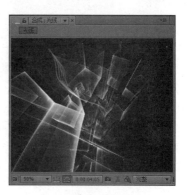

图 12-86

12.4 本章小结

　　本章主要讲解了 After Effects CC 中的第三方插件 3D Stroke（3D 描边）和 Shine（扫光）效果的应用。其中 3D Stroke（3D 描边）是一款描绘三维路径的特效插件，可以将图层中的蒙版路径转换为线条，在三维空间中可以自由地移动或旋转这些线条，并且可以为这些线条设置各种关键帧动画，主要用于制作类似于动态轨迹、动态光效等动画效果；Shine（扫光）插件可以为文字或图层添加光线，常用于制作文字、标志和物体发光的效果。熟练掌握这两个插件对于制作绚丽的动画效果有很好的辅助作用，不仅可以丰富画面效果，也能大大提高一些复杂特效的制作效率。

◇◇◇◇◇◇◇◇◇◇◇◇◇ **读书笔记** ◇◇◇◇◇◇◇◇◇◇◇◇◇◇◇◇

第 *13* 章　新闻频道栏目包装

电视包装目前已成为电视台和各电视节目公司、广告公司最常用的技术之一。说到包装，似乎都知道它的意思，它的定义就是对电视节目、栏目频道甚至是电视台的整体形象进行一种外在形式要素的规范和强化。这些外在的形式要素包括声音、图像、颜色等要素。电视节目、栏目、频道的包装，可以起到如下的作用：突出节目、栏目、频道个性特征和特点；确立并增强观众对节目、栏目、频道的识别能力；确立节目、栏目、频道的品牌地位；使包装的形式和节目、栏目、频道融为有机的组成部分；好的节目、栏目、频道的包装能让人赏心悦目，是一种美好的视觉享受。本章将具体讲述新闻频道栏目的包装技法。

◎ 源　文　件：源文件 \ 第 13 章
◎ 视频文件：视频 \ 第 13 章 \ 新闻频道栏目包装 .mp4

本实例完成后的预览效果，如图 13-1 所示。

图 13-1

制作过程分析

（1）素材准备。本实例中运用到一些动态背景素材，在搜索这类素材时主要以色彩鲜艳、颜色鲜明的动态背景为主。新闻频道栏目一般都会有一定的标题模板，用于呈现新闻标题字幕和内容，所以需要在 Photoshop 里制作几种不同风格和色调的标题模板。另外找一些关于新闻方面的图片素材和一段合适的背景音乐，这样实例制作中所需要的素材就准备好了。

（2）制作动画。素材准备好之后就可以把素材导入到 After Effects CC 软件中用于制作动画了，本实例制作最关键的就是文字动画和一些常用效果的运用。在制作时注意文字应用要大气、有力度，画面色调要沉稳，构图饱满有序。动画制作中需要用到的、比较常用的效果是发光、梯度渐变、斜面 Alpha 和投影，在使用这些效果时要注意其参数的设置。

13.1　视频制作

视频制作是整个实例制作的核心，通过对素材的整合与编辑，把所有的构思及创意组合成视频画面，展现给观众，下面开始本实例的视频制作。

13.1.1　新建合成与导入素材

01 打开 After Effects CC，执行"合成 > 新建合成"命令，创建一个预设为 PAL D1/DV 的合成，设置"持续时间"为 40 秒，并将其命名为"新闻频道"，然后单击"确定"按钮，如图 13-2 所示。

图 13-2

02 执行"文件 > 导入 > 文件…"命令，或按快捷键 Ctrl+I，导入"源文件 \ 第 13 章 \Footage"文件夹中的所有素材。如图 13-3 ～图 13-5 所示。

图 13-3

图 13-4

图 13-5

13.1.2　制作镜头 1 动画

01 将"项目"窗口中的"026.avi"和"地图 1.mov"素材分别拖曳到"时间线"窗口中，把"地图 1.mov"图层放置在"026.avi"图层上方，并将其图层叠加模式设置为"变亮"，如图 13-6 所示。

图 13-6

02 选择"地图 1.mov"图层，执行"图层 > 时间 > 时间伸缩"命令，在弹出的对话框中设置"新持续时间"为（0:00:04:20），然后单击"确定"按钮。把时间轴移到（0:00:00:16）的位置，按【键，设置"地图 1.mov"图层开始出现的时间点，然后再按 T 键展开其"不透明度"属性，设置"不透明度"参数为 0%，并单击"设置关键帧"按钮 ；接着把时间轴移到（0:00:01:12）的位置，设置"不透明度"参数为 100%，具体参数设置及在"合成"窗口中的对应效果，如图 13-7 和图 13-8 所示。

图 13-7

图 13-8

图 13-10

图 13-11

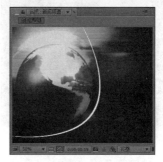

图 13-12

03 按快捷键 Ctrl+Y 新建一个纯色层，将颜色设置为（R:255,G:195,B:78），然后使用"钢笔"工具在"合成"窗口中绘制如图 13-9 所示的路径。选择纯色层执行"效果 >Trapcode>3D Stroke"命令，在"效果控件"面板中设置"Thickness（粗细）"为 5，接着展开"Taper（锥度）"参数项，勾选"Enable（开启）"选项，具体参数设置如图 13-10 所示。

04 将时间轴移到（0:00:00:00）的位置，设置 End 参数为 0，并单击"设置关键帧"按钮；接着把时间轴移到（0:00:00:19）的位置，设置 End 参数为 100、"Offset（偏移）"为 6.9，并单击"Offset（偏移）"属性名称前的"设置关键帧"按钮。最后把时间轴移到（0:00:01:15）的位置，设置"Offset（偏移）"为 151，具体参数设置及在"合成"窗口中的对应效果，如图 13-11 和图 13-12 所示。

05 选择纯色层，然后执行"效果 > 风格化 > 发光"命令，并在"效果控件"面板设置"发光半径"为 20、"发光强度"为 3、"发光颜色"为 A 和 B 颜色、"颜色 A"为（R:253,G:228,B:18）、"颜色 B"为（R:220,G:93,B:16），具体参数设置及在"合成"窗口中的对应效果，如图 13-13 和图 13-14 所示。

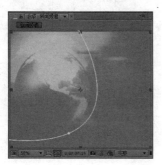

图 13-9

图 13-13

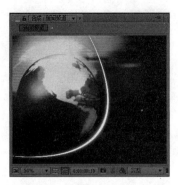

图 13-14

06 继续选择纯色层，然后按快捷键 Ctrl+D，复制一个纯色层，并调整复制出的纯色层路径形状，如图 13-15 所示。

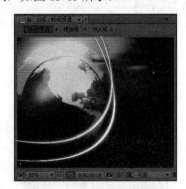

图 13-15

07 使用"文字"工具在预览"合成"窗口单击鼠标，输入文字内容为"NEWS"，并在"字符"面板设置"字体"为汉仪粗黑简、"字体大小"为 90、"填充颜色"为白色，如图 13-16 所示。

图 13-16

08 选择"NEWS"文字图层，然后执行"效果 > 生成 > 梯度渐变"命令，在"效果控件"面板中设置"渐变起点"为（547,323）、"渐变终点"为（539,401）、"起始颜色"为灰色（R:105,G:105,B:105）、"结束颜色"为

白色（R:223,G:223,B:223），具体参数设置如图 13-17 所示。

图 13-17

09 选择"NEWS"文字图层，然后执行"效果 > 透视 > 斜面 Alpha"命令，在"效果控件"面板中设置"边缘厚度"为 2、"灯光角度"为 0×-60°、"灯光强度"为 1，具体参数设置如图 13-18 所示。

图 13-18

10 继续选择文字图层，执行"效果 > 透视 > 投影"命令，并在"效果控件"面板设置"阴影颜色"为黑色（R:0,G:0,B:0）、"不透明度"为 80%、"柔和度"为 10，具体参数设置及在"合成"窗口中的对应效果，如图 13-19 和图 13-20 所示。

图 13-19

图 13-20

11 展开"NEWS"文字图层的变换属性，然后设置"锚点"为（137.8,-34），把时间轴移到（0:00:00:00）的位置，设置"位置"为（461,249）、"缩放"为547%、"不透明度"为0%，并单击"设置关键帧"按钮，为"位置"、"缩放"、"不透明度"设置关键帧，参数设置如图 13-21 所示。接着把时间轴移到（0:00:00:11）的位置，设置"不透明度"为100%；最后把时间轴移到（0:00:01:08）的位置，设置"位置"为（461,349）、"缩放"为100%，具体参数设置如图 13-22 所示。

图 13-21

图 13-22

13.1.3 制作镜头 2 动画

01 将"项目"窗口中的"027.avi"素材拖曳到"时间线"窗口中，然后把时间轴移到（0:00:04:18）的位置，按【键，设置"027.avi"图层开始出现的时间点，如图 13-23 所示。

图 13-23

02 选择"027.avi"图层，执行"效果 > 过渡 > 块溶解"命令，在"效果控件"面板中设置"过渡完成"为100%，并单击"设置关键帧"按钮 接着把时间轴移到（0:00:05:10）的位置，设置"过渡完成"为0%，具体参数设置如图 13-24 所示。

图 13-24

03 选择"027.avi"图层下方的所有图层按快捷键 Alt+】删除（0:00:05:10）位置以后的时间条，如图 13-25 所示。

图 13-25

04 执行"文件 > 导入 > 文件…"命令，或按快捷键 Ctrl+I，导入"源文件 \ 第 13 章 \Footage"文件夹中的"模板 .psd"素材。在弹出的模板 .psd 导入设置框中设置"导入种类"为合成，"图层选项"为可编辑的图层样式，然后单击"确定"按钮，如图 13-26 和图 13-27 所示。

图 13-26

图 13-27

05 将"项目"窗口中的"模板"合成拖曳到"时间线"窗口中,展开其变换属性,设置"位置"为(360,288)、"缩放"为(109.7%,100%),参数设置及在"合成"窗口中的对应效果,如图 13-28 和图 13-29 所示。

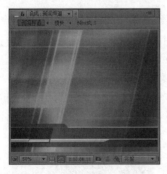

图 13-28

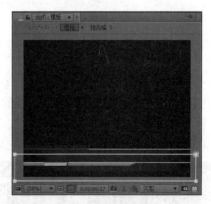 待修正占位

图 13-29

06 在"模板"图层上双击鼠标进入"模板"合成,选择"图层蓝 1"和"图层蓝 2"两个图层按快捷键 Ctrl+Shift+C 将其嵌套,并将其命名为"预合成 1",接着选择"图层蓝 3"和"图层蓝 4"两个图层,按快捷键 Ctrl+Shift+C 将其嵌套,并将其命名为"预合成 2",最后选择"图层蓝 5"执行同样的操作,并将其命名为"预合成 3",选择"图层 1"将其隐藏,然后显示"图层蓝 1 拷贝"图层,如图 13-30 所示。

图 13-30

07 选择"图层蓝 1 拷贝"图层,使用"矩形"工具绘制一个如图 13-31 所示的蒙版。把时间轴移到(0:00:06:17)的位置,单击"蒙版路径"属性前面的"设置关键帧"按钮 ◙;然后把时间轴移到(0:00:05:14)的位置,设置蒙版的形状如图 13-32 所示。

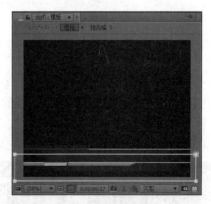

图 13-31

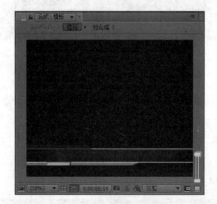

图 13-32

08 把时间轴移到(0:00:06:17)的位置,选择"预合成 1"图层,使用"矩形"工具绘制一个如图 13-33 所示的蒙版。单击"蒙版路径"属性前面的"设置关键帧"按钮 ◙;然后把时间轴移到(0:00:05:14)的位置,设置蒙版的形状,如图 13-34 所示。

图 13-33

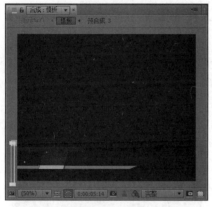

图 13-34

09 把时间轴移到（0:00:07:19）的位置，选择"预合成 2"图层，然后使用"矩形"工具绘制一个如图 13-35 所示的蒙版。单击"蒙版路径"属性前面的"设置关键帧"按钮 ⊙；然后把时间轴移到（0:00:06:17）的位置，设置蒙版的形状，如图 13-36 所示。

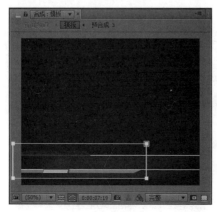

图 13-35

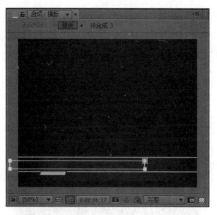

图 13-36

10 把时间轴移到（0:00:06:02）的位置，选择"预合成 3"图层，然后使用"矩形"工具绘制一个如图 13-37 所示的蒙版。单击"蒙版路径"属性前面的"设置关键帧"按钮 ⊙；然后把时间轴移到（0:00:05:18）的位置，设置蒙版的形状，如图 13-38 所示。

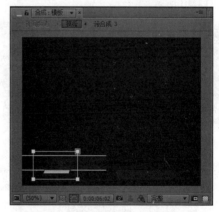

图 13-37

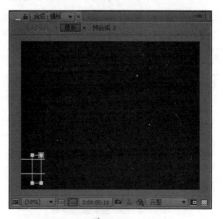

图 13-38

11 在"预合成 3"图层上双击鼠标进入"预合成 3"合成，然后使用"文字"工具，输入如图 13-39 所示的文字，并调整文字属性和位置。

图 13-39

12 回到"新闻频道"合成，选择"模板"图层，把时间轴移到（0:00:05:10）的位置，按快捷键 Alt+【，删除（0:00:05:10）位置前的时间条，如图 13-40 所示。

图 13-40

13 使用"文字"工具，在"合成"窗口输入文字"两市小幅低开沪指跌 0.16% 环保股潮落"，在"字符"面板中设置其"字体"为楷体、"字体大小"为 25、"填充颜色"为白色，并调整文字的位置，具体参数设置及在"合成"窗口中的对应效果，如图 13-41和图 13-42 所示。

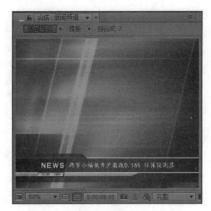

图 13-42

14 把时间轴移到（0:00:07:24）的位置，然后使用"矩形"工具绘制一个如图 13-43 所示的蒙版。单击"蒙版路径"属性前面的"设置关键帧"按钮 ，然后把时间轴移到（0:00:06:19）的位置，设置蒙版的形状如图 13-44 所示。设置完成后按快捷键 Alt+【，删除（0:00:06:19）位置前的时间条。

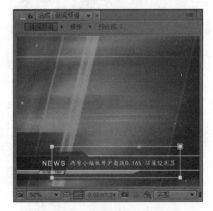

图 13-43

图 13-41

图 13-44

15 按快捷键 Ctrl+Y 新建一个纯色层，设置纯色层的颜色为（R:0,G:14,B:87），然后使用"圆角矩形"工具，在纯色层上绘制如图 13-45 所示的蒙版，然后执行"效果>生成>描边"命令，在"效果控件"面板中勾选"所有蒙版"选项，设置"颜色"为白色、"画笔大小"为 2，具体参数设置如图 13-46 所示。

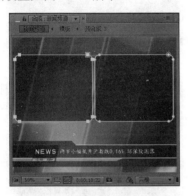

图 13-45

图 13-46

16 选择纯色层，执行"效果 > 过渡 > 线性擦除"命令，展开"效果控件"面板，把时间轴移到（0:00:09:02）的位置，按快捷键 Alt+【，删除（0:00:09:02）位置前的时间条，并设置"过渡完成"为 100%，单击"设置关键帧"按钮；然后把时间轴移到（0:00:09:17）的位置，设置"过渡完成"为 0%，具体参数设置如图 13-47 所示。

图 13-47

17 使用"文字"工具创建文字，并在字符面板设置"字体"为楷体、"字体大小"为 25、"填充颜色"为白色，并调整文字的位置，具体参数设置及在"合成"窗口中的对应效果，如图 13-48 和图 13-49 所示。

图 13-48

图 13-49

18 把时间轴移到（0:00:10:07）的位置，按快捷键 Alt+【，删除（0:00:10:07）位置前的时间条，然后在"效果和预设"面板的搜索栏中搜索 Word Processor 效果，如图 13-50 所示，并将其拖到文字图层上，按 U 键展开关键帧，设置"滑块"属性的第一个关键帧数值为 0，再把第二个关键帧拖到（0:00:17:09）位置，设置"滑块"数值为 140，具体参数设置如图 13-51 所示。

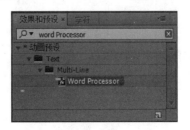

图 13-50

图 13-51

19 将"项目"窗口中的"股票.jpg"拖入到"时间线"窗口中，然后把时间轴移到（0:00:17:09）位置，按快捷键 Alt+【，删除（0:00:10:03）位置前的时间条。接着展开其变换属性，设置"位置"为（536,218）、"缩放"为（54,56.3%），设置其叠加模式为"相加"，具体参数设置及在"合成"窗口中的对应效果，如图 13-52 和图 13-53 所示。

图 13-52

图 13-54

图 13-55

22 按快捷键 Ctrl+Y 新建一个纯色层，设置纯色层的颜色为（R:0,G:14,B:87），然后使用"钢笔"工具在"合成"窗口中绘制如图 13-56 所示的路径。选择纯色层执行"效果 >Trapcode>3D Stroke"命令，在"效果控件"面板中设置"Color（颜色）"为红色（R:255,G:0,B:0）、"Thickness（粗细）"为2，接着展开"Taper（锥度）"参数项，勾选"Enable（开启）"选项，具体参数设置如图 13-57 所示。

图 13-53

20 把时间轴移到（0:00:11:08）位置，使用"矩形"工具绘制如图 13-54 所示的矩形蒙版，单击"蒙版路径"属性前面的"设置关键帧"按钮；然后把时间轴移到（0:00:10:03）的位置，设置蒙版形状如图 13-55 所示。

21 继续选择"股票.jpg"图层，按快捷键 Ctrl+D 复制出一个同样的图层。

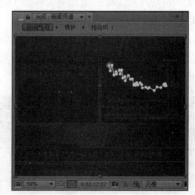

图 13-56

图 13-57

23 把时间轴移到（0:00:11:11）的位置，按快捷键 Alt+【，删除（0:00:11:11）位置前的时间条，在效果控件面板设置 End 参数为 0，并单击"设置关键帧"按钮 █；接着把时间轴移到（0:00:12:17）的位置，设置 End 参数为 100、"Offset（偏移）"为 0，并单击"Offset（偏移）"属性名称前的"设置关键帧"按钮 █；最后把时间轴移到（0:00:13:20）的位置，设置"Offset（偏移）"为 100，具体参数设置及在"合成"窗口中的对应效果，如图 13-58 和图 13-59 所示。

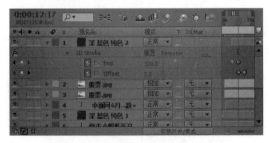

图 13-58

图 13-59

24 继续选择纯色层，按快捷键 Ctrl+D 复制一个同样的图层，接着选择复制出的纯色层，把时间轴移到（0:00:13:21）的位置，按【键设置图层的开始点，如图 13-60 所示；然后更改其蒙版形状如图 13-61 所示。

图 13-60

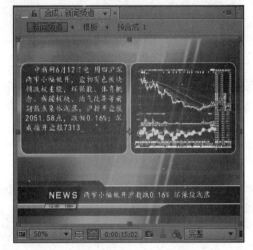

图 13-61

25 在"时间线"窗口中选择"深蓝色纯色 2"图层和"027.avi"图层之间的所有图层，把时间轴移到（0:00:18:13）的位置，按快捷键 Alt+】，将所选图层（0:00:18:13）时间点后时间条删除，如图 13-62 所示。

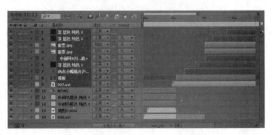

图 13-62

13.1.4 制作镜头 3 动画

01 将"项目"窗口中的"109.avi"素材拖曳到时间线的（0:00:17:16）位置，接着执行"效果 > 过渡 > 块溶解"命令，在"效果控件"面板中设置"过渡完成"为 100%，单击"设置关键帧"按钮 ■。然后将时间轴移到（0:00:18:13）位置，设置"过渡完成"为 0%；把时间轴移到（0:00:24:15）位置，单击"添加关键帧"按钮 ■；最后再把时间轴移到（0:00:25:09）位置，设置"过渡完成"为 100%，具体参数设置如图 13-63 所示。

图 13-63

02 将"图层"面板底部的"NEWS"图层复制，然后粘贴至"109.avi"图层上方，把图层时间条拖到（0:00:19:20）位置，如图 13-64 所示。更改文字内容为"7AM NEWS"，并调整文字的位置，如图 13-65 所示。

图 13-64

03 选择"7AM NEWS"文字图层，按 T 键展开"不透明度"属性，接着把时间轴移到

13.1.5 制作镜头 4 动画

01 将"项目"窗口中的"早上 2.avi"素材拖曳到时间线的（0:00:25:09）位置，设置其"缩放"属性为（113,119.9%），接着执行"效果 > 过渡 > 径向擦除"命令，在"效果控件"面板中设置"过渡完成"为 100%，单击"设置关键帧"按钮 ■。然后把时间轴移到（0:00:25:23）的位置，设置"过渡完成"为 0%，具体参数设置如图 13-68 所示。

（0:00:24:15）位置，单击"添加关键帧"按钮 ■；然后把时间轴移到（0:00:25:09）位置，设置"不透明度"为 0%，具体参数设置如图 13-66 所示。

图 13-65

图 13-66

04 选择"7AM NEWS"文字图层和"109.avi"图层，把时间轴移到（0:00:25:23）位置，然后按 Alt+】键，删除（0:00:25:23）位置以后的时间条，如图 13-67 所示。

图 13-67

图 13-68

02 把时间轴移到（0:00:29:08）的位置，按快

捷键 Alt+】，将"早上 2.avi"图层（0:00:29:08）后的时间条删除。

03 将"项目"窗口中的"早上 .avi"素材拖曳到时间线的（0:00:28:19）位置，设置其"缩放"属性为（120,120%），参数设置及在"合成"窗口中的对应效果，如图 13-69 和图 13-70 所示。

图 13-69

图 13-70

04 选择"早上 .avi"图层，执行"效果 > 生成 > 镜头光晕"命令，在"效果控件"面板中设置"光晕中心"为（520,285.4）、"光晕亮度"为 122%，单击"光晕中心"前面的"设置关键帧"按钮🔘，为其设置一个关键帧。参数设置及在"合成"窗口中的对应效果，如图 13-71 和图 13-72 所示。

05 把时间轴移到（0:00:31:21）的位置，设置"光晕中心"为（520,171.4）；然后把时间轴移到（0:00:33:22）的位置，设置"光晕中心"为（487,171.4）。

图 13-71

图 13-72

06 继续选择"早上 .avi"图层，把时间轴移到（0:00:28:19）的位置，执行"效果 > 过渡 > 线性擦除"命令，在"效果控件"面板中设置"过渡完成"为 100%，单击"设置关键帧"按钮🔘，然后将时间轴移到（0:00:29:08）位置，设置"过渡完成"为 0%，具体参数设置如图 13-73 所示。

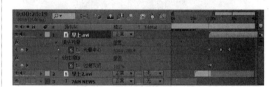

图 13-73

07 执行"文件 > 导入 > 文件…"命令，或按快捷键 Ctrl+I，导入"源文件\第 13 章\Footage"文件夹中的"模板黄 .psd"素材。在弹出的模板黄 .psd 导入设置框中设置"导入种类"为合成，"图层选项"为可编辑的图层样式，然后单击"确定"按钮，如图 13-74 和图 13-75 所示。

图 13-74

图 13-75

08 将"项目"窗口中的"模板黄"合成拖曳到"时间线"窗口的（0:00:25:23）位置，展开其变换属性，设置"位置"为（360,288）、"缩放"为（110.3%,100%），参数设置及在"合成"窗口中的对应效果，如图 13-76 和图 13-77 所示。

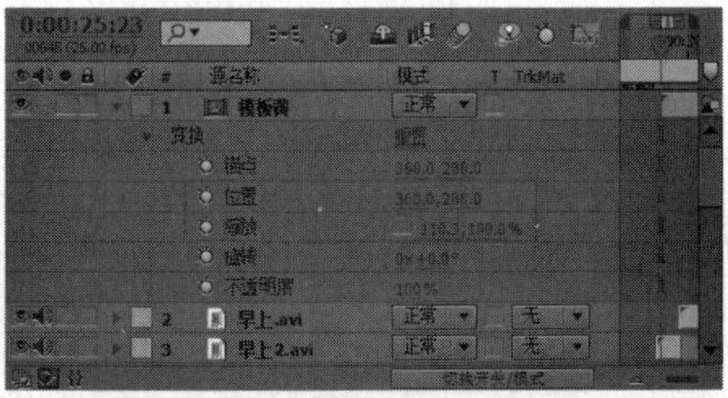

图 13-76

图 13-77

09 在"模板黄"图层上双击鼠标进入"模板黄"合成，选择"图层黄 1"和"图层黄 2"两个图层，按快捷键 Ctrl+Shift+C 将其嵌套，并将其命名为"预合成 6"，接着选择"图层黄 3"和"图层黄 4"两个图层，按快捷键 Ctrl+Shift+C 将其嵌套，并将其命名为"预合成 5"，最后选择"图层黄 5"，执行同样的

操作，并将其命名为"预合成 4"，选择"图层 1H"将其隐藏，如图 13-78 所示。

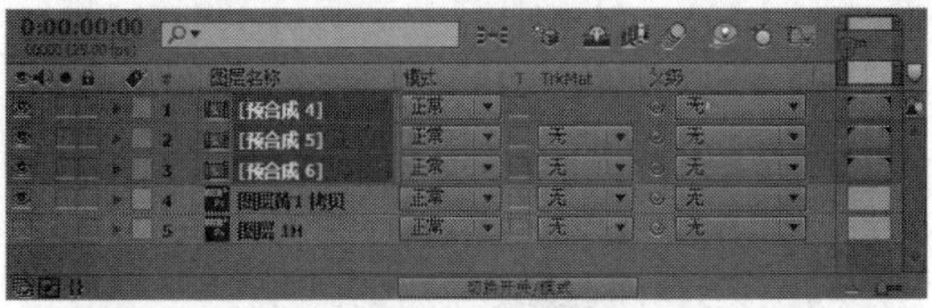

图 13-78

10 选择"图层黄 1 拷贝"图层，使用"矩形"工具绘制一个如图 13-79 所示的蒙版。把时间轴移到（0:00:01:03）的位置，单击"蒙版路径"属性前面的"设置关键帧"按钮 ；然后把时间轴移到（0:00:00:00）的位置，设置蒙版的形状，如图 13-80 所示。

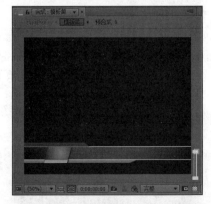

图 13-79

图 13-80

11 把时间轴移到（0:00:01:03）的位置，选择"预合成 6"图层，使用"矩形"工具绘制一个如图 13-81 所示的蒙版。单击"蒙版路径"属性前面的"设置关键帧"按钮 ；然后把时间

轴移到（0:00:00:00）的位置，设置蒙版的形状，如图 13-82 所示。

图 13-81

图 13-82

12 把时间轴移到（0:00:02:05）的位置，选择"预合成 5"图层，然后使用"矩形"工具绘制一个如图 13-83 所示的蒙版。单击"蒙版路径"属性前面的"设置关键帧"按钮；然后把时间轴移到（0:00:01:03）的位置，设置蒙版的形状如图 13-84 所示。

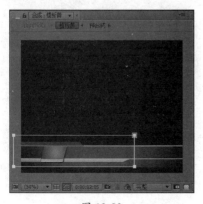

图 13-83

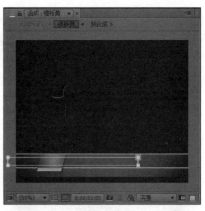

图 13-84

13 把时间轴移到（0:00:00:13）的位置，选择"预合成 4"图层，然后使用"矩形"工具绘制一个如图 13-85 所示的蒙版。单击"蒙版路径"属性前面的"设置关键帧"按钮；然后把时间轴移到（0:00:00:04）的位置，设置蒙版的形状，如图 13-86 所示。

图 13-85

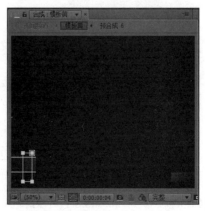

图 13-86

14 在"预合成 4"图层上双击鼠标进入"预合成 4"合成，然后使用"文字"工具，输入如图 13-87 所示的文字，并调整文字属性和位置，如图 13-88 所示。

图 13-87

图 13-88

15 返回到"新闻频道"合成，使用"文字"工具，在"合成"窗口中输入文字"今日立夏，清晨日出美如画"，在"字符"面板中设置其"字体"为楷体、"字体大小"为 25、"填充颜色"为白色，并调整文字的位置，具体参数设置及在"合成"窗口中的对应效果，如图 13-89 和图 13-90 所示。

图 13-89

16 把时间轴移到（0:00:28:11）的位置，然后使用"矩形"工具绘制一个如图 13-91 所

示的蒙版。单击"蒙版路径"属性前面的"设置关键帧"按钮■；然后把时间轴移到（0:00:27:06）的位置，设置蒙版的形状如图 13-92 所示。设置完成后按快捷键 Alt+【，删除（0:00:27:06）位置前的时间条。

图 13-90

图 13-91

图 13-92

17 选择"今日立夏…"、"模板黄"、"早上 .avi"三个图层，把时间轴移到（0:00:34:17）的位置，按快捷键 Alt+】删除（0:00:34:17）位置之后的时间条，如图 13-93 所示。

图 13-93

13.1.6　制作镜头 5 动画

01 将"项目"窗口中的"地图 3.mov"素材拖曳到时间线的（0:00:34:08）位置，执行"图层 > 时间 > 时间伸缩"命令，在弹出的对话框中设置"新持续时间"为（0:00:06:00），然后单击"确定"按钮，如图 13-94 所示。按 T 键展开其"不透明度"属性，设置其"不透明度"参数为 0%，单击"设置关键帧"按钮 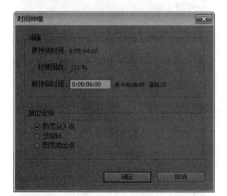；然后把时间轴移到（0:00:34:17）的位置，设置"不透明度"参数为 100%，具体参数设置如图 13-95 所示。

图 13-94

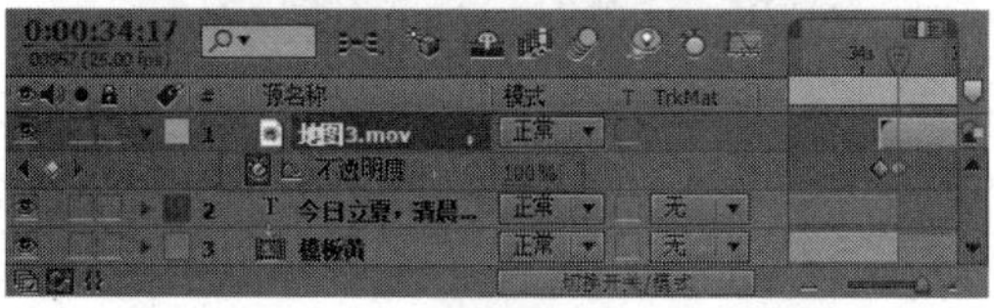

图 13-95

02 复制"图层"面板底部的"NEWS"图层，然后将其粘贴至"地图 3.mov"图层的上方，把时间轴移到（0:00:34:08）位置，按【键将

图层的开始点对齐到（0:00:34:08）位置，拖动图层的结束点至（0:00:39:24）位置。

03 按快捷键 Ctrl+D 复制一个"NEWS"图层，并将其时间条开始点拖到（0:00:35:22）的位置，删除图层上的关键帧动画，然后更改文字内容为"新闻频道"，在"合成"窗口调整其属性和位置，设置其"字体大小"为 70、"位置"为（519,408），如图 13-96 所示。

图 13-96

04 把时间轴移到（0:00:35:22）位置，在"效果和预设"面板中搜索到"Bullet Train"特效，并把它拖到"新闻频道"文字图层上，按 U 键展开关键帧，最后把第二个关键帧拖到（0:00:36:24）位置，如图 13-97 所示。

图 13-97

13.2　音频添加

为制作好的视频添加音频，使视觉与听觉更加协调统一，本节将具体介绍音频的添加方法。

01 将"项目"窗口中的"曲目 20.mp3"素材拖曳到"时间线"窗口，展开其"音频电平"属性，如图 13-98 所示。

图 13-98

02 把时间轴移到（0:00:36:01）的位置，单击"音频电平"属性前面的"设置关键帧"按钮🔘，为其设置一个关键帧，然后把时间轴移到（0:00:39:24）的位置，设置"音频电平"参数为 -48dB，参数设置如图 13-99 所示。

图 13-99

03 至此本实例动画制作完毕，按小键盘上的 0 键预览动画。按时间先后顺序的动画静帧效果，如图 13-100 ～ 图 13-103 所示。

图 13-101

图 13-102

图 13-100

图 13-103

13.3 影片输出

动画制作完成后要得到最终视频还需要对影片进行输出，本节将具体介绍本实例影片的输出方法。

01 在"新闻频道"合成中执行"合成 > 添加到渲染队列"命令，如图 13-104 所示。弹出"渲染队列"窗口，如图 13-105 所示。

图 13-104

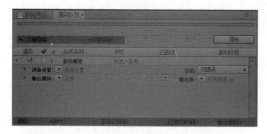

图 13-105

02 单击"渲染设置"后面的"最佳设置"按钮，进入"渲染设置"对话框，设置"品质"为最佳、"分辨率"为完整，设置完成后单击"确定"按钮，如图 13-106 所示。

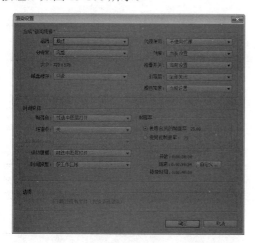

图 13-106

03 单击"输出模块"后面的"无损"按钮，进入"输出模块设置"对话框，设置"格式"为 AVI，勾选"视频输出"选项，并设置"通道"为 RGB，在该对话框下方开启"自动音频输出"选项，最后单击"确定"按钮，具体参数设置如图 13-107 所示。

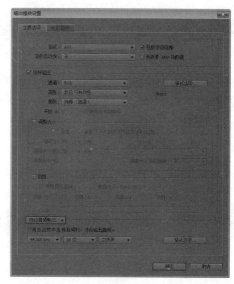

图 13-107

04 单击"输出到："后面的"新闻频道 .avi"按钮，进入"将影片输出到："对话框，为其指定一个输出文件的存放路径，然后设置"文件名"为新闻频道，"保存类型"为 AVI，最后单击"保存"按钮，如图 13-108 所示。

05 设置完成后，在"渲染队列"窗口中单击"渲染"按钮，开始输出影片，如图 13-109 所示。

图 13-108

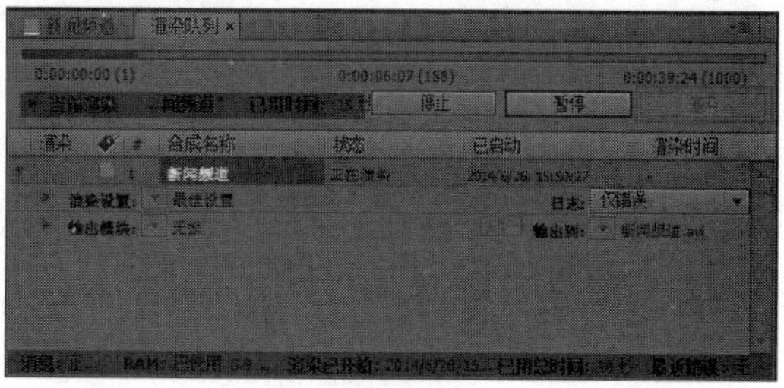

图 13-109

13.4 本章小结

本章主要学习了新闻频道包装的实例制作，在制作过程中使用了多种特效与表现技法，如 3D Stroke、发光、梯度渐变、斜面 Alpha、投影、块溶解、线性擦除等效果的运用。熟练掌握各种表现技法对于实际项目的制作很有帮助，可以大大提高项目的制作效率，丰富画面的质量。

◇◇◇◇◇◇◇◇◇◇◇◇ 读书笔记 ◇◇◇◇◇◇◇◇◇◇◇◇◇◇◇◇

第 *14* 章　法制在线栏目片头制作

电视媒体行业是每个国家最受关注的一个行业，其中法制在线栏目以其独特的新闻报道受到了关注，本章将具体介绍法制在线栏目片头的制作方法。

◎ 源　文　件：源文件 \ 第 14 章
◎ 视频文件：视频 \ 第 14 章 \ 法制在线栏目片头制作 .mp4

本实例完成后的预览效果，如图 14-1 所示。

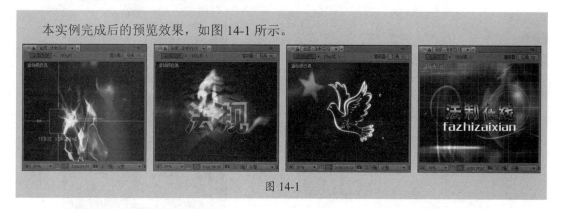

图 14-1

制作过程分析

（1）素材准备。由于本实例动画与法制有关，所以在制作中可以搜索一些灰暗、深沉的背景素材来衬托法律的严肃性，以及触犯法律的恐惧性。另外找一段合适的背景音乐（节奏可以稍微急促些），这样实例制作中所需要的素材就准备好了。

（2）制作动画。素材准备好之后就可以把素材导入到 After Effects CC 软件中用于制作动画了，本实例在制作时应该注意图层叠加模式的运用，可以在画面中适当添加一些"火"的素材，因为"火"既代表了光明，又能代表自我毁灭，比较接近情境。另外动画制作时，节奏可以快一些以体现那种紧张而又严肃的氛围。在动画中运用一些火焰文字和发光效果的表现方式，可以更好地渲染气氛，增加动画的感染力。

14.1　视频制作

视频制作是整个实例制作的核心，通过对素材的整合与编辑，把所有的构思及创意组合成视频画面，展现给观众，下面开始本实例的视频制作。

14.1.1　新建合成与导入素材

01 打开 After Effects CC，执行"合成 > 新建合成"命令，创建一个预设为 PAL D1/DV 的合成，设置"持续时间"为 21 秒，并将其命名为"法制在线"，然后单击"确定"按钮，如图 14-2 所示。

图 14-2

图 14-4

02 执行"文件 > 导入 > 文件…"命令，或按快捷键 Ctrl+I，导入"源文件 \ 第 14 章 \Footage"文件夹中的所有素材。如图 14-3 ～图 14-5 所示。

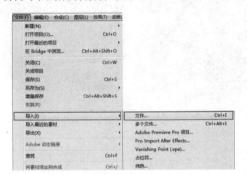

图 14-3

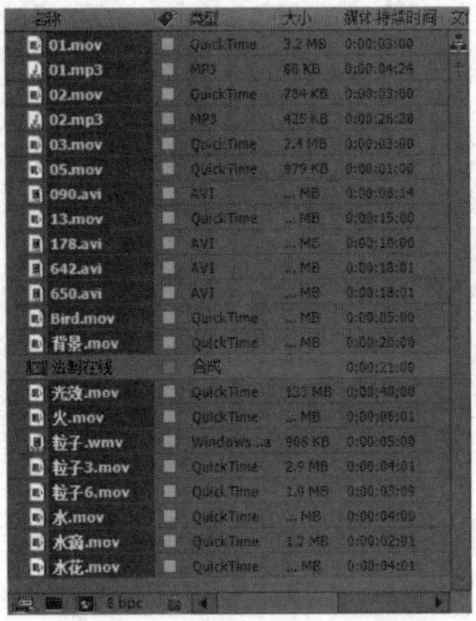

图 14-5

14.1.2 制作镜头 1 动画

01 将"项目"窗口中的"水滴 .mov"、"178.avi"和"火 .mov"素材分别拖曳到"时间线"窗口中，把"水滴 .mov"图层放在底层，"火 .mov"放在顶层，如图 14-6 所示。

图 14-6

02 选择"水滴 .mov"图层，执行"图层 > 时间 > 时间伸缩"命令，在弹出的对话框中设置"新持续时间"为（0:00:04:01），然后单击"确定"按钮，如图 14-7 所示。

03 把时间轴移到（0:00:03:09）位置，按 T 键展开其"不透明度"属性，设置其"不透明度"

参数为 100%，单击"设置关键帧"按钮 ；然后把时间轴移到（0:00:03:19）位置，设置"不透明度"参数为 0%，具体参数设置如图 14-8 所示。

图 14-7

图 14-8

04 选择"178.avi"图层设置其叠加模式为"相加"，接着执行"图层＞时间＞时间伸缩"命令，在弹出的对话框中设置"新持续时间"为（0:00:07:07），然后单击"确定"按钮，如图 14-9 所示。

图 14-9

05 把时间轴移到（0:00:03:19）位置，从"178.avi"图层中选择合适的画面内容放置在（0:00:03:19）位置，作为图层的开始画面，并按快捷键 Alt+【，删除（0:00:03:19）位置前的时间条。按 T 键展开其"不透明度"属性，设置其"不透明度"参数为 0%，单击"设置关键帧"按钮■；然后把时间轴移到（0:00:03:24）位置，设置"不透明度"参数为 100%，具体参数设置如图 14-10 所示。

图 14-10

06 选择"火 .mov"图层，把时间轴移到（0:00:01:15）位置，按【键，将图层的时间条开始点移到（0:00:01:15）位置，设置图层叠加模式为"相加"，并单击开启"3D 图层"按钮，接着展开图层的变换属性，设置"位置"为（366,378,0）、"缩放"为（48,48,48%），参数设置如图 14-11 所示。

图 14-11

07 使用"钢笔"工具在"火 .mov"图层上绘制如图 14-12 所示的形状蒙版，并设置"蒙版羽化"为（100,100 像素），把时间轴移到（0:00:01:20）位置，单击"蒙版路径"属性前面的"设置关键帧"按钮■，然后把时间轴移到（0:00:01:15）位置，设置蒙版形状如图 14-13 所示。

图 14-12

08 把时间轴移到（0:00:03:22）位置，单击"位置"属性前面的"设置关键帧"按钮■，然后把时间轴移到（0:00:04:02）位置，单击"不透明度"属性前面的"设置关键帧"按钮■，最后把时间轴移到（0:00:04:06）位置，设置"位置"为（366,378,-911）、"不透明度"为 0%，具体参数设置，如图 14-14 所示。

图 14-13

图 14-14

14.1.3 制作镜头 2 动画

01 将"项目"窗口中的"背景 .mov"素材拖曳到"时间线"窗口中的（0:00:06:23）位置，展开其变换属性，设置"缩放"为（42.9,54.3%），然后执行"效果 > 过渡 > 块溶解"命令，在"效果控件"面板中设置"过渡完成"为 100%，单击"设置关键帧"按钮 ，最后把时间轴移到（0:00:07:14）位置，设置"过渡完成"为 0%，具体参数设置及在"合成"窗口中的对应效果，如图 14-15 和图 14-16 所示。

图 14-15

图 14-16

02 使用"文字"工具在"合成"窗口中创建文字"法规"，在"字符"面板中设置"字体"为汉仪立黑简、"填充颜色"为（R:255,G:168,B:0）、"字体大小"为 220 像素，参数设置如图 14-17 所示。

图 14-17

03 选择"法规"文字图层，单击开启"3D 图层"和"运动模糊"按钮，设置"叠加模式"为"屏幕"、"位置"为（158,402,0），把时间轴移到（0:00:07:10）位置，单击"设置关键帧"按钮 ，接着把时间轴移到（0:00:06:23）位置，设置"位置"为（-1306.1,-335.8,2518），"不透明度"为 0%，并单击"设置关键帧"按钮 ，为"不透明度"属性设置一个关键帧；然后把时间轴移到（0:00:07:16）位置，单击"位置"属性中的"添加关键帧"按钮 ，在该时间处添加一个关键帧，把时间轴移到（0:00:07:19）位置，设置"不透明度"为 100%，把时间轴移到（0:00:09:09）位置，设置"位置"为（158,358,303），把时间轴移到（0:00:09:13）位置，单击"位置"属性中的"添加关键帧"按钮 ◆，在该时间处添加一个关键帧，最后把时间轴移到（0:00:09:21）位置，设置"位置"为（832,358,303），具体参数设置如图 14-18 所示。

图 14-18

04 继续选择"法规"文字图层，执行"效果 > 风格化 > 发光"命令，并在"效果控件"面板设置"发光阈值"为 70.6%、"发光半径"为 46、"发光强度"为 4、"发光颜色"为 A 和 B 颜色、"颜色 A"为（R:83,G:46,B:30）、"颜色 B"为（R:196,G:139,B:2），具体参数设置及在"合成"窗口中的对应效果，如图 14-19 和图 14-20 所示。

图 14-19

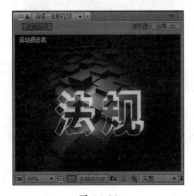

图 14-20

05 把时间轴移到（0:00:07:19）位置，单击"设置关键帧"按钮 ◎，为"发光阈值"和"发光半径"分别设置一个关键帧，然后把时间轴移到（0:00:08:21）位置，设置"发光阈值"为 25.5%、"发光半径"为 132，如图 14-21 所示。

图 14-21

06 选择"法规"文字图层，执行"效果 > 颜色校正 > 色相 / 饱和度"命令，并在"效果控件"面板设置"主色相"为 0×-21°，具体参数设置及在"合成"窗口中的对应效果，如图 14-22 和图 14-23 所示。

图 14-22

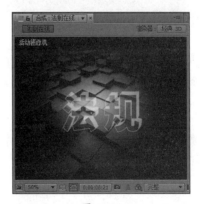

图 14-23

07 选择"法规"文字图层和"背景 .mov"图层，把时间轴移到（0:00:06:23）位置，按快捷键 Alt+【删除当前时间点前面的时间条，接着把时间轴移到（0:00:10:14）位置，按快捷键 Alt+】删除当前时间点后面的时间条。

08 将"项目"窗口中的"03.mov"素材拖曳到"时间线"窗口中的（0:00:06:23）位置，设置其叠加模式为"相加"，展开其变换属性，把时间轴移到（0:00:09:06）位置，单击"设置关键帧"按钮 ，为"不透明度"属性设置一个关键帧，然后把时间轴移到（0:00:09:22）位置，设置"不透明度"为 0%，如图 14-24 所示。

图 14-24

09 将"项目"窗口中的"光效 .mov"素材拖曳到"时间线"窗口中的（0:00:07:12）位置，设置其叠加模式为"变亮"，展开其变换属性，设置"缩放"为（44.4,54%）、"不透明度"为 50%，如图 14-25 所示。

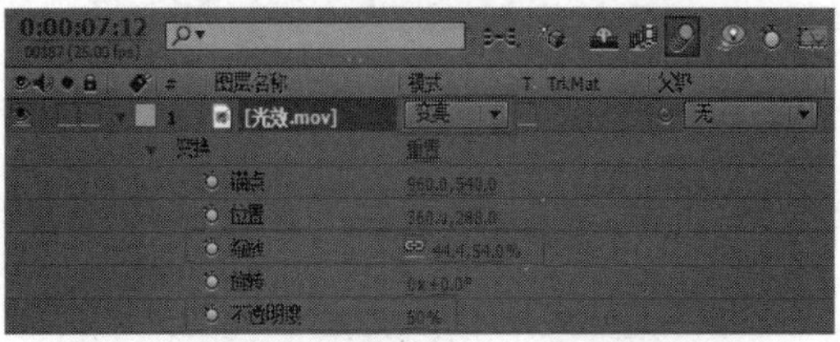

图 14-25

10 使用"矩形"工具在"光效 .mov"图层上绘制一个矩形蒙版，如图 14-26 所示，展开蒙版属性，设置"蒙版羽化"为（274,274 像素），把时间轴移到（0:00:07:24）位置，单击"设置关键帧"按钮 ，为"蒙版路径"属性设置一个关键帧，接着把时间轴移到（0:00:09:13）位置，单击"添加关键帧"按钮 ，在该时间处添加一个关键帧；然后把时间轴移到（0:00:07:12）位置，设置蒙版形状，如图 14-27 所示；再把时间轴移到（0:00:09:21）位置，设置蒙版形状，如图 14-28 所示。最后把时间轴移到（0:00:10:14）位置，按 Alt+】键删除

当前时间点之后的时间条，如图 14-29 所示。

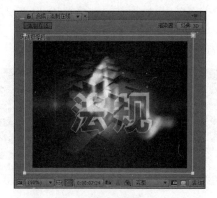

图 14-26

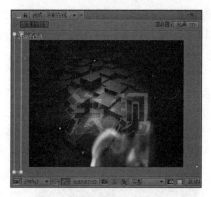

图 14-27

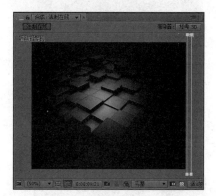

图 14-28

图 14-29

14.1.4　制作镜头 3 动画

01 将"项目"窗口中的"13.mov"和
"090.avi"素材拖曳到"时间线"窗口
中的（0:00:10:00）位置，然后按快捷键
Ctrl+Shift+C 嵌套图层，设置其名称为"预合
成 1"，在"预合成 1"图层上双击鼠标进入
合成，将"090.avi"图层放置在"13.mov"
图层上方，并设置图层叠加模式为"叠加"，
如图 14-30 所示。

图 14-30

02 将"项目"窗口中的"Bird.mov"素材拖曳
到"预合成 1""时间线"窗口中的（0:00:10:08）
位置，单击开启"3D 图层"按钮，展开其变
换属性，设置"缩放"为（40,40,40%）、"Z
轴旋转"为 0×-37°，参数设置如图 14-31 所示。

图 14-31

03 选择"Bird.mov"图层，执行"图层 > 时
间 > 时间伸缩"命令，在弹出的对话框中设
置"新持续时间"为（0:00:04:00），然后单
击"确定"按钮，如图 14-32 所示。

04 把时间轴移到（0:00:11:18）位置，设置
"位置"为（360,288,0），并单击"设置关
键帧"按钮 🕐，为"位置"属性和"Z 轴旋
转"属性各设置一个关键帧，然后把时间轴
移到（0:00:10:08）位置，设置"位置"为
（360,288,-353）、"Z 轴旋转"为 0×+0°，

参数设置如图 14-33 所示。

图 14-32

图 14-33

05 继续选择"Bird.mov"图层，执行"效果
> 风格化 > 发光"命令，并在"效果控件"
面板设置"发光半径"为 45、"发光强度"
为 3、"发光颜色"为 A 和 B 颜色、"颜色
A"为（R:255,G:167,B:13）、"颜色 B"为
（R:187,G:33,B:33），具体参数设置及在"合成"
窗口中的对应效果，如图 14-34 和图 14-35 所示。

图 14-34

图 14-35

06 选择"Bird.mov"图层按快捷键 Ctrl+D 复制一个相同的图层，然后选择复制出的图层执行"图层 > 时间 > 启用时间重映射"命令，延长右边关键帧处的时间条，并将右边关键帧之前的时间条删除，把图层开始点对齐到（0:00:14:02）位置，结束点对齐到（0:00:17:18）位置，如图 14-36 所示。把时间轴移到（0:00:14:16）位置，单击"位置"属性中的"添加关键帧"按钮，在该时间处添加一个关键帧，然后把时间轴移到（0:00:15:07）位置，设置"位置"为（-603.1,-66.3,1241），参数设置如图 14-37 所示。

图 14-36

图 14-37

07 按快捷键 Ctrl+Y 新建一个纯色层，将颜色设置为白色，然后使用"钢笔"工具在"合成"窗口绘制如图 14-38 所示的路径。选择纯色层执行"效果 >Trapcode>3D Stroke"命令，在"效果控件"面板中设置"Thickness（粗细）"为 3、"Feather（羽化）"为 100，接着展开"Taper（锥度）"参数项，勾选"Enable（开启）"选项，具体参数设置如图 14-39 所示。

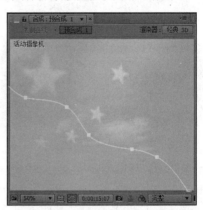

图 14-38

图 14-39

08 将时间轴移到（0:00:14:16）的位置，按快捷键 Alt+【删除当前时间点前面的时间条，设置 End 参数为 100、"Offset（偏移）"为 100，并单击"设置关键帧"按钮，为其分别设置一个关键帧；接着把时间轴移到（0:00:15:04）的位置，单击"添加关键帧"按钮，为 End 属性添加一个关键帧，并设置"Offset（偏移）"为 0；最后把时间轴移到（0:00:15:15）的位置，设置 End 参数为 0，并按快捷键 Alt+】删除当前时间点之后的时间条，具体参数设置及在"合成"窗口中的对应效果，如图 14-40 和图 14-41 所示。

图 14-40

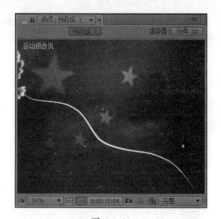

图 14-41

09 选择纯色层，然后执行"效果 > 风格化 > 发光"命令，如图 14-42 所示。

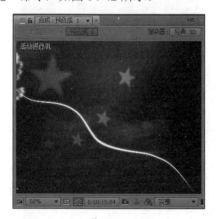

图 14-42

10 使用"文字"工具在"合成"窗口中创建文字，输入文字内容为"法"，在"字符"面板设置"字体"为汉仪雪君体简、"填充颜色"为（R:184,G:152,B:76）、"字体大小"为 70 像素，参数设置如图 14-43 所示。

图 14-43

11 选择文字图层，设置其叠加模式为"颜色减淡"，然后执行"效果 > 风格化 > 发光"命令，并在"效果控件"面板设置"发光半径"为 46、"发光强度"为 2.8、"发光颜色"为 A 和 B 颜色、"颜色 A"为（R:217,G:61,B:20）、"颜色 B"为（R:236,G:194,B:26），具体参数设置及在"合成"窗口中的对应效果，如图 14-44 和图 14-45 所示。

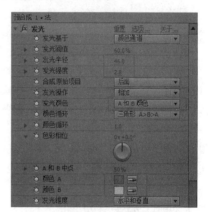

图 14-44

图 14-45

12 选择文字图层，执行"效果 > 透视 > 斜面 Alpha"命令，对应效果如图 14-46 所示。

图 14-46

13 展开文字图层的变换属性，把时间轴移到（0:00:13:01）的位置，按快捷键 Alt+【删除当前时间点前面的时间条，然后设置"位置"为（322,375）、"不透明度"为 0%，并单击"不透明度"属性名称前的"设置关键帧"按钮 ，把时间轴移到（0:00:13:10）的位置，设置"不透明度"为 100%；把时间轴移到（0:00:13:22）的位置，单击"添加关键帧"按钮 ，在该时间处添加一个关键帧；把时间轴移到（0:00:14:01）的位置，设置"不透明度"为 0%，采用同样的操作，依次设置（0:00:14:05）的"不透明度"为 100%、（0:00:14:09）的"不透明度"为 0%、（0:00:14:12）

14.1.5 制作镜头 4 动画

01 将"项目"窗口中的"05.mov"素材拖曳到"时间线"窗口中的（0:00:15:13）位置，展开其变换属性，设置"缩放"为 123%，参数设置如图 14-49 所示。

图 14-49

02 将"项目"窗口中的"642.avi"素材拖曳

的"不透明度"为 100%、（0:00:14:15）的"不透明度"为 0%，最后把时间轴移到（0:00:14:19）位置，按快捷键 Alt+】删除当前时间点之后的时间条，具体参数设置如图 14-47 所示。

图 14-47

14 返回到"法制在线"合成，选择"预合成 1"把时间轴移到（0:00:10:03）的位置，按快捷键 Alt+【删除当前时间点前面的时间条，然后把时间轴移到（0:00:15:13）的位置，按快捷键 Alt+】删除当前时间点之后的时间条，如图 14-48 所示。

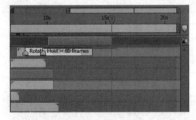

图 14-48

到"时间线"窗口中的（0:00:15:13）位置，然后再拖动时间条左端点至（0:00:16:09）位置，展开其变换属性，设置"不透明度"为 0%，并单击"设置关键帧"按钮 ；然后把时间轴移到（0:00:16:13）位置，设置"不透明度"为 100%，参数设置如图 14-50 所示。

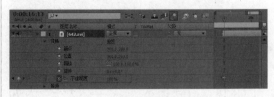

图 14-50

03 使用"文字"工具在"合成"窗口中单击鼠标，输入文字内容为"法制在线"，并在"字符"面板中设置"字体"为汉仪粗黑简、"字体大小"为110、"颜色"为白色，接着在"时间线"窗口中设置其"位置"为（155,313），具体参数设置及在"合成"窗口中的对应效果，如图 14-51 和图 14-52 所示。

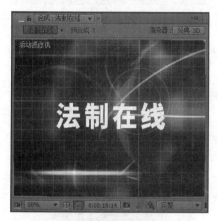

图 14-51

图 14-52

04 选择"法制在线"文字图层，然后执行"效果＞生成＞梯度渐变"命令，在"效果控件"面板中设置"渐变起点"为（335,200）、"渐变终点"为（333,330）、"起始颜色"为黑色（R:0,G:0,B:0）、"结束颜色"为白色（R:255,G:255,B:255），具体参数设置如图 14-53 所示。

05 选择"法制在线"文字图层，然后执行"效果＞透视＞斜面 Alpha"命令，在"效果控件"面板中设置"边缘厚度"为1.5、"灯光角度"为 0×-60°、"灯光强度"为0.4，具体参数设置如图 14-54 所示。

图 14-53

图 14-54

06 选择"法制在线"文字图层，然后执行"效果＞颜色校正＞曲线"命令，将曲线形状调节为如图 14-55 所示的状态。接着执行"效果＞透视＞投影"命令，最终效果如图 14-56 所示。

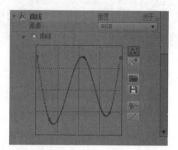

图 14-55

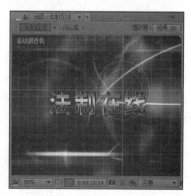

图 14-56

07 把时间轴移到（0:00:16:13）位置，按快捷键 Alt+【删除当前时间点前面的时间条，接着把时间轴移到（0:00:16:17）位置，在"效果和预设"面板中搜索"3D Flutter In From

Left"效果，如图 14-57 所示，并将其赋予"法制在线"文字图层，按 U 键展开关键帧，将"偏移"和"位置"的第二个关键帧移到（0:00:18:14）处，如图 14-58 所示。

图 14-57

图 14-58

08 继续选择"法制在线"文字图层，执行"效果 > 生成 >CC Light Sweep"命令，在"效果控件"面板中设置"Center（中心）"为（-13,289）、"Width（宽度）"为 41、"Sweep Intensity（扫光强度）"为 100、"Edge Intensity（边缘强度）"为 78、"Edge Thickness（边缘厚度）"为 6.8、"Light Color（光线颜色）"为（R:255,G:170,B:0），具体参数设置如图 14-59 所示。把时间轴移到（0:00:18:14）位置，单击 Center（中心）属性前面的"设置关键帧"按钮，为其设置一个关键帧，然后把时间轴移到（0:00:19:06）位置，设置 Center（中心）为（652,289），参数设置如图 14-60 所示。

09 使用"文字"工具在"合成"窗口单击鼠标，输入文字内容为"fazhizaixian"，并在"字符"面板设置"字体"为方正粗倩简体、"字体大小"为 75、"颜色"为白色，接着在"时间线"窗口设置其"位置"为（139,392），具体参数设置及在"合成"窗口中的对应效果，如图 14-61 和图 14-62 所示。

图 14-59

图 14-60

图 14-61

图 14-62

10 使用"矩形"工具在"fazhizaixian"文字图层上绘制一个矩形蒙版，如图 14-63 所示，把时间轴移到（0:00:19:06）位置，单击"设置关键帧"按钮，为"蒙版路径"属性设置一个关键帧，接着把时间轴移到（0:00:18:18）

位置，设置蒙版形状如图 14-64 所示，最后按
快捷键 Alt+【删除当前时间点前面的时间条。

图 14-63

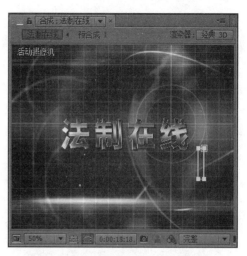

图 14-64

14.2　音频添加

为制作好的视频添加音频文件，使视觉与听觉更加和谐统一。本节将具体介绍音频的添加
方法。

01 将"项目"窗口中的"02.mp3"素材拖曳
到"时间线"窗口，并使其结束点位置与合
成最后一帧对齐，展开其"音频电平"属性，
如图 14-65 所示。

图 14-65

02 在时间线（0:00:00:00）位置，设置"音频
电平"参数为 -48dB，并单击"设置关键帧"
按钮，为其设置一个关键帧；然后把时间
轴移到（0:00:04:17）位置，设置"音频电平"
参数为 +0dB；再把时间轴移到（0:00:19:06）
位置，单击"添加关键帧"按钮，在该
时间处添加一个关键帧；最后把时间轴移到
（0:00:20:24）位置，设置"音频电平"参数
为 -48dB，参数设置如图 14-66 所示。

图 14-66

03 将"项目"窗口中的"01.mp3"素材拖曳

到"时间线"窗口中，把时间轴移到（0:00:03:22）
位置按】键使其结束点位置对齐到（0:00:03:22）
处，如图 14-67 所示。

图 14-67

04 至此本实例动画制作完毕，按小键盘上的
0 键预览动画。按时间先后顺序的动画静帧效
果，如图 14-68 ～图 14-71 所示。

图 14-68

图 14-69

图 14-71

图 14-70

14.3 影片输出

动画制作完成后要得到最终视频还需要对影片进行输出，这一节将具体介绍本实例影片的
输出方法。

01 在"法制在线"合成中执行"合成 > 添加
到渲染队列"命令，如图 14-72 所示。弹出"渲
染队列"窗口，如图 14-73 所示。

图 14-73

图 14-72

02 单击"渲染设置"后面的"最佳设置"按钮，
进入"渲染设置"对话框，设置"品质"为最佳、
"分辨率"为完整，设置完成后单击"确定"
按钮，如图 14-74 所示。

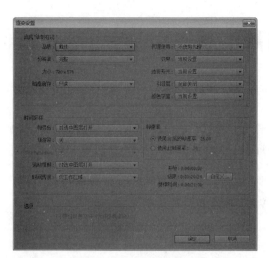

图 14-74

03 单击"输出模块"后面的"无损"按钮，进入"输出模块设置"对话框，设置"格式"为 AVI，勾选"视频输出"选项，并设置"通道"为 RGB，在该对话框下方开启"自动音频输出"选项，最后单击"确定"按钮。具体参数设置，如图 14-75 所示。

图 14-75

04 单击"输出到："后面的"法制在线 .avi"按钮，进入"将影片输出到："对话框，为其指定一个输出文件的存放路径，然后设置"文件名"为法制在线、"保存类型"为 AVI，最后单击"保存"按钮，如图 14-76 所示。

图 14-76

05 设置完成后，在"渲染队列"窗口中单击"渲染"按钮开始输出影片，如图 14-77 所示。

图 14-77

14.4　本章小结

　　本章主要学习了法制在线栏目片头的实例制作，在制作过程中使用了多种特效与表现技法，如块溶解、发光、3D Stroke、梯度渐变、斜面 Alpha、曲线、投影、CC Light Sweep 等效果。在本实例中还较多地使用了图层叠加模式，不同的图层叠加模式可以产生不同的画面效果，在制作中应该视具体情况而定。

第 **15** 章　颁奖晚会栏目片头制作

在一些隆重的颁奖典礼栏目的开始部分都会有一段大气、激昂的片头，让观众瞬间进入颁奖会场的氛围中，本章将具体学习颁奖晚会栏目片头的制作方法。

◎ **源 文 件：**源文件\第 15 章
◎ **视频文件：按快捷键 Ctrl+Y**　视频\第 15 章\颁奖晚会栏目片头制作 **.mp4**

本实例完成后的预览效果，如图 15-1 所示。

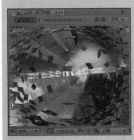   

图 15-1

制作过程分析

（1）素材准备。颁奖晚会一般都属于比较隆重、气派的会议，为了体现气场，可以搜索一些震撼力强的背景素材，素材的色调最好以红色或黄色为主，素材画面中可以有奖杯或者五角星、星光等一些比较荣耀的元素，另外找一段节奏激昂的背景音乐（以激动人心的旋律烘托颁奖晚会的盛大和庄重气氛），这样实例制作中所需要的素材就准备好了。

（2）制作动画。素材准备好后即可把素材导入到 After Effects CC 软件中用于制作动画了，本实例在制作时应该注意画面颜色的运用，多采用一些颜色鲜明的色彩，动画中的字幕尽量使用发光效果。在动画中可以添加些闪亮元素，如发光的金属质感五角星、粒子光束等。注意图层叠加模式的运用，另外动画制作时，节奏可以稍微偏欢快一些，以体现那种庄重和激昂的气场。可以结合"碎片"效果制作爆炸式转场，在动画结束时可以运用"镜头光晕"效果来增添结尾处的亮点。

15.1　视频制作

视频制作是整个实例制作的核心，通过对素材的整合与编辑，把所有的构思及创意组合成视频画面，并展现给观众，下面开始本实例的视频制作。

15.1.1　新建合成与导入素材

01 打开 After Effects CC，执行"合成＞新建合成"命令，创建一个预设为 PAL D1/DV 的合成，设置"持续时间"为 21 秒，并将其命名为"颁奖晚会"，然后单击"确定"按钮，如图 15-2 所示。

图 15-2

图 15-4

02 执行"文件 > 导入 > 文件…"命令，或按快捷键 Ctrl+I，导入"源文件 \ 第 15 章 \Footage"文件夹中的所有素材。如图 15-3 ～图 15-5 所示。

图 15-3

图 15-5

15.1.2　制作镜头 1 动画

01 将"项目"窗口中的"013.avi"和"星星1.avi"素材分别拖曳到"时间线"窗口中，把"星星 1.avi"图层放在上层，并设置其叠加模式为"屏幕"，如图 15-6 所示。

图 15-6

02 选择"013.avi"图层，执行"效果 > 模拟 > 碎片"命令，在"效果控件"面板中设置"视图"为已渲染，作用力 1 选项中"半径"为

0、"强度"为 13.5，作用力 2 选项中"位置"为（540,794），参数设置如图 15-7 所示。把时间轴移到（0:00:02:17）的位置，单击作用力 1 选项中"半径"属性前面的"设置关键帧"按钮 ⏱，为其设置一个关键帧，然后把时间轴移到（0:00:02:23）的位置，设置"半径"为 0.67；按 T 键展开其"不透明度"属性，接着把时间轴移到（0:00:03:05）的位置，单击"不透明度"属性前面的"设置关键帧"按钮 ⏱，为其设置一个关键帧，最后把时间轴移到（0:00:03:09）的位置，设置"不透明度"为 0%，参数设置如图 15-8 所示。

图 15-7

图 15-8

03 选 择 "013.avi" 图 层, 把 时 间 轴 移 到（0:00:03:10）的位置，然后按快捷键 Alt+】删除当前时间点之后的时间条，接着选择 "星星 1.avi" 图层，按快捷键 Ctrl+D 复制一个相同的图层，如图 15-9 所示。

图 15-9

15.1.3　制作镜头 2 动画

01 将 "项目" 窗口中的 "196.avi" 素材拖曳到 "时间线" 窗口中的（0:00:02:17）位置，并放置在 "013.avi" 图层下方，展开其变换属性，把时间轴移到（0:00:09:18）的位置，设置其 "不透明度" 为 100%，并单击属性前面的 "设置关键帧" 按钮 ，为其设置一个关键帧；然后把时间轴移到（0:00:11:15）位置，设置 "不透明度" 为 0%，具体参数设置如图 15-10 所示。

图 15-10

02 使用 "文字" 工具在 "合成" 窗口中创建文字，输入文字内容为 "award presentation ceremony"，在 "字符" 面板设置 "字体" 为方正超粗黑简体、"填充颜色" 为白色、"字体大小" 为 100 像素，参数设置如图 15-11 所示。

03 选择文字图层，按快捷键 Ctrl+Shift+C，将其嵌套，双击鼠标进入嵌套合成，选择文字图层，单击开启 "3D 图层" 按钮，把时间

轴移到（0:00:02:14）的位置，展开其变换属性，设置 "锚点" 为（794.3,-32,0）、"位置" 为（375,262,0）、"缩放" 为（100,100,100%）、X/Y/Z 轴旋转为 0×+0°，参数设置如图 15-12 所示。

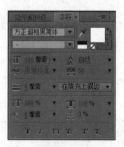

图 15-11

图 15-12

04 在（0:00:02:14）的位置，单击"设置关键帧"按钮，分别为"位置"、"X 轴旋转"、"Y 轴旋转"、"Z 轴旋转"设置一个关键帧，把时间轴移到（0:00:03:12）的位置，设置"位置"为（295,262,1841）；接着把时间轴移到（0:00:04:08）的位置，设置"位置"为（295,262,1841）、"缩放"为（100,100,100%），并单击"设置关键帧"按钮，为"缩放"属性设置一个关键帧，设置"X 轴旋转"为 0×-27°、"Y 轴旋转"为 0×-68°、"Z 轴旋转"为 0×-28°；再把时间轴移到（0:00:06:10）的位置，设置"位置"为（-6237,1562,1766）、"缩放"为（909,909,909%），参数设置如图 15-13 所示。

图 15-13

05 返回到"颁奖晚会"合成，然后选择嵌套后的文字图层，将其放置在"196.avi"图层上方，执行"效果 >Trapcode>Shine"命令，在"效果控件"面板中设置"Ray Length（光线发射长度）"为 4，"Boost Light（光线亮度）"为 7.9，把时间轴移到（0:00:02:18）的位置，按快捷键 Alt+【，删除（0:00:02:18）位置前的时间条，并单击"设置关键帧"按钮，为"Ray Length"属性和"Boost Light"属性各设置一个关键帧；然后把时间轴移到（0:00:03:09）的位置，设置"Ray Length（光线发射长度）"为 0，"Boost Light（光线亮度）"为 0；最后把时间轴移到（0:00:07:09）的位置，按快捷键 Alt+】删除当前时间点后面的时间条，具体参数设置及在"合成"窗口中的对应效果，如图 15-14 和图 15-15 所示。

06 将"项目"窗口中的"星星 2.avi"素材拖曳到"时间线"窗口中的（0:00:04:20）处，置于"星星 1.avi"图层之上，并设置其叠加

模式为"屏幕"，如图 15-16 所示。

图 15-14

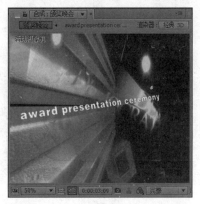

图 15-15

图 15-16

07 将"项目"窗口中的"star.mov"素材拖曳到"时间线"窗口中的（0:00:10:04）处，置于"星星 2.avi"图层之上，设置"缩放"为 0%，并单击"设置关键帧"按钮，为"缩放"属性设置一个关键帧；然后把时间轴移到（0:00:10:10）处，设置"缩放"为 13.7%，在"合成"窗口中调整其位置，具体参数设置及在"合成"窗口中的对应效果，如图 15-17 和图 15-18 所示。

08 选择"star.mov"图层，按快捷键 Ctrl+D 复制一个图层，然后将复制出的图层时间条移到（0:00:10:13）处，设置第二个"缩放"关键帧参数为 19%，并调整其位置，具体参

数设置及在"合成"窗口中的对应效果，如图 15-19 和图 15-20 所示。

图 15-17

图 15-18

图 15-19

图 15-20

09 同理再复制 3 个"star.mov"图层，然后将复制出的图层时间条移到合适位置，调整"缩放"大小及在画面中的位置，具体参数设置及在"合成"窗口中的对应效果，如图 15-21 和图 15-22 所示。

图 15-21

图 15-22

10 将"项目"窗口中的"22.mov"素材拖曳到"时间线"窗口中的（0:00:08:15）处，置于"star.mov"图层之上，展开其变换属性设置"缩放"为（52，55.3%），并设置其叠加模式为"屏幕"，具体参数设置及在"合成"窗口中的对应效果，如图 15-23 和图 15-24 所示。

图 15-23

图 15-24

15.1.4 制作镜头 3 动画

01 将"项目"窗口中的"640.avi"素材拖曳到"时间线"窗口中的（0:00:11:24）处，置于"22.mov"图层之上，然后执行"效果 > 扭曲 >CC Lens"命令，在"效果控件"面板中设置"Size"为 52，展开"不透明度"属性，设置"不透明度"为 0%，单击"设置关键帧"按钮，为"Size"和"不透明度"属性分别设置一个关键帧；接着把时间轴移到（0:00:12:10）处，设置"不透明度"为 100%；然后把时间轴移到（0:00:13:06）处设置"Size"为 500，最后把时间轴移到（0:00:17:19）处，按快捷键 Alt+】删除当前时间点之后的时间条，具体参数设置及在"合成"窗口中的对应效果，如图 15-26 和图 15-27 所示。

图 15-26

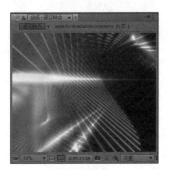

图 15-27

11 选择"22.mov"至"星星 2.avi"之间的所有图层，把时间轴移到（0:00:13:06）处，按快捷键 Alt+】删除当前时间点之后的时间条，如图 15-25 所示。

图 15-25

02 使用"文字"工具在预览"合成"窗口单击鼠标，输入文字内容为"Ladies and Gentleman"，并在"字符"面板中设置"字体"为方正艺黑简体、"字体大小"为 55 像素、"描边宽度"为 4、"描边颜色"为白色、"字符间距"为 0、"垂直缩放"为 242%、单击"全部大写字母"按钮，再去除"填充颜色"，具体参数设置及在"合成"窗口中的对应效果，如图 15-28 和图 15-29 所示。

图 15-28

图 15-29

03 选择文字图层，展开其变换属性，设置"锚点"为（310.7,-48）、"位置"为（370,282），把时间轴移到（0:00:14:21）位置，设置"缩放"为100%，并单击"设置关键帧"按钮 ，接着把时间轴移到（0:00:15:18）位置，设置"缩放"为83%，再把时间轴移到（0:00:16:14）位置，单击"不透明度"前面的"设置关键帧"按钮 ，最后把时间轴移到（0:00:16:22）位置，设置"缩放"为581%、"不透明度"为0%。具体参数设置如图15-30所示。

图 15-30

图 15-31

04 把时间轴移到（0:00:13:24）位置，使用"矩形"工具在文字图层上绘制一个矩形蒙版，如图15-31所示。展开蒙版属性，单击"蒙版路径"前面的"设置关键帧"按钮 ，然后把时间轴移到（0:00:13:09）位置，设置"蒙版路径"形状，如图15-32所示。

05 将"项目"窗口中的"粒子3.mov"素材拖曳到"时间线"窗口中的（0:00:11:23）处，置于文字图层之上，设置其叠加模式为"相加"，然后把时间轴移到（0:00:13:06）的位置，按快捷键 Alt+【删除当前时间点前面的时间条，展开其变换属性，设置"位置"为（360,348），参数设置如图15-33所示。

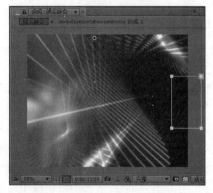

图 15-32

图 15-33

06 选择"Ladies and Gentleman"文字图层，将时间条开始和结束位置处没必要的时间帧删掉。

15.1.5 制作镜头4动画

01 将"项目"窗口中的"040.avi"素材拖曳到"时间线"窗口中的（0:00:16:18）位置，使用"椭圆"工具在素材上绘制一个如图15-34所示的椭圆蒙版，展开蒙版属性，设置"蒙版羽化"为（246,246像素），把时间轴移到（0:00:17:19）位置，单击"蒙版路径"前面的"设置关键帧"按钮 ，然后把时间轴移到（0:00:16:18）位置，

设置"蒙版路径"形状如图15-35所示。

02 选择"040.avi"图层，按T键展开其"不透明度"属性，把时间轴移到（0:00:16:18）位置，设置"不透明度"为0%，然后单击"设置关键帧"按钮 ，把时间轴移到（0:00:17:03）位置，设置"不透明度"为100%，具体参数设置，如图15-36所示。

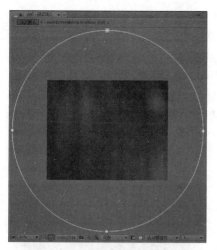

图 15-34

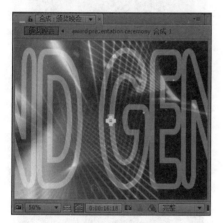

图 15-35

图 15-36

03 按快捷键 Ctrl+Y 新建一个纯色层，设置纯色层的颜色为（H:0,S:86,B:60），选择纯色图层，执行"效果＞生成＞梯度渐变"命令，在"效果控件"面板中设置"渐变起点"为（360,284）、"渐变终点"为（360,864）、"起始颜色"为红色（H:0,S:100,B:67）、"结束颜色"为黑色（R:0,G:0,B:0）、"渐变形状"为径向渐变，具体参数设置如图 15-37 所示。

04 选择纯色层，设置其图层叠加模式为"强光"，把时间轴移到（0:00:16:18）位置，按快捷键 Alt+【删除当前时间点前面的时间条，

展开其变换属性，设置"不透明度"为 0%，单击"设置关键帧"按钮，然后把时间轴移到（0:00:17:03）位置，设置"不透明度"为 100%，参数设置如图 15-38 所示。

图 15-37

图 15-38

05 将"项目"窗口中的"line.mov"素材拖曳到"时间线"窗口中的（0:00:16:18）位置，展开其变换属性，设置"位置"为（360,304）、"缩放"为（62.1,100%），使用"矩形"工具在素材上绘制一个如图 15-39 所示的矩形蒙版，展开蒙版属性，把时间轴移到（0:00:17:11）位置，单击"蒙版路径"前面的"设置关键帧"按钮；接着把时间轴移到（0:00:16:18）位置，设置蒙版路径形状，如图 15-40 所示。

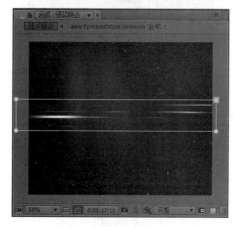

图 15-39

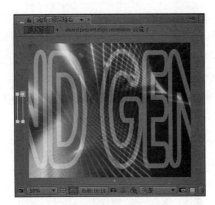

图 15-40

06 使用"文字"工具在"合成"窗口中单击鼠标，输入文字内容为"颁奖晚会马上开始"，并在"字符"面板中设置"字体"为方正行楷简体、"字体大小"为70、"描边宽度"为5、"填充颜色"为红色（H:0,S:100,B:100）、"描边颜色"为白色、"字符间距"为58、"垂直缩放"为100%，具体参数设置及在"合成"窗口中的对应效果，如图15-41和图15-42所示。

图 15-41

图 15-42

07 选择文字图层设置其"位置"为（91,302），然后执行"效果＞透视＞投影"命令，展开

"效果控件"面板设置"距离"为6。接着执行"效果＞风格化＞发光"命令，并在"效果控件"面板设置"发光半径"为19、"发光强度"为0.7、"发光颜色"为A和B颜色、"颜色A"为（H:11,S:79,B:100）、"颜色B"为（H:45,S:91,B:100），具体参数设置及在"合成"窗口中的对应效果，如图15-43和图15-44所示。

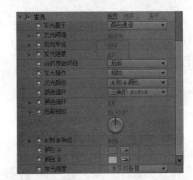

图 15-43

图 15-44

08 继续选择文字图层，将时间轴移到（0:00:17:06）位置，按快捷键Alt+【删除当前时间点前面的时间条，在"效果和预设"面板搜索"3D Bouncing In Centered"文字效果，如图15-45所示。并将该文字效果拖曳到文字图层上，动画效果如图15-46所示。

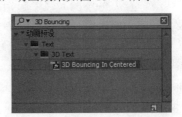

图 15-45

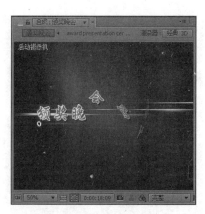

图 15-46

09 执行"图层 > 新建 > 调整图层"命令，创建一个调整图层，选择该图层再执行"效

果 > 生成 > 镜头光晕"命令，把时间轴移到（0:00:19:01）位置，按快捷键 Alt+【删除当前时间点前面的时间条，在"效果控件"面板中设置"光晕中心"为（-224,276），并单击"设置关键帧"按钮；然后把时间轴移到（0:00:20:15）位置，设置"光晕中心"为（1335,276），参数设置如图 15-47 所示。

图 15-47

15.2　音频添加

为制作好的视频添加音频文件，使视觉与听觉更加协调统一。本节将具体介绍音频的添加。

01 将"项目"窗口中的"music.mp3"素材拖曳到"时间线"窗口中，并展开其"音频电平"属性，如图 15-48 所示。

图 15-48

02 把时间轴移到（0:00:18:01）位置，然后单击"音频电平"属性前面的"设置关键帧"按钮，接着把时间轴移到（0:00:20:09）位置，设置"音频电平"参数为 -48dB，具体参数设置，如图 15-49 所示。

图 15-49

03 至此本实例动画制作完毕，按小键盘上的 0 键预览动画。按时间先后顺序的动画静帧效果。如图 15-50 ～ 图 15-53 所示。

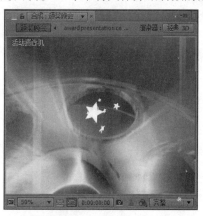

图 15-50

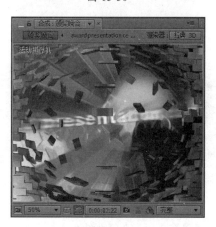

图 15-51

图 15-52

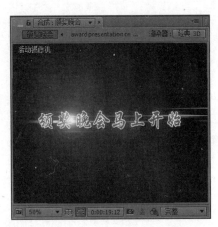

图 15-53

15.3 影片输出

动画制作完成后要得到最终视频还需要对影片进行输出，本节将具体介绍本实例影片的输出方法。

01 在"颁奖晚会"合成中执行"合成 > 添加到渲染队列"命令，如图 15-54 所示。弹出"渲染队列"窗口，如图 15-55 所示。

图 15-54

图 15-55

02 单击"渲染设置"后面的"最佳设置"按钮，

进入"渲染设置"对话框，设置"品质"为最佳、"分辨率"为完整，设置完成后单击"确定"按钮，如图 15-56 所示。

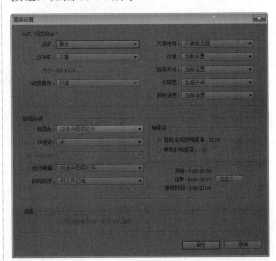

图 15-56

03 单击"输出模块"后面的"无损"按钮，进入"输出模块设置"对话框，设置"格式"为 AVI，勾选"视频输出"选项，并设置"通道"为 RGB，在对话框下方开启"自动音频输出"选项，最后单击"确定"按钮，具体参数设置，如图 15-57 所示。

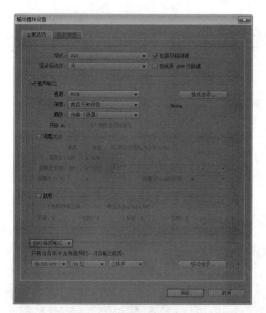

图 15-57

04 单击"输出到:"后面的"颁奖晚会 .avi"按钮,进入"将影片输出到:"对话框,为其指定一个输出文件的存放路径,然后设置"文件名"为颁奖晚会,"保存类型"为AVI,最后单击"保存"按钮,如图 15-58 所示。

05 设置完成后,在"渲染队列"窗口单击"渲染"按钮开始输出影片,如图 15-59 所示。

图 15-58

图 15-59

15.4　本章小结

　　本章主要学习了颁奖晚会栏目片头的实例制作,在制作过程中使用了多种特效与表现技法,如 Shine、碎片、亮度和对比度、CC Lens、梯度渐变、投影、发光、镜头光晕等效果的运用。在本实例中图层与图层之间的巧妙叠加,使画面有了绚丽多姿的视觉效果。所以在学习本章的过程中,应该注意图层叠加模式的运用。

◇◇◇◇◇◇◇◇◇◇◇◇◇◇ **读书笔记** ◇◇◇◇◇◇◇◇◇◇◇◇◇◇

第 **16** 章 体育频道栏目包装

　　包装是电视媒体自身发展的需要，也是电视节目、栏目、频道成熟、稳定的一个标志。如今电视观众每天要面对几十个电视台和电视频道，这就使频道包装的种类日益增多，本章将具体学习体育频道栏目包装的制作方法。

◎ 源 文 件：源文件\第16章
◎ 视频文件：视频\第16章\体育频道栏目包装.mp4

　　本实例完成后的预览效果，如图16-1所示。

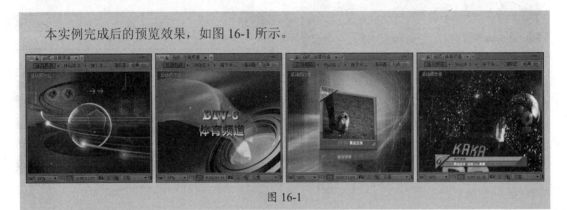

图 16-1

制作过程分析

　　（1）素材准备。由于本实例是体育频道栏目的动画，所以在动画中免不了与体育运动相关的素材，在制作时可以搜索一些足球、篮球或者其他运动比赛的背景素材。可以在Photoshop软件中制作一套标题模板，用于展示频道内容播放时的标题字幕，另外可以从网上下载一段体育频道的背景音乐（节奏可以稍微激昂一些），这样实例制作中所需要的素材就准备好了。

　　（2）制作动画。素材准备好后即可把素材导入到After Effects CC软件中用于制作动画了，本实例在制作时可以运用"3D Stroke"效果和"发光"效果来表现足球的轮廓和运动轨迹，可以巧妙地使用图层的叠加模式，将背景和体育元素素材完美融合，在运用PSD标题模板时，应该注意分层制作动画，这样显得层次感丰富而且有细节，开头和结尾的文字处理要稳重大方，可以结合"梯度渐变"、"投影"和"斜面Alpha"效果来制作文字，使文字更具立体感。

16.1 视频制作

　　视频制作是整个实例制作的核心，通过对素材的整合与编辑，把所有的构思及创意组合成视频画面，并展现给观众，下面开始本实例的视频制作。

16.1.1　新建合成与导入素材

01 打开 After Effects CC，执行"合成 > 新建合成"命令，创建一个预设为 PAL D1/DV 的合成，设置"持续时间"为 33 秒 8 帧，并将其命名为"体育频道"，然后单击"确定"按钮，如图 16-2 所示。

图 16-2

02 执行"文件 > 导入 > 文件…"命令，或按快捷键 Ctrl+I，导入"源文件 \ 第 16 章 \Footage"文件夹中的所有素材。如图 16-3 ～图 16-5 所示。

图 16-3

图 16-4

图 16-5

16.1.2　制作镜头 1 动画

01 将"项目"窗口中的"01.mov"和"03.mov"素材分别拖曳到"时间线"窗口中，如图 16-6 所示。

图 16-6

02 选择"01.mov"图层，展开其变换属性，设置"不透明度"为 0%，并单击"设置关键帧"按钮，接着把时间轴移到（0:00:00:23）位置，设置"不透明度"为 100%，然后把时间轴移到（0:00:02:05）位置，按快捷键 Alt+】删除当前时间点之后的时间条，具体参数设置及在"合成"窗口中的对应效果，如图 16-7 和图 16-8 所示。

图 16-7

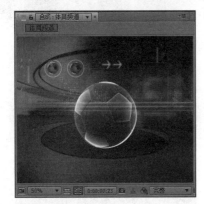

图 16-8

03 选择 "03.mov" 图层，展开其变换属性，设置 "位置" 为（358,310）、"缩放" 为（156.6,141.2%），拖曳时间条至合适的画面，把时间轴移到（0:00:01:00）位置，单击 "不透明度" 属性前面的 "设置关键帧" 按钮 ，然后把时间轴移到（0:00:01:21）位置，设置 "不透明度" 为 0%，并按快捷键 Alt+】删除当前时间点之后的时间条，具体参数设置及在 "合成" 窗口中的对应效果，如图 16-9 和图 16-10 所示。

图 16-9

04 继续选择 "03.mov" 图层，执行 "效果 > 风格化 > 发光" 命令，并在 "效果控件" 面板设置 "发光阈值" 为 33.7%、"发光半径" 为 12、"发光强度" 为 3.8、"发光颜色" 为 A 和 B 颜色、"颜色 A" 为（R:255,G:216,B:0）、"颜色 B" 为（R:246,G:23,B:23），具体参数

设置及在 "合成" 窗口中的对应效果，如图 16-11 和图 16-12 所示。

图 16-10

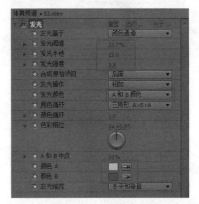

图 16-11

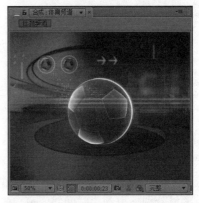

图 16-12

05 将 "项目" 窗口中的 "光束 .mov" 素材拖曳到 "时间线" 窗口中的（0:00:00:16）位置，设置其叠加模式为 "变亮"，单击开启 "3D 图层" 按钮，展开其变换属性，设置 "位置" 为（360,262,0）、"缩放" 为（69,69,69%），

参数设置如图 16-13 所示。

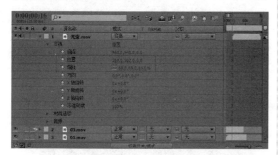

图 16-13

06 选择"光束.mov"图层,把时间轴移到(0:00:01:03)位置,单击"Y 轴旋转"前面的"设置关键帧"按钮◎,接着把时间轴移到(0:00:01:14)位置,设置"Y 轴旋转"为0×+34°,把时间轴移到(0:00:02:03)位置,单击"添加关键帧"按钮◎,在该时间点添加一个关键帧,再把时间轴移到(0:00:02:04)位置,设置"Y 轴旋转"为0×+0°。单击"位置"前面的"设置关键帧"按钮◎,最后把时间轴移到(0:00:02:24)位置,设置"位置"为(360,262,-231),参数设置如图 16-14 所示。

图 16-14

07 将"项目"窗口中的"02.mov"素材拖曳到"时间线"窗口中的(0:00:02:04)位置,放在"光束.mov"图层下方,选择"02.

16.1.3 制作镜头 2 动画

01 将"项目"窗口中的"075.avi"和"04.avi"素材拖曳到"时间线"窗口中的(0:00:02:10)位置,放在"光束.mov"图层上方,并设置"04.avi"图层的叠加模式为"变亮",如图 16-17 所示。

02 选择"075.avi"图层,在(0:00:02:10)位置,

mov"图层,执行"图层 > 时间 > 时间伸缩"命令,在弹出的对话框中设置"新持续时间"为(0:00:02:00),然后单击"确定"按钮,如图 16-15 所示。

图 16-15

08 拖曳"02.mov"图层的时间条至(0:00:01:05)位置,接着把时间轴移到(0:00:02:04)位置,按快捷键 Alt+【删除当前时间点前面的时间条,展开变换属性,在(0:00:02:04)位置单击"设置关键帧"按钮◎,为"缩放"属性设置一个关键帧,然后把时间轴移到(0:00:02:17)位置,单击"设置关键帧"按钮◎,为"不透明度"属性设置一个关键帧,最后把时间轴移到(0:00:03:02)位置,设置"缩放"为136%、"不透明度"为0%。具体参数设置如图 16-16 所示。

图 16-16

设置"不透明度"为0%,并单击"设置关键帧"按钮◎,为"不透明度"属性设置一个关键帧,接着把时间轴移到(0:00:02:17)位置,设置"不透明度"为100%,参数设置如图 16-18 所示。

图 16-17

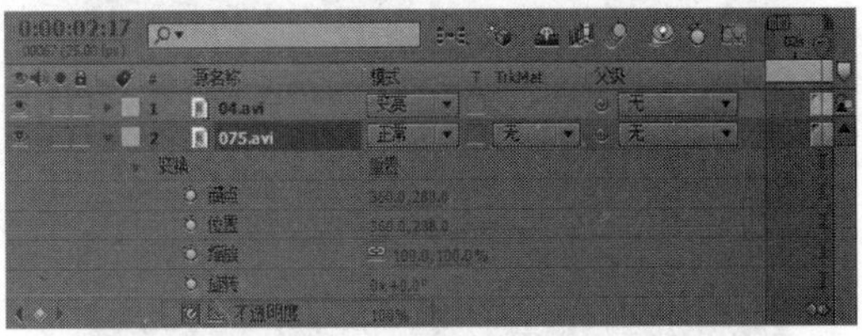

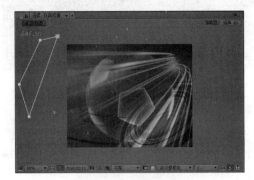

图 16-18

03 选择"04.avi"图层，展开其"属性"面板，设置"位置"为（290，304）、"缩放"为 54%，"旋转"为 0×+5°，参数设置如图 16-19 所示。

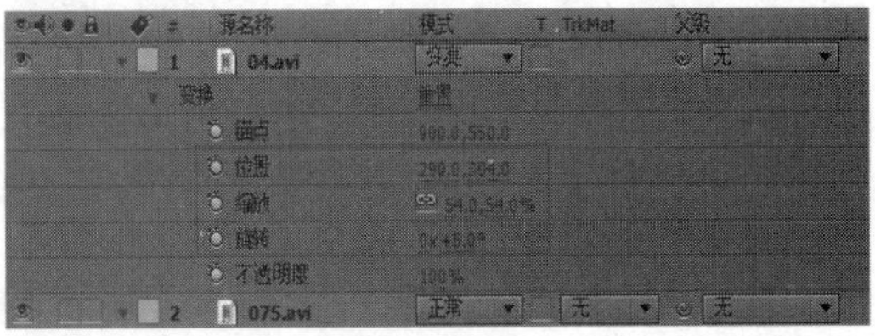

图 16-19

04 继续选择"04.avi"图层，使用"钢笔"工具绘制如图 16-20 所示的形状蒙版，展开其蒙版属性，把时间轴移到（0:00:03:08）位置，单击"设置关键帧"按钮 🕙，为"蒙版路径"属性设置一个关键帧，接着把时间轴移到（0:00:02:13）位置，设置"蒙版路径"形状如图 16-21 所示。

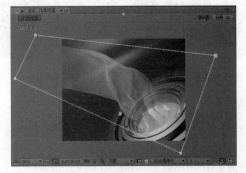

图 16-20

05 使用"文字"工具在"合成"窗口中单击鼠标，输入文字内容为"BTV-6"，并在"字符"面

板中设置"字体"为 Clarendon BT、"字体大小"为 70、"描边宽度"为 5、"填充颜色"为红色（R:255,G:0,B:0）、"描边颜色"为白色，具体参数设置及在"合成"窗口中的对应效果，如图 16-22 和图 16-23 所示。

图 16-21

图 16-22

图 16-23

06 选择文字图层执行"效果>生成>梯度渐变"命令，在"效果控件"面板中设置"渐变起点"为（354,190）、"渐变终点"为（351,292）、"起始颜色"为黑色（R:0,G:0,B:0）、"结束颜色"为白色（R:255,G:255,B:255），具体参数设置如图 16-24 所示。

图 16-24

07 选择文字图层执行"效果 > 风格化 > 发光"命令，并在"效果控件"面板中设置"发光阈值"为 61.2%、"发光半径"为 0、"发光强度"为 0.2、"发光颜色"为原始颜色，具体参数设置如图 16-25 所示。

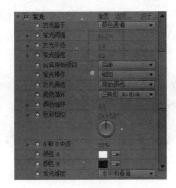

图 16-25

08 选择文字图层执行"效果 > 透视 > 投影"命令，为文字图层添加投影，接着执行"效果 > 透视 > 斜面 Alpha"命令，在"效果控件"面板中设置"灯光强度"为 0.75，具体参数设置如图 16-26 所示。

图 16-26

09 继续选择文字图层，把时间轴移到（0:00:02:13）位置，按快捷键 Alt+【删除当前时间点前面的时间条，展开其变换属性，

设置"锚点"为（114.9,-21）、"位置"为（375,251）、"缩放"为 646%、"不透明度"为 0%，并单击"设置关键帧"按钮 ⚙，为"缩放"和"不透明度"各设置一个关键帧，接着把时间轴移到（0:00:02:18）位置，设置"不透明度"为 100%，最后把时间轴移到（0:00:03:06）位置，设置"缩放"为 100%，具体参数设置，如图 16-27 所示。

图 16-27

10 使用"文字"工具在"合成"窗口中单击鼠标，输入文字内容为"体育频道"，并在"字符"面板中设置"字体"为方正兰亭粗黑简体、"字体大小"为 70、"描边宽度"为 0、"填充颜色"为红色（R:255,G:0,B:0），具体参数设置如图 16-28 所示。

图 16-28

11 将"BTV-6"文字图层在"效果控件"面板中的所有效果复制到"体育频道"文字图层中，并在"效果控件"面板中更改"梯度渐变"效果参数，设置"渐变起点"为（378,285）、"渐变终点"为（377,383），参数设置如图 16-29 所示。

图 16-29

12 选择"体育频道"文字图层，展开其变换属性，设置"位置"为（244,360），把时间轴移到（0:00:03:21）位置，使用"矩形"工具绘制如图 16-30 所示的蒙版，展开其蒙版属性，单击"设置关键帧"按钮 ⬛，为"蒙版路径"设置一个关键帧；接着把时间轴移到（0:00:03:06）位置，设置"蒙版路径"形状如图 16-31 所示，按快捷键 Alt+【删除当前时间点前面的时间条。

图 16-30

16.1.4 制作镜头 3 动画

01 将"项目"窗口中的"标题菜单 .avi"素材拖曳到"时间线"窗口中（0:00:04:20）位置，使用"文字"工具在"合成"窗口中单击鼠标，输入文字内容为"19:30 体育新闻"，并在"字符"面板中设置"字体"为方正兰亭粗黑简体、"字体大小"为 30、"描边宽度"为 0、"填充颜色"为白色（R:255,G:255,B:255），具体参数设置及在"合成"窗口中的效果，如图 16-33 和图 16-34 所示。

图 16-33

图 16-31

13 在"时间线"窗口选择"体育频道"、"BTV-6"、"04.avi"、"075.avi" 4 个图层，把时间轴移到（0:00:05:03）位置，按快捷键 Alt+】删除当前时间点之后的时间条，如图 16-32 所示。

图 16-32

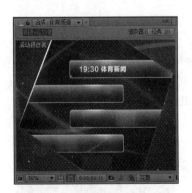

图 16-34

02 选择"标题菜单 .avi"图层和"19:30 体育新闻"图层，按快捷键 Ctrl+Shift+C 进行嵌套，在弹出的对话框中设置新合成名称为"预合成 1"，然后单击"确定"按钮，如图 16-35 所示。双击鼠标进入"预合成 1"合成，选择"标题菜单 .avi"图层，把时间轴移到（0:00:04:20）位置，设置"不透明度"为 0%，并单击"设置关键帧"按钮 ⬛，为"不透明度"属性设置一个关键帧，然后把时间轴移到（0:00:05:03）位置，设置"不透明度"为100%，参数设置如图16-36所示。

图 16-35

图 16-36

03 选择"19:30 体育新闻"文字图层，按快捷键 Ctrl+D 复制 3 个新的图层，并依次把文字内容改为"20:00 数字体坛"、"21:00 天天体育周末版"、"22:00 奥运足球"，如图16-37所示；接着将所有文字图层放置在合适的位置，如图16-38所示。

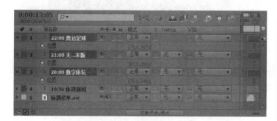

图 16-37

图 16-38

04 选择"19:30 体育新闻"文字图层，使用"矩形"工具在文字图层上绘制一个矩形蒙版如图 16-39 所示，展开蒙版属性，把时间轴移到（0:00:06:01）位置，单击"设置关键帧"按钮，为"蒙版路径"属性设置一个关键帧，接着把时间轴移到（0:00:05:16）位置，设置蒙版形状，如图 16-40 所示。

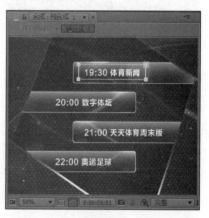

图 16-39

图 16-40

05 选择"20:00 数字体坛"文字图层，使用"矩形"工具在文字图层上绘制一个矩形蒙版如图 16-41 所示，展开蒙版属性，把时间轴移到（0:00:06:22）位置，单击"设置关键帧"按钮，为"蒙版路径"属性设置一个关键帧，接着把时间轴移到（0:00:06:12）位置，设置蒙版形状如图 16-42 所示；按快捷键 Alt+【删除当前时间点前面的时间条。

06 选择"21:00 天天体育周末版"文字图层，使用"矩形"工具在文字图层上绘制一个矩形蒙版如图 16-43 所示，展开蒙版属性，把时间轴移到（0:00:07:14）位置，单击"设置关键帧"按钮 ⊙，为"蒙版路径"属性设置一个关键帧，接着把时间轴移到（0:00:07:03）位置，设置蒙版形状如图 16-44 所示；按快捷键 Alt+【删除当前时间点前面的时间条。

图 16-41

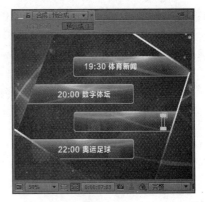

图 16-44

07 选择"22:00 奥运足球"文字图层，使用"矩形工具"在文字图层上绘制一个矩形蒙版，如图 16-45 所示，展开蒙版属性，把时间轴移到（0:00:08:07）位置，单击"设置关键帧"按钮 ⊙，为"蒙版路径"属性设置一个关键帧，接着把时间轴移到（0:00:07:21）位置，设置蒙版形状如图 16-46 所示；按快捷键 Alt+【删除当前时间点前面的时间条。

图 16-42

图 16-45

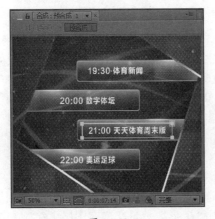

图 16-43

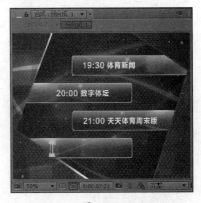

图 16-46

08 返回到"体育频道"合成,选择"预合成 1"图层,把时间轴移到(0:00:04:20)位置,按快捷键 Alt+【删除当前时间点前面的时间条,使用"矩形"工具在"预合成 1"图层上绘制一个矩形蒙版,如图 16-47 所示,展开蒙版属性,把时间轴移到(0:00:09:10)位置,单击"设置关键帧"按钮■,为"蒙版路径"属性设置一个关键帧;接着把时间轴移到(0:00:09:23)位置,单击"设置关键帧"按钮■,为"不透明度"属性设置一个关键帧,再把时间轴移到(0:00:10:02)位置,设置"不透明度"为 0%、蒙版形状如图 16-48 所示;按快捷键 Alt+】删除当前时间点之后的时间条。

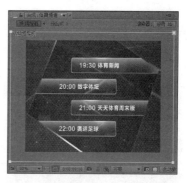

图 16-47

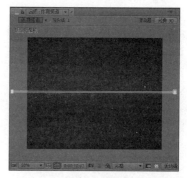

图 16-48

16.1.5　制作镜头 4 动画

01 执行"文件 > 导入 > 文件…"命令,或按快捷键 Ctrl+I,导入"源文件\第 16 章\Footage"文件夹中的"接下来预告模板 .psd"素材。在弹出的"接下来预告模板 .psd"对话框中设置"导入种类"为合成,"图层选项"为可编辑的图层样式,然后单击"确定"按钮,如图 16-49 和图 16-50 所示。

图 16-49

图 16-50

02 将"项目"窗口中的"018.avi"素材和"接下来预告模板 .psd"素材拖曳到"时间线"窗口中(0:00:09:19)位置,选择"018.avi"图层和"接下来预告模板"图层,按快捷键 Ctrl+Shift+C 进行嵌套,在弹出的对话框中设置新合成名称为"预合成 2",然后单击"确定"按钮,如图 16-51 所示。双击鼠标进入"预合成 2"合成,再次双击"接下来预告模板"合层进入"接下来预告模板"合成,把"项目"

窗口中的"踢球.mp4"素材拖曳到该合成图层面板的底层,并调整至合适的位置及大小,如图 16-52 所示。

图 16-51

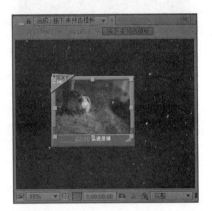

图 16-52

03 返回到"预合成 2"合成,选择"接下来预告模板"合层,将其移到(0:00:11:00)位置,开启"3D图层"按钮,并设置"位置"为(428,294,0)、"缩放"为(136,136,136%),参数设置如图 16-53 所示。使用"矩形"工具在"接下来预告模板"合层上绘制一个矩形蒙版,如图 16-54所示,展开蒙版属性,把时间轴移到(0:00:11:14)位置,单击"设置关键帧"按钮,为"蒙版路径"属性设置一个关键帧,接着把时间轴移到(0:00:11:00)位置,设置蒙版形状如图 16-55 所示。

图 16-53

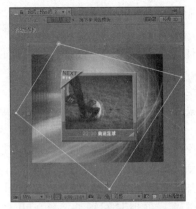

图 16-54

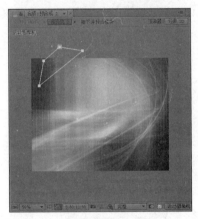

图 16-55

04 选择"接下来预告模板"合层,按快捷键 Ctrl+D 复制一个相同图层,然后选择下层的"接下来预告模板"合层,删除现有的遮罩,展开其变换属性,并设置"位置"为(308,638,0)、"缩放"为(136,136,136%)、"Z 轴旋转"为 0×+180°、"不透明度"为90%,最后执行"效果 > 模糊和锐化 > 高斯模糊"命令,并在"效果控件"面板中设置"模糊度"为 6.1,具体参数设置如图 16-56 所示。

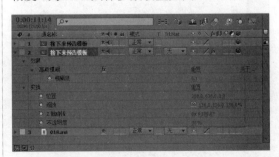

图 16-56

05 使用"椭圆"工具在下层的"接下来预告模板"合层上绘制一个椭圆蒙版,如图 16-57 所示,展开蒙版属性,设置"蒙版羽化"为 102 像素,把时间轴移到(0:00:11:14)位置,单击"设置关键帧"按钮 ,为"蒙版路径"属性设置一个关键帧,接着把时间轴移到(0:00:11:00)位置,设置蒙版形状,如图 16-58 所示。

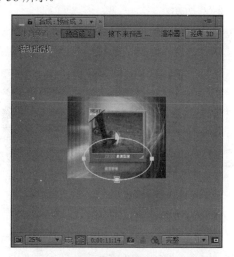

图 16-57

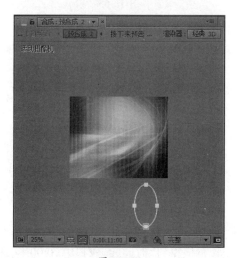

图 16-58

06 在"预合成 2"中新建一个摄像机,选择"摄像机 1"图层,展开其变换属性,把时间轴移到(0:00:11:00)位置,设置"位置"为(-609,642,-1080),单击"设置关键帧"按钮 ,为"位置"属性设置一个关键帧,接着把时间轴移到(0:00:12:07)位置,设

置"位置"为(360,288,-1094);再把时间轴移到(0:00:12:12)位置,设置"位置"为(458.6,271.7,-1083.7);最后把时间轴移到(0:00:13:09)位置,设置"位置"为(360,288,-911),具体参数设置及在"合成"窗口中的对应效果,如图 16-59 和图 16-60 所示。

图 16-59

图 16-60

07 返回到"体育频道"合成,选择"预合成 2"图层,将其拖到"预合成 1"图层下方,然后把时间轴移到(0:00:09:10)位置,按快捷键 Alt+【删除当前时间点前面的时间条,再把时间轴移到(0:00:14:10)位置,按快捷键 Alt+】删除当前时间点之后的时间条,如图 16-61 所示。

图 16-61

16.1.6 制作镜头 5 动画

01 将"项目"窗口中的"踢球 .mp4"素材拖曳到"时间线"窗口中的（0:00:00:23）位置，接着把时间轴移到（0:00:14:00）位置，按快捷键 Alt+【删除当前时间点前面的时间条，展开其变换属性，设置"缩放"为（88.3,101.4%）、"不透明度"为 100%，然后把时间轴移到（0:00:28:20）位置，单击"设置关键帧"按钮 🔘，为"不透明度"属性设置一个关键帧，最后把时间轴移到（0:00:29:17）位置，设置"不透明度"为 0%，参数设置如图 16-62 所示。

图 16-62

02 把时间轴移到（0:00:14:00）位置，选择"踢球 .mp4"图层，执行"效果 > 过渡 > 径向擦除"命令，在"效果控件"面板中设置"过渡完成"为 100%、擦除中心为（405,292），单击"设置关键帧"按钮 🔘，为"过渡完成"设置一个关键帧，如图 16-63 所示；然后把时间轴移到（0:00:14:10）的位置，设置"过渡完成"为 0%，具体参数设置如图 16-64 所示。

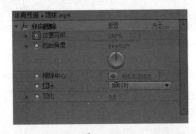

图 16-63

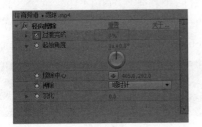

图 16-64

03 执行"文件 > 导入 > 文件…"命令，或按快捷键 Ctrl+I，导入"源文件\第 16 章\Footage"文件夹中的"标题框模板 .psd"素材。在弹出的"标题框模板 .psd"对话框中设置"导入种类"为合成，"图层选项"为可编辑的图层样式，然后单击"确定"按钮，如图 16-65 和图 16-66 所示。

图 16-65

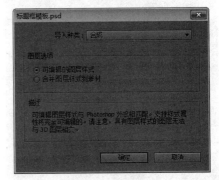

图 16-66

04 将"项目"窗口中的"标题框模板 .psd"合成素材拖曳到"时间线"窗口中（0:00:14:10）位置，展开其变换属性，设置"位置"为（369,357）、"缩放"为 126%，如图 16-67 所示；接着双击鼠标左键进入"标题框模板 .psd"合成，将"6"图层和"gert"图层进行嵌套，命名为"预合成 3"，再将其余三个图层（jrj、hngf、hdfj）进行嵌套，命名为"预合成 4"，如图 16-68 所示。

图 16-67

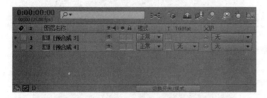

图 16-68

05 选择"预合成 3"图层，使用"钢笔"工具在图层上绘制一个蒙版，如图 16-69 所示，展开蒙版属性，把时间轴移到（0:00:00:10）位置，单击"设置关键帧"按钮 ，为"蒙版路径"属性设置一个关键帧，接着把时间轴移到（0:00:00:00）位置，设置蒙版形状，如图 16-70 所示。

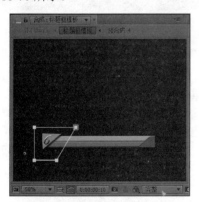

图 16-69

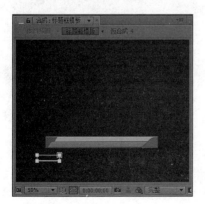

图 16-70

06 选择"预合成 4"图层，设置其"不透明度"为 88%，然后使用"矩形"工具在图层上绘制一个蒙版，如图 16-71 所示，展开蒙版属性，把时间轴移到（0:00:01:07）位置，单击"设置关键帧"按钮 ，为"蒙版路径"属性设置一个关键帧，接着把时间轴移到（0:00:00:15）位置，设置蒙版形状如图 16-72 所示。

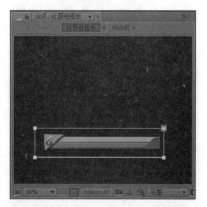

图 16-71

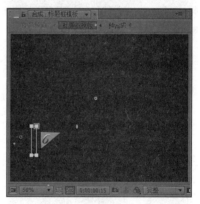

图 16-72

07 返回至"体育频道"合成，选择"标题框模板"合成，把时间轴移到（0:00:28:20）位置，设置"不透明度"为 100%，并单击"设置关键帧"按钮 ，然后把时间轴移到（0:00:29:17）位置，设置"不透明度"为 0%，按快捷键 Alt+】删除当前时间点之后的时间条，如图 16-73 所示。

图 16-73

08 按快捷键 Ctrl+Y 新建一个纯色层，将颜色设置为白色，然后使用"钢笔"工具在"合成"窗口中绘制如图 16-74 所示的路径。选择纯色层执行"效果 >Trapcode>3D Stroke"命令，在"效果控件"面板中设置"Color"为白色、"Thickness（粗细）"为 2、"Feather"为 36，接着展开"Taper（锥度）"参数项，勾选"Enable（开启）"选项，具体参数设置如图 16-75 所示。

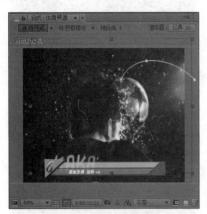

图 16-74

图 16-75

09 将时间轴移到（0:00:15:21）的位置，设置 End 参数为 0，并单击"设置关键帧"按钮；接着把时间轴移到（0:00:16:07）的位置，设置 End 参数为 100、"Offset（偏移）"为 0，并单击"Offset（偏移）"属性名称前的"设置关键帧"按钮；最后把时间轴移到（0:00:16:11）的位置，设置"Offset（偏移）"为 100，具体参数设置及

在"合成"窗口中的对应效果，如图 16-76 和图 16-77 所示。

图 16-76

图 16-77

10 选择纯色层，然后执行"效果 > 风格化 > 发光"命令，并在"效果控件"面板中设置"发光阈值"为 10.6%、"发光半径"为 13、"发光强度"为 3.3、"发光颜色"为 A 和 B 颜色、"颜色 A"为（R:255,G:132,B:0）、"颜色 B"为（R:255,G:182,B:40），具体参数设置及在"合成"窗口中的对应效果，如图 16-78 和图 16-79 所示。

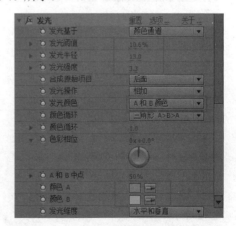

图 16-78

图 16-79

11 继续选择纯色层，然后按快捷键 Ctrl+D，再复制两个相同的纯色层，并调整复制出的纯色层路径形状和位置，如图 16-80 所示。

图 16-80

12 选择三个纯色层，把时间轴移到（0:00:15:21）的位置，按快捷键 Alt+【删除当前时间点前面的时间条；然后把时间轴移到（0:00:16:23）的位置，按快捷键 Alt+】删除当前时间点之后的时间条，如图 16-81 所示。

图 16-81

13 使用"文字"工具创建文字"奥运足球 加纳 vs 美国"，并在"字符"面板设置"字体"为方正兰亭粗黑简体、"字体大小"为 18、"填充颜色"为白色，单击"仿斜体"按钮，

并调整文字的位置，具体参数设置及在"合成"窗口中的对应效果，如图 16-82 和图 16-83 所示。

图 16-82

图 16-83

14 把时间轴移到（0:00:15:05）的位置，按快捷键 Alt+【，删除（0:00:15:05）位置前的时间条，然后在"效果和预设"面板的搜索栏中搜索到 Word Processor 效果，如图 16-84 所示，并将其拖到文字图层上，按 U 键展开关键帧，设置"滑块"属性的第一个关键帧数值为 0，再把第二个关键帧拖到（0:00:16:08）位置，设置"滑块"数值为 19，把时间轴移到（0:00:28:20）位置，设置"不透明度"为 100%，并单击"设置关键帧"按钮，最后把时间轴移到（0:00:29:17）位置，设置"不透明度"为 0%，具体参数设置如图 16-85 所示。

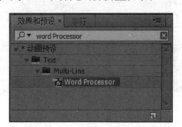

图 16-84

图 16-85

15 继续选择文字图层，按快捷键 Ctrl+D，复制一个相同的文字层，更改其内容为"双方球员们正处于火热的比拼中"，在"字符"面板中设置"字体"为汉仪中圆简、"字体大小"为 18、"填充颜色"为蓝色（R:14,G:34,B:225），单击"仿斜体"按钮，并调整文字的位置，具体参数设置及在"合成"窗口中的对应效果，如图 16-86 和图 16-87 所示。

图 16-86

16.1.7 制作镜头 6 动画

01 将"项目"窗口中的"210.avi"素材拖曳到"时间线"窗口中的（0:00:29:17）位置，展开其变换属性，设置"缩放"为 122%、"不透明度"为 0%，并单击"设置关键帧"按钮，然后把时间轴移到（0:00:30:11）位置，设置"不透明度"为 100%，具体参数设置如图 16-89 所示。

图 16-89

02 按快捷键 Ctrl+C 复制"BTV-6"文字图层，

图 16-87

16 选择"双方球员…"文字图层，按 U 键展开设置过关键帧动画的属性，将"滑块"属性的第一个关键帧移到（0:00:16:08）位置，按快捷键 Alt+【删除当前时间点前面的时间条；接着将第二个关键帧移到（0:00:17:16）位置，并设置"滑块"数值为 18，参数设置如图 16-88 所示。

图 16-88

将其粘贴至"210.avi"图层上方（0:00:30:23）位置，采用同样的方法复制"体育频道"文字图层，并将其粘贴至"图层"面板顶部的（0:00:31:13）位置，适当调整关键帧节点，如图 16-90 所示。

图 16-90

03 执行"图层 > 新建 > 调整图层"命令，创建一个调整图层，选择该图层再执行"效果 > 生成 > 镜头光晕"命令，把时间轴移到

（0:00:32:06）位置，按快捷键 Alt+【删除当前时间点前面的时间条，在"效果控件"面板中设置"光晕中心"为（788,553.4），并单击"设置关键帧"按钮 ；然后把时间轴移到（0:00:33:00）位置，设置"光晕中心"为（-152,36.4），参数设置如图 16-91 所示。

图 16-91

16.2　音频添加

为制作好的视频添加音频文件，使视觉与听觉更加协调统一。本节将具体介绍音频的添加。

01 将"项目"窗口中的"背景音 .WMA"素材拖曳到"时间线"窗口，并展开其"音频电平"属性，如图 16-92 所示。

图 16-92

02 把时间轴移到（0:00:26:11）位置，然后单击"音频电平"属性前面的"设置关键帧"按钮 ，接着把时间轴移到（0:00:33:07）位置，设置"音频电平"参数为 -48dB，具体参数设置如图 16-93 所示。

图 16-93

03 至此本实例动画制作完毕，按小键盘上的 0 键预览动画。按时间先后顺序的动画静帧效果，如图 16-94 ～图 16-97 所示。

图 16-94

图 16-95

图 16-96

图 16-97

16.3 影片输出

动画制作完成后要得到最终视频还需要对影片进行输出，本节将具体介绍本实例影片的输出方法。

01 在"体育频道"合成中执行"合成 > 添加到渲染队列"命令，如图 16-98 所示。弹出"渲染队列"窗口，如图 16-99 所示。

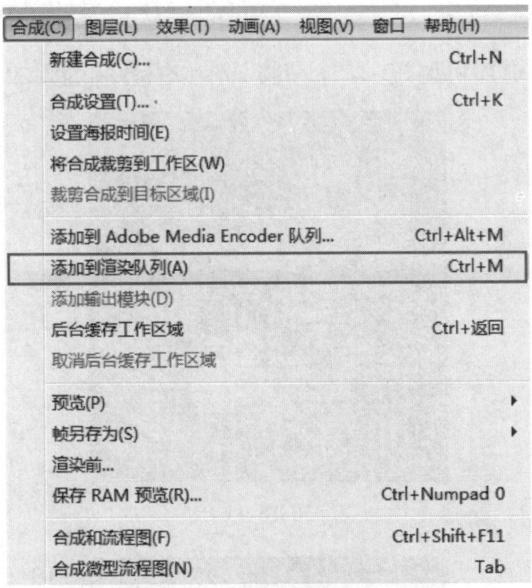

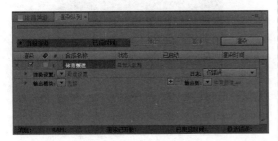

图 16-98

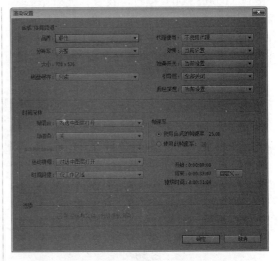

图 16-100

图 16-99

02 单击"渲染设置"后面的"最佳设置"按钮，进入"渲染设置"对话框，设置"品质"为最佳、"分辨率"为完整，设置完成后单击"确定"按钮，如图 16-100 所示。

03 单击"输出模块"后面的"无损"按钮，进入"输出模块设置"对话框，设置"格式"为 AVI，勾选"视频输出"选项，并设置"通道"为 RGB，在该对话框下方单击开启"自动音频输出"选项，最后单击"确定"按钮，具体参数设置如图 16-101 所示。

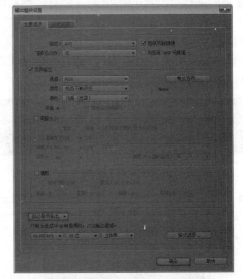

图 16-101

04 单击"输出到："后面的"体育频道 .avi"按钮，进入"将影片输出到："对话框，为其指定一个输出文件的存放路径，然后设置"文件名"为体育频道、"保存类型"为 AVI，最后单击"保存"按钮，如图 16-102 所示。

05 设置完成后，在"渲染列"窗口中单击"渲染"按钮开始输出影片，如图 16-103 所示。

图 16-103

图 16-102

16.4　本章小结

　　本章主要学习了体育频道栏目包装的实例制作，在制作过程中使用了发光、梯度渐变、投影、斜面 Alpha、径向擦除、3D Stroke、镜头光晕等效果。体育频道包装需要尽量多使用些与体育运动相关的元素，这样制作出来的视频才能更具真实感，更有韵味感，After Effects 在合成包装方面是很强大的，它可以兼容很多二维或三维的软件，例如很多特效都是在 3ds Max 中制作出来的，然后再导入到 After Effects 中进行后期合成，在学习中除了熟练掌握 After Effects 自带的一些特效技术外，还可以多了解一些辅助软件，这样在影视合成制作中才能得心应手，制作出更炫的特效。

◇◇◇◇◇◇◇◇◇◇◇◇◇◇◇ 读书笔记 ◇◇◇◇◇◇◇◇◇◇◇◇◇◇◇

◇◇◇◇◇◇◇◇◇◇◇◇ 读书笔记 ◇◇◇◇◇◇◇◇◇◇◇◇◇◇◇◇◇◇